CAXA
电子图板2013
机械设计实例教程

主编　王玉晶　孙步功

编写　张延贵　王海峰　杨　正　王保爱

主审　赵武云　张　炜

中国电力出版社
CHINA ELECTRIC POWER PRESS

内 容 提 要

本书为 21 世纪高等学校规划教材。CAXA 电子图板 2013 是一套高效、方便、智能化的二维设计和绘图软件。本书以"理论知识＋实例讲解"的方式，介绍了 CAXA 的使用方法和技巧。全书共分为 5 章，第 1、2 章深入浅出地讲解了 CAXA 电子图板的基础知识，方便读者在较短的时间认识并掌握电子图板；第 3 章为企业标准规范的制定，便于用户定制自己企业的相关规范；第 4 章为二维图设计流程；第 5 章是典型零件工程图设计实例，通过轴类零件、盘类零件、齿轮类零件、叉架类零件、箱体类零件及装配图的实际绘制操作，使读者掌握 CAXA 电子图板在机械工程制图中的使用技巧，熟练机械工程图的绘制流程，以便于读者参考和提高综合绘图能力。

本书可作为机械相关专业本专科学生工程制图的教材，也可以作为 CAXA 软件初学者的自学教程，对于有一定工程图样绘图经验的读者，通过本书的学习，也可进一步提高 CAXA 电子图板的应用水平。

图书在版编目 (CIP) 数据

CAXA 电子图板 2013 机械设计实例教程/王玉晶，孙步功主编. —北京：中国电力出版社，2014.9
21 世纪高等学校规划教材
ISBN 978 - 7 - 5123 - 6099 - 0

Ⅰ．①C… Ⅱ．①王…②孙… Ⅲ．①机械制图-计算机制图-应用软件-高等学校-教材 Ⅳ．①TH126

中国版本图书馆 CIP 数据核字（2014）第 139743 号

中国电力出版社出版、发行
（北京市东城区北京站西街 19 号 100005 http：//www.cepp.sgcc.com.cn）
北京丰源印刷厂印刷
各地新华书店经售

*

2014 年 9 月第一版 2014 年 9 月北京第一次印刷
787 毫米×1092 毫米 16 开本 25.75 印张 630 千字
定价 **55.00** 元

前　　言

　　CAXA 电子图板是功能齐全的通用 CAD 系统，已经在机械、电子、航空、航天、汽车、船舶、军工、建筑、轻工纺织等领域得到了广泛的应用。随着 CAXA 电子图板的不断完善，它将成为工程技术人员设计工作中不可缺少的工具之一。

　　本书详细介绍了 CAXA 电子图板的功能和具体操作，全书可以分为两部分：第一部分为基本绘图技能和绘图方法，使读者在即使没有接触过 CAXA 的前提下，也能顺利地学习；第二部分为实例讲解。

　　本书着重介绍了 CAXA 电子图板 2013 在机械制图中的应用，详细讲解了各种典型机械零件的具体绘制方法，包括轴类零件、盘类零件、齿轮类零件、叉架类零件、箱体类零件等，同时详细介绍了机械组件、部件装配图的绘制方法。

　　为了保证读者能够从零开始，本书对基础概念的讲解比较全面，在编写过程中由浅入深，既照顾到了初学者，后面的实例具有典型性、代表性，可以使有一定基础的读者进行技能和技巧的提高。建议读者在学习过程中配合绘图实践，以达到更好的学习效果。在内容的安排上，本书将理论知识与实例讲解有机地结合在一起，为了满足更多读者的阅读要求，并考虑到初中级用户的需求，本书划出三分之一的篇幅给读者讲解了 CAXA 电子图板的基本绘图知识，使读者在学习后续实例时，能够比较流畅地阅读操作步骤。

　　本书的作者是机械制图领域资深的工程人员，有非常丰富的制图经验，希望本书能够为广大的机械相关专业学生和需要提高绘图水平的读者提供帮助。

　　全书内容覆盖 CAXA 电子图板的基础知识和在机械行业中的应用技巧，知识面广泛，注重条理性，过程步骤完善而且易于操作。读者只要按照书中的讲解一步步操作，最终一定能熟练掌握对机械工程图的绘制。

　　本书由甘肃畜牧工程职业技术学院王玉晶和甘肃农业大学工学院孙步功任主编，甘肃畜牧工程职业技术学院张延贵、王海峰、杨正、王保爱参加编写。其中，前言、第 1 章、第 2章 2.2 节、第 3 章和第 4 章由张延贵编写；第 2 章 2.1.1 节（1~6）由孙步功编写；第 2 章 2.1.1 节（7~14）由王海峰老师编写；第 5 章 5.1~5.3 节为王保爱编写；第 5 章 5.4~5.15 节、附录为王玉晶编写；本书光盘配图由杨正绘制。

　　本书由甘肃农业大学赵武云、张炜主审，并提出了宝贵的意见和建议，在此表示感谢。

　　由于编写时间较为仓促，书中难免会有疏漏和不足之处，恳请广大读者提出宝贵意见。有任何问题，可以通过电子邮件（yzh621@qq.com）与编者联系。

编　者

2014 年 5 月

编 写 说 明

关于本书

本书主要介绍 CAXA 电子图板 2013 - 机械版二维 CAD 机械设计软件的使用与操作。

CAXA 电子图板 2013 - 机械版是一款功能非常强大的机械二维设计制图软件。而本书章节有限，不可能具体涵盖软件的各个方面和每一个细节。所以本书重点讲解 CAXA 电子图板 2013 - 机械版软件在机械行业的基本操作、典型的实例应用以及企业实际中的操作流程，包括企业二维制图标准的建立、应用与推广。作为一款优秀的二维机械设计软件，CAXA 电子图板 2013 - 机械版提供了非常详细的帮助系统。本书仅作为一种帮助系统的补充与拓展。

具备条件

读者在学习之前，应具备以下经验：

● 机械设计相关经验

● Windows 操作相关经验

本书关键要点

本书强调的是：完成一整套的工作或任务所遵循的企业单位的方法过程与步骤。通过对每一个应用典型实例的学习来贯穿和学习企业的这种过程和步骤。读者将从中学习完成这一整套任务或方法所采用的命令、菜单和选项等。

本书在详细介绍了软件安装与卸载、界面基本操作、二维零部件与组件总装配体设计的流程操作和典型的实例。

典型的实例包括轴类、盘套类、支架类、箱体类（机械零部件四大类），以及部装和总装配体类工程图的设计。

其中：

● 轴类零件的工程图设计包括输入轴、螺杆轴和曲柄轴。

● 盘套类零件的工程图设计包括法兰套、分度盘和花键齿轮。

● 支架类零件的工程图设计包括踏脚板、十字架和换挡叉。

● 箱体类零件的工程图设计包括顶尖座、尾座和壳体。

● 组件、部装和总装的工程图设计包括腔体组件、平衡轴组装和手柄操纵机构。

本书注重实用的特点还体现在某些细节上，结合实际应用经验，编者总结出了诸多使用小窍门附注于书中的提示、技巧中。在注重实用、突出重点的同时，本书在案例的选择上尽量避免重复，尽可能做到前后衔接紧密、全面细致。

工程图执行标准

本书中的工程图实例全部采用最新的国家标准（GB）。

关于配套光盘

本书中的配套光盘收录了教程中的全部文件，包括二维图纸、图纸图片、渲染图片、自定义标题栏和自定义文档模板。

●【二维图纸】文件夹中包含了本书所有的实例练习文件和结果文件。其中，5.1～5.12为结果文件，5.13～5.15包括练习文件和结果文件。

●【图纸图片】文件夹中为本书所有的实例文件的图片。

●【渲染图片】文件夹中为本书所有的实例文件的渲染图片。

●【自定义标题栏】文件夹中为本书中自定义的标题栏文件。

●【自定义文档模板】文件夹中为本书中自定义的文档模板文件。

Windows®7

本书所用的截图是【CAXA 电子图板 2013 -机械版】运行在 Windows®7 64 位系统下制作的。如果读者在不同版本或不同系统的 Windows® 上运行，菜单和窗口的外观可能不同，但这并不影响软件的使用。

本书规定的相关格式

本书使用以下约定格式：

格　式	含　义
【文件】—【新建】	表示 CAXA 电子图板软件的命令和选项。即从菜单【文件】中选择【新建】命令。
●	标题前有●标记的是命令或选项的多种使用方法。如【菜单按钮】的 4 种使用方法。 【菜单按钮】的使用方法： ● 使用鼠标左键单击【菜单按钮】，调出主菜单； ●【菜单按钮】上显示最近使用文档，单击文档名称即可直接打开相关文档； ● 将光标在各种菜单上停放即可显示子菜单，使用鼠标左键单击即可执行命令； ● 双击【菜单按钮】即可退出软件。若未保存文件将会提示是否保存文件。
◆	标题前有◆标记的是主菜单的多个菜单或子项。如【文件】菜单的多个子菜单。 ◆ 单击【菜单按钮】—【文件】—【新建】，弹出新建工程图文档对话框。
🖥	要点提示、使用技巧与注意事项
操作步骤 步骤 1 步骤 2 步骤 3	表示教程中实例设计过程的各个步骤

目　　录

1　CAXA 电子图板 2013 -机械版简介

📖 **本章导读**

　　本章主要介绍 CAXA 电子图板 2013 -机械版的特点，展示最新版 CAXA 电子图板 2013r2 -机械版的新增功能和改进，使初学者建立一个整体认识，并在此基础上，介绍 CAXA 电子图板 2013 -机械版的安装与卸载。

1.1　CAXA 电子图板简介

　　CAXA 电子图板是北京数码大方有限公司开发的一套高效、方便、智能化的二维设计绘图软件。因其具有品质优良、功能强大、易学易用等优点，广泛应用于机械、电子、航空航天、汽车、船舶、军工、轻工、纺织、建筑等领域。随着计算机应用的飞速发展，该软件自身也在不断完善，已成为各行业设计工作者不可或缺的实用工具软件之一。

1.1.1　CAXA 电子图板的特点

　　CAXA 电子图板是目前国内应用最广的二维 CAD 软件。该软件主要具有以下特点：

　　(1) 全中文界面。CAXA 电子图板的菜单、提示、系统状态等均为中文，其帮助信息更体现了人性化的特点，用户只需按下快捷键，即可获得所需的详细信息。

　　(2) 全面采用国家标准设计。CAXA 电子图板中的图框、标题栏、明细表、文字标注、尺寸标注、工程标注等均符合最新国家标准规定。

　　(3) 与比例无关的图形生成。使用 CAXA 电子图板进行设计时不必考虑比例换算，图框、标题栏、明细表、文字、尺寸及其他标注的大小均不会随绘图比例的变化而变化。

　　(4) 方便快捷的交互方式。系统独特的立即菜单取代了传统的逐级问答式选择和输入，全部菜单均有快捷键。全部命令既可用鼠标操作，也可用键盘输入操作。用户还可按自己的习惯定义快捷键。

　　(5) 直观灵活的拖画设计。系统的绘图功能支持直观的拖画方式，用户可根据需要随意拖画。

　　(6) 强大的动态导航功能。系统按照工程制图的"高平齐、长对正、宽相等"的原则，实现了三视图的动态导航。

　　(7) 灵活自如的 Undo/Redo。绘图过程中，用户可根据需要执行多次取消 (Undo) 和重复操作 (Redo)，以消除操作失误。

　　(8) 智能化的工程标注。CAXA 电子图板依据国家标准《机械制图》提供了对工程图进行尺寸标注、文字标注和工程符号标注的整套方法。标注中体现了"所见即所得"的智能化思想，用户只需根据需要选择标注的方式，拾取标注的元素，系统便会自动捕捉其设计意图，自动完成所有细节。标注编辑、尺寸风格编辑和尺寸驱动功能使用户可根据需要随时随地编辑标注。预显窗口可以使用户在标注形位公差、粗糙度及焊接符号时，根据自己的需要设计标注内容和标注形式。

（9）轻松的剖面线绘制。系统提供了多种可选择的剖面图案。对于任意预选区域，用户只需用鼠标单击域内任意一点，即可自动完成剖面线的填充。

（10）方便的明细表与零件序号联动。进行零件序号标注时，可自动生成明细表，并将标准件的数据自动填写到明细表中，如在中间插入序号，则其后的零件序号和明细表会自动进行排序；若对明细表进行操作，则零件序号也会发生相应的变动。用户还可根据需要自行设计明细表格式，并可随时修改其中的内容。

（11）种类齐全的参量国家标准图库。国家标准图库中的图符设置成 6 个视图，且各视图之间保持联动。提取图符时，既可按图库中设定的系列标准数据提取，也可给定非标准的数据；提出图符后还可对图符进行再修改，图符上所有的标注尺寸、文字、剖面线、工程标注等也可同时随图符提出，并根据给定的尺寸进行变化；提取的图符还能实现自动消隐，利于装配图的绘制。

（12）全开放的用户建库手段。用户不需懂得编程，只需把图形绘制出来，标注尺寸，即可建立自己的参量图库。

（13）先进的局部参数化设计。CAXA 电子图板可在欠约束或过约束的情况下，对任意的零件图或装配图进行编辑修改，用户在设计产品时只需将精力集中在产品的构思上，而不必关心具体的尺寸细节。设计定形后，选取要修改的图形部分并输入尺寸值，系统则自动修改图形，并保持几何约束关系不变。

（14）方便的动态导航定位。系统提供的动态导航和三视图导航功能模拟"丁字尺"的作用，在绘图过程中可自动捕捉特征点。

（15）快捷的图形生成及实用的图形编辑。CAXA 电子图板提供了强大的智能化图形绘制功能，除基本曲线外，还可绘制各种复杂的工程图纸，如孔/轴、公式曲线、齿轮等。CAXA 电子图板的图形编辑功能也有其独到之处，如快速裁剪、过渡、齐边、局部放大等。

（16）通用的数据接口。用户可通过 DXF 接口、HPGL 接口和 DWG 接口与其他 CAD 软件进行图纸数据交换。

（17）全面支持市场上流行的打印机和绘图仪。CAXA 电子图板采用拼图功能输出绘图，因此能用小号的图纸输出大号的图样，用普通的打印机输出零号图样。

1.1.2　关于 CAXA 电子图板 2013 -机械版

该版本是继 2011 机械版后的又一款精心打造的二维 CAD 软件精品。除继承以往版本的优点外，在软件的稳定性、运行速度、兼容性、操作效率、交互便捷性等方面均有较大突破和创新。

在保留原有 Fluent/Ribbon 界面的同时，界面风格更加简洁、直接，使用户更加便易地找到各种命令，交互效率更高；同时可以通过快捷键 F9 切换新老界面，方便老用户使用。

1.1.3　CAXA 电子图板 2013r2 -机械版的新增功能与改进

1. 文件打开时的形文件选择

打开文件时，如在系统默认路径下未找到相应字体，则会自动弹出如图 1.1.1 所示的对话框。

◆ 浏览：通过浏览路径指定相应的形文件，在此目录下如果有文件内需要的其他字体，则无需再指定，系统会自动识别。

◆ 确定：指定当前选定的字体为所需的形文件。

◆ 取消：取消当前所需的形文件，选用系统默认的字体文件。

◆ 全部取消：取消全部所需的形文件，选用系统默认的字体文件。

2. 文件路径设置

用户自定义模板、图框、标题栏存取位置等优化，如图 1.1.2 所示。

图 1.1.1　指定形文件

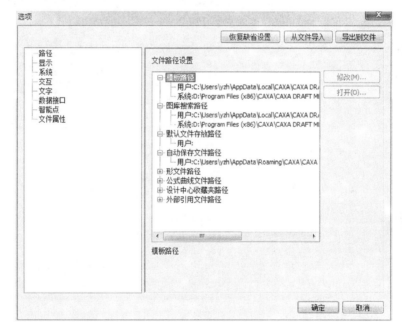

图 1.1.2　模板文件路径

路径分为**用户**和**系统**两类，如图 1.1.3 所示。用户路径既可打开又可修改，单击打开会直接弹出路径指定的文件夹；系统路径则只可进行打开操作。

3. 图层对话框

改进后的图层对话框，可通过鼠标拉动对角点来调节其大小，更方便用户查看。如图 1.1.4 所示，拖动右下角点进行大小调节。

4. 自动分层使用优化

【自动分层界面更改】功能可更改新生成元素类型的默认图层。图层名不存在时，新生成元素将自动进入到当前图层，如图 1.1.5 所示。

图 1.1.3　打开模板文件路径

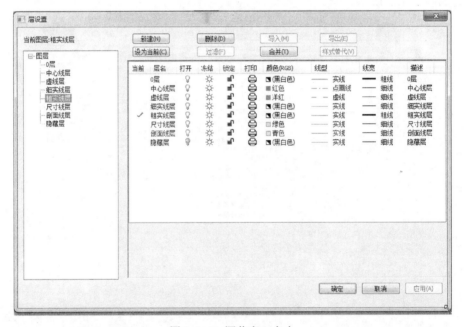

图 1.1.4　调节窗口大小

5. 捕捉点提示信息

使用快捷键或空格捕捉特征点时，提示行会对所选点进行显示。如图 1.1.6 所示，捕捉圆心时，命令行提示圆心。

6. 捕捉点持续捕捉行为

使用快捷键或空格捕捉特征点时，如图 1.1.7 所示捕捉圆点，如果鼠标未选中圆点，则圆点捕捉将一直有效，直到捕捉完成或按 Esc 键退出为止。

7. OLE 输出支持黑白色

OLE 输出设置中增加了【黑白色】输出按钮，在【工具】—【选项】—【系统】里，勾选黑白色选框，输出到其他程序的电子图板 OLE 对象即为黑白色，如图 1.1.8 所示。

图 1.1.9 所示为插入到 Word 中的电子图板对象。

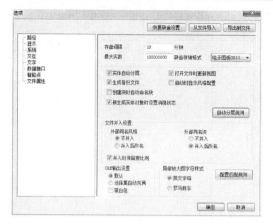

图 1.1.5 自动分层规则

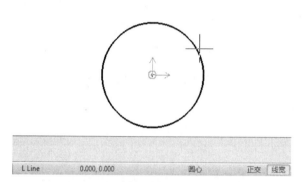

图 1.1.6 提示栏显示捕捉特征名

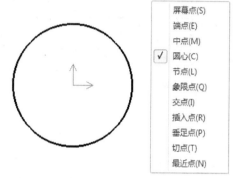

图 1.1.7 捕捉圆心

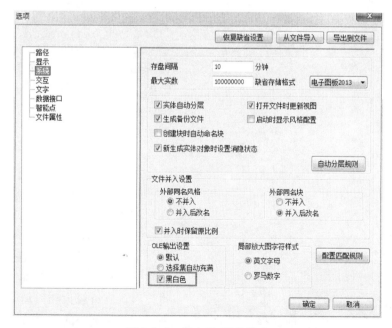

图 1.1.8 黑白色 OLE 输出

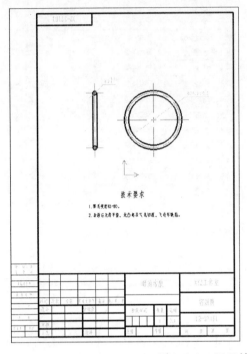
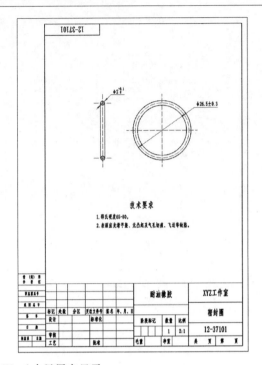

图 1.1.9　OLE 输出到 Word 中呈黑白显示

图 1.1.10　特性栏的提示信息

8. 特性栏信息提示

特性栏提供了全部对象的详细信息说明，方便初学者快速学习和入门，如图 1.1.10 所示。

9. 用户自定义模板、图框、标题栏存取位置优化

用户保存图框、标题栏和参数栏时，可选择自定义路径，方便其管理自定义数据。默认路径是用户在路径设置对话框中指定的用户模板路径，如图 1.1.11 所示。

10. 选项控制滚轮缩放行为

在【选项】—【交互】对话框中，增加了选项控制滚轮缩放行为，以适应不同用户的使用习惯，如图 1.1.12 所示。

11. 剖面线稳定性提升

（1）搜索环方面，改进了剖面环搜索算法，提高了搜索成功率，并优化了环检查提示，支持放大和移动来检查断点，更便于用户找到环的不封闭处，如图 1.1.13 所示。

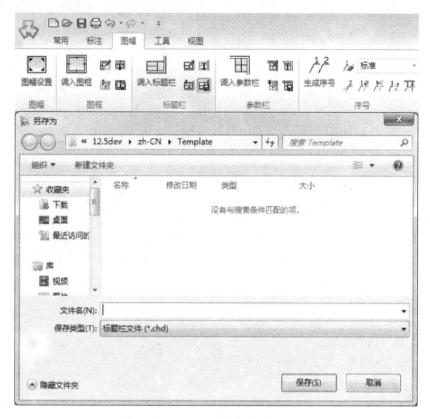

图 1.1.11 图框保存路径

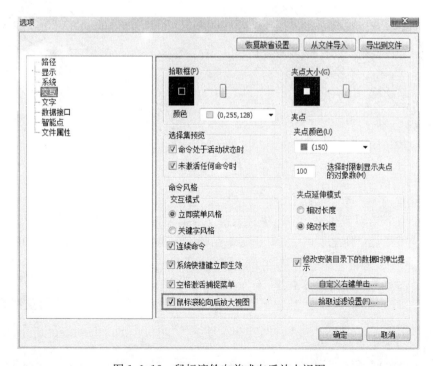

图 1.1.12 鼠标滚轮向前或向后放大视图

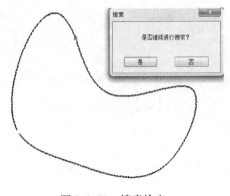

图 1.1.13 搜索检查

（2）精度方面，立即菜单中增加了精度设置，输入用户允许的间隙精度，如图 1.1.14 所示。

12. 块消隐稳定性提升

块消隐稳定性也大幅提升，一些复杂边界的块，同样可以消隐成功。

13. 延伸功能易用性优化

立即菜单中增加了【单剪刀线延伸】或【多剪刀线延伸】，无需右键确认，直接拾取剪刀线，再拾取要编辑的曲线即可，如图 1.1.15 所示。

14. 裁剪算法稳定性提升

裁剪复杂图形时，当剪刀线是封闭图形裁剪时，成功率大大提升，如图 1.1.16 所示。

1.拾取点 ▾	2.不选择剖面图案 ▾	3.非独立 ▾	4.比例 1	5.角度 90	6.间距错开: 0	7.允许的间隙公差 0.0035

图 1.1.14 设置允许的间隙误差

15. 等距线算法稳定性提升

对于复杂图形等距，尤其是链拾取的复杂曲线链等距时，成功率大大提升，如图 1.1.17 所示的两种等距。

1. 单剪刀线延伸 ▾ 1. 多剪刀线延伸 ▾

图 1.1.15 单/多剪刀线延伸

图 1.1.16 批量裁剪

16. 直线与圆弧相切精度提升

相切这种情况在计算机表示中无法避免精度的损失。本版本通过改进算法，能够自动识别出切点与直线端点，使之真正重合，可在高精加工中避免切点处加工错误，如图 1.1.18～图 1.1.20 所示。

17. 基线标注符合最新国家标准

基线标注符合最新国家标准形式，包括【普通基线标注】和【简化基线标注】，如图 1.1.21 和图 1.1.22 所示。

18. 引出说明易用性优化

调整了引出线与参考线的关系，默认为垂直，起点缺省随动，如图 1.1.23 所示。

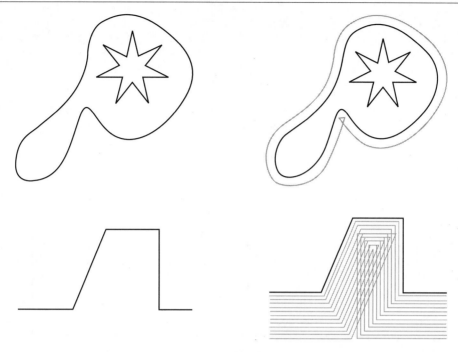

图 1.1.17　等距曲线链

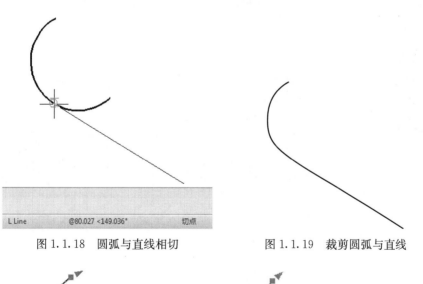

L Line　　　　@80.027 <149.036°　　　　切点

图 1.1.18　圆弧与直线相切　　　　　图 1.1.19　裁剪圆弧与直线

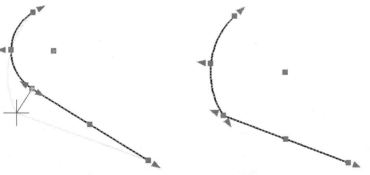

图 1.1.20　相切点同时移动

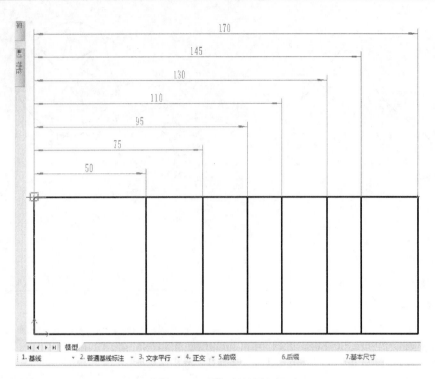

图 1.1.21　普通基线标注

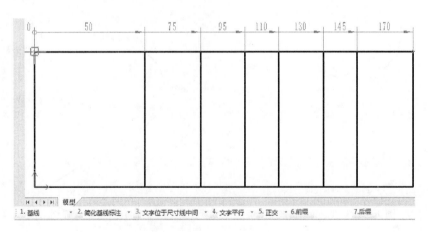

图 1.1.22　简化基线标注

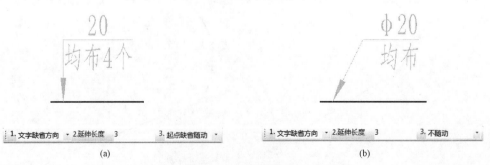

(a)   (b)

图 1.1.23　引线优化

19. 对齐标注功能优化

（1）坐标对齐标注增加了自动打折，用户在连续标注中，下一个尺寸占用了字符空间时，尺寸线将自动打折，如图1.1.24所示。

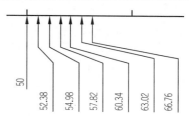

图1.1.24　坐标对齐标注自动打折

（2）功能整合。对齐标注中，立即菜单中去掉了【尺寸线开】和【箭头关闭】，相应功能移植到了尺寸标注【基线标注】中。CAXA电子图板之前的版本的立即菜单，如图1.1.25所示，CAXA电子图板2013r2版本中的立即菜单如图1.1.26所示。

1. 对齐标注 ▾ 2. 正负号 ▾ 3. 绘制引出点箭头 ▾ 4. 尺寸线打开 ▾ 5. 箭头关闭 ▾ 6. 不绘制原点坐标 ▾

图1.1.25　CAXA电子图板2013r1版本的立即菜单

1. 对齐标注 ▾ 2. 正负号 ▾ 3. 绘制引出点箭头 ▾ 4. 不绘制原点坐标 ▾ 5.对齐点延伸

图1.1.26　CAXA电子图板2013r2版本的立即菜单

20. 自由标注自动打折优化

坐标自由标注增加了自动打折，如图1.1.27所示。

21. 倒角标注符合最新国标

倒角标注通过立即菜单增加了【垂直于倒角线】和【文字水平】，符合最新国家标准与ISO标准中规定的所有画法，如图1.1.28和图1.1.29所示。

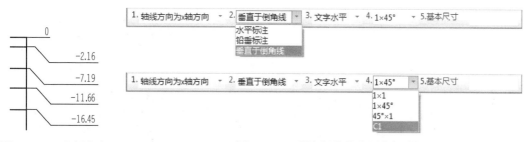

图1.1.27　坐标自由
标注自动打折

图1.1.28　倒角标注符合国家标准

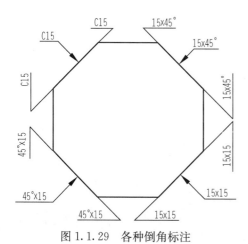

图1.1.29　各种倒角标注

22. 技术要求库

【技术要求库】对正文的编辑等做了优化，如图1.1.30所示。

（1）增加右键对正文的编辑功能，如图1.1.31所示。包括在当前选定行的上\下方增加空行的【上\下插入行】、【删除行】、【上\下移】等。

（2）自动排序。在某处插入空行，添加技术要求内容且自动排列序号。如图1.1.32所示，在3、4行之间插入空行，添加内容后自动排序，其他内容顺序不变。

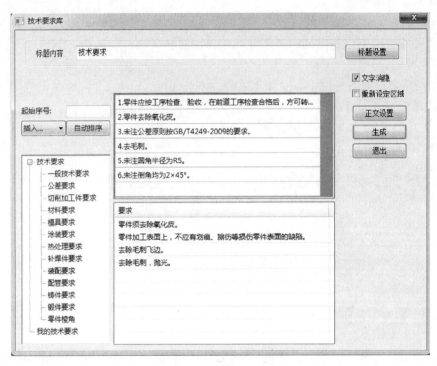

图 1.1.30 技术要求库优化

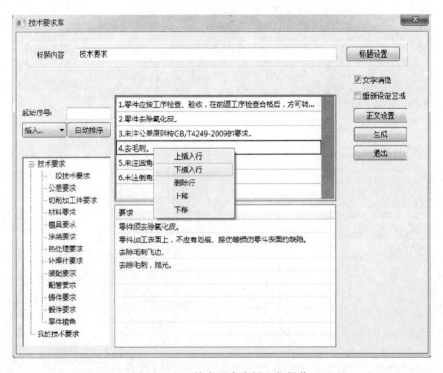

图 1.1.31 技术要求库插入行操作

图 1.1.32　技术要求库自动排序

23. 剖切符号易用性优化

剖切符号增加了【自动放置剖切符号名】功能，简化了创建剖切符号的步骤，如图 1.1.33 所示。

24. 增加标注间隙

在【标注风格设置】中设定【文本位置】为"尺寸线中间"时，在【距尺寸线】中设定所需的值，即可调节文字与尺寸线之间的距离，如图 1.1.34 所示。

图 1.1.33　自动放置剖切符号名

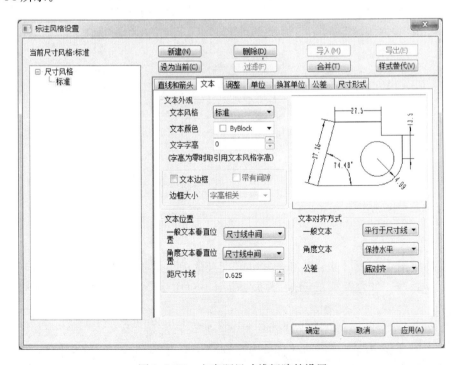

图 1.1.34　文字距尺寸线间隙的设置

25. 明细表导入表头

利用【明细表风格设置】中的【导入表头】功能，可方便地替换当前文件中的明细表列名，如图 1.1.35 所示。同时，序号风格中序号关联的明细表列名可自动更新，如图 1.1.36 所示。

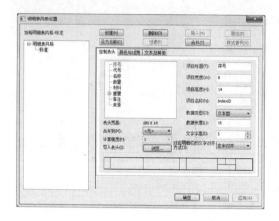

图 1.1.35　导入表头

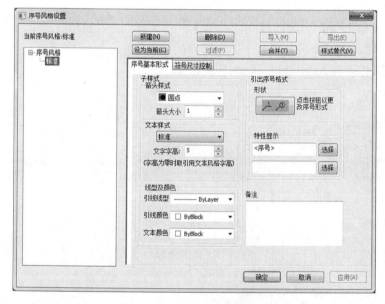

图 1.1.36　自动更新列名

26. 交换合并的序号

合并实质上是明细表项的合并。合并序号交换的前提是各序号所对应明细表项的各列内容都相同。交换时，如合并后的明细表项在视图中对应多个序号，那么这些序号会被统一交换。

如图 1.1.37 所示的序号 17 和 31 对应的两个零件，都是"平垫 8"。可交换的前提是这两个序号对应明细表中的各项完全一样，若此时将序号 17 对应的某一零件材料做修改，再次合并后就会弹出不能交换的提示，如图 1.1.38 所示。

图 1.1.37　合并序号

27. 明细表输出到 Excel 时，支持数据类型匹配

明细表输出到 Excel 时，如明细表风格中是【长整型】等数值类型，输出到 Excel 之后，类型也是"数值型"，极大方便了在 Excel 中对数据的统计，如图 1.1.39 所示。

28. 数据库表输出到 Excel 时，增加了【覆盖】功能

数据库表输出到 Excel 时，如遇同名工作簿，则可进行【覆盖】操作，如图 1.1.40 所示。

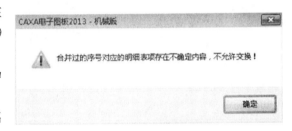

图 1.1.38　不能交换提示

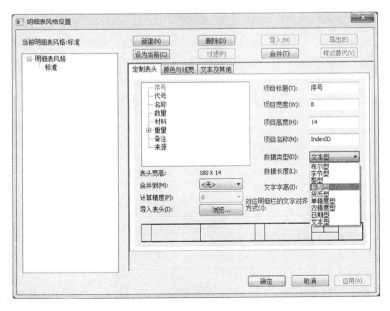

图 1.1.39　【长整型】数据类型

图 1.1.40   数据库表覆盖

29. 明细表输出为 EXB 文件时的过滤支持

明细表输出为 EXB 文件时，表头信息及其过滤信息均根据当前文件中的明细表实际信息列出，方便用户选择或修改，如图 1.1.41 所示。

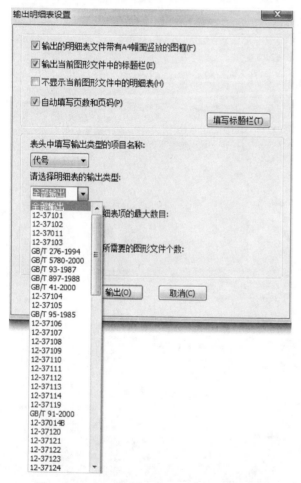

图 1.1.41   明细表根据当前文件的过滤

30. 调入标题栏时使用匹配规则

调入标题栏时，采用了【选项】—【系统】—【匹配规则】中定义的规则，便于企业规范化时替换标题栏。

如图 1.1.42 所示，【配置匹配规则】对话框中的"属性名称"与即将调入的标题栏中的"属性名称"相对应，而"匹配名称"则与现有标题栏中的"属性名称"相对应。

31. 明细表移动的灵活性

通过拖动夹点可快速移动明细表，主流 CPU 性能可提升至 90% 以上。

32. DWG/DXF 格式

电子图板 2013r2 版本中，可直接打开、编辑和保存 2013 版的 DWG/DXF 格式的文件，如图 1.1.43 所示。

33. 栅格兼容

解决了栅格显示的情况下，保存 DWG 时，预览图中也有栅格，导致文件内容无法看清的问题。

34. 形位公差兼容

DWG 中形位公差与引线是两个对象，电子图板读入后仍是两个对象，二者显示和相对位置与 DWG 中完全一样，避免了分离或压线的情况。

35. DWG 文件的"形"对象兼容提升

提升了对 DWG 文件的"形"对象的兼容能力，DWG 的"形"对象读入后仍可正确显示。

图 1.1.42 标题栏与配置匹配规则

36. 改进了旧版本中存在的某些不足

针对旧版本中的局部放大图复制粘贴丢失图素、删除图片后内存无法释放、反复复制粘贴后，容易死机、打开非法文件时无错误提示信息等诸多不足之处进行了改进。

1.1.4 CAXA 电子图板 2013-机械版的运行环境

（1）操作系统：

Windows 2003/Windows XP/Windows Vista/Windows 7/Windows 8 的 32 位或 64 位系统

（2）硬件配置：

P4 2.0G 以上 CPU；

256MB 以上内存；

24 位真彩色显卡，64MB 以上显存；

分辨率 1024×768 以上真彩色显示器；

USB 串行总线控制器；

安装分区拥有 400MB 以上剩余空间。

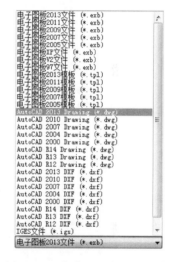

图 1.1.43 保存 2013 版 DWG 文件

1.2 CAXA 电子图板 2013-机械版的安装与卸载

1.2.1 CAXA 电子图板 2013-机械版的安装

将 CAXA 电子图板 2013-机械版的光盘放入光盘驱动器，出现如图 1.2.1 所示的界面，单击相应按钮即可运行安装程序。若此界面未自动弹出，则打开 Windows 资源管理器的光盘驱动器，在光盘目录中找到 Autorun.exe 文件，或打开程序文件夹中的 Setup.exe 并双击，弹出此界面。

安装程序启动后，按以下步骤操作：

（1）在"欢迎"选项卡中选择 CAXA 电子图板运行时的语言，单击【下一步】继续安装程序。

（2）在"选项"选项卡中选择需要安装的组件。如图 1.2.2 所示，【CAXA 电子图板

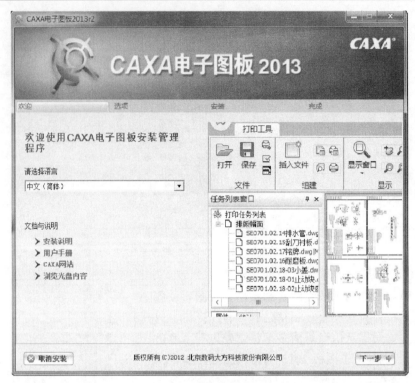

图 1.2.1　安装程序界面

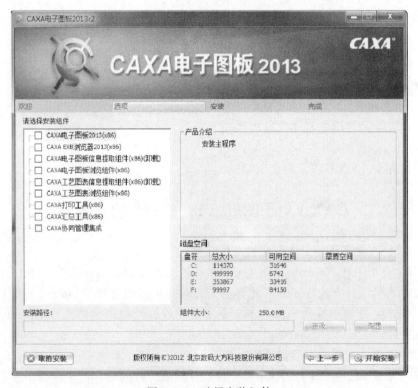

图 1.2.2　选择安装组件

2013（X86）】为必须安装组件，其余可根据需要选择。当勾选了【CAXA 电子图板 2013 （X86）】时，默认安装在 C 盘的程序文件夹下，也可通过【更改】程序的【安装路径】，如图 1.2.3 所示。

（3）安装所选的组件。单击图 1.2.3 中的【开始安装】，开始安装组件，如图 1.2.4 所示。

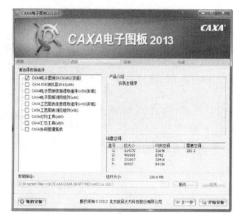

图 1.2.3　添加安装组件

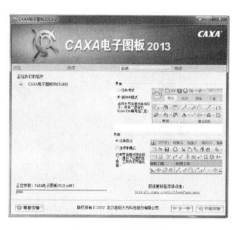

图 1.2.4　安装组件

（4）完成安装。如图 1.2.5 所示，单击【安装完成】，弹出组件安装成功信息，如图 1.2.6 所示，再次单击【安装完成】，完成全部安装。桌面上出现快捷方式图标，如图 1.2.7 所示。

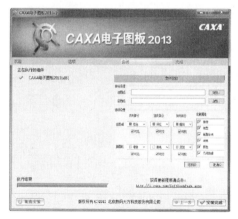

图 1.2.5　完成组件安装

图 1.2.6　完成组件信息

（5）激活电子图板。

1）双击图 1.2.7 所示图标，弹出启动界面，如图 1.2.8 所示。随后弹出如图 1.2.9 所示的提示对话框，单击【是】进行联网激活。在弹出对话框中的"第 1 步"输入【网站账号】与【网站密码】，如图 1.2.10 所示；若无账号，可单击输入框后方的【没有账号？请访问 CAXA 工业云】，注册账号，如图 1.2.11、图 1.2.12 所示。注册完成后，可登录 CAXA 云网站，如图 1.2.13 所示，购买【CAXA 工业云 CAD 服务 2D 套餐】，单击【立即购买】，使用网银或信用卡支持费用，完成购买。获得卡号与密码，输入图 1.2.10 所示的【CAXA 在线激活】对话框中，单击【激活】，完成 CAXA 电子图板 2013 -机械版的激活。

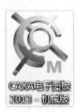

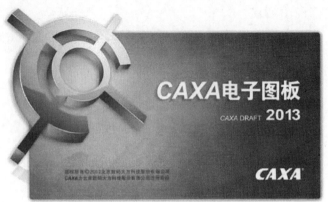

M
CAXA电子图板
2013 - 机械版

图 1.2.7　桌面快捷方式图标

CAXA电子图板
CAXA DRAFT 2013
CAXA

图 1.2.8　启动界面

CAXA在线激活
您目前有30天试用期。您要连接CAXA网站进行在线激活吗？
(选"是"进行联网激活，选"否"继续试用)
是(Y)
否(N)

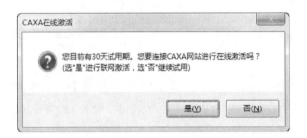

图 1.2.9　激活提示

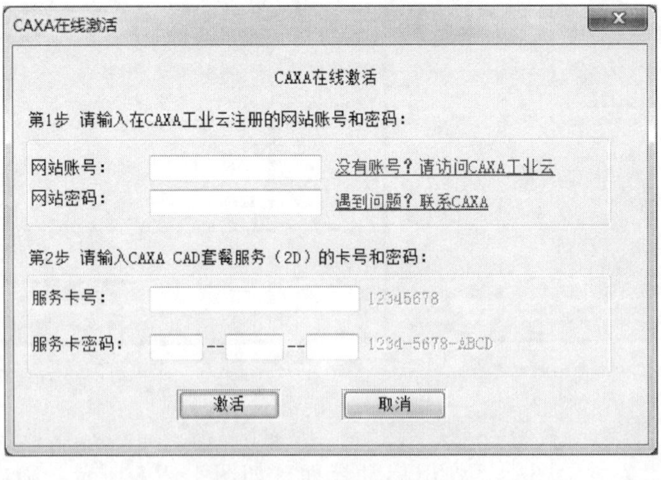

CAXA在线激活
CAXA在线激活
第1步 请输入在CAXA工业云注册的网站账号和密码：
网站账号：
没有账号？请访问CAXA工业云
网站密码：
遇到问题？联系CAXA
第2步 请输入CAXA CAD套餐服务（2D）的卡号和密码：
服务卡号：
12345678
服务卡密码：
1234-5678-ABCD
激活
取消

图 1.2.10　激活对话框

首次启动 CAXA 电子图板弹出【选择配置风格】对话框，如图 1.2.14 所示，在【交互】中可选择【经典模式】与【兼容模式】，单击【确定】。弹出【新建】对话框，如图 1.2.15 所示，在【工程图模板】中选择相应的模板，单击【确定】，启动 CAXA 电子图板绘图界面，如图 1.2.16 所示。

图 1.2.11　注册账号

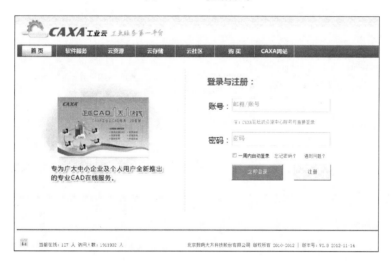

图 1.2.12　登录与注册账号

图 1.2.13　购买 2D 套餐

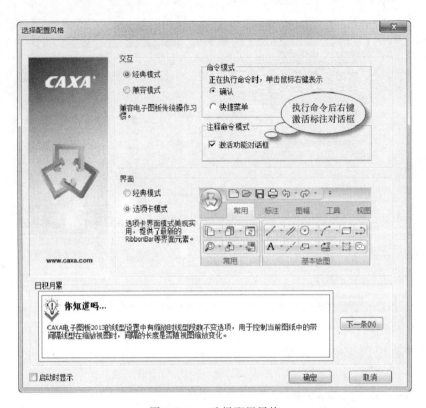

图 1.2.14　选择配置风格

图 1.2.15　选择模板

2）若在图 1.2.9 所示的【CAXA 在线激活】对话框单击【否】，启动绘图界面后，在软件界面上方的标题栏旁将出现【…试用期（还剩 30 天）…】的提示，如图 1.2.17 所示。30 天试用后软件将过期，不能再启动使用。

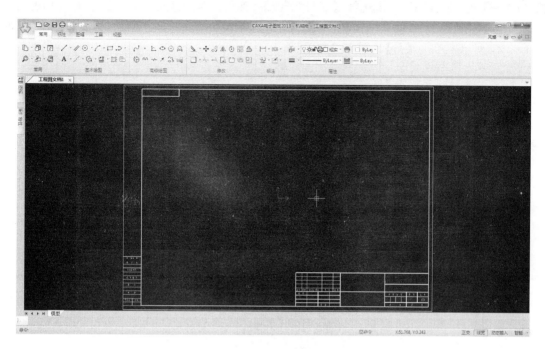

图 1.2.16 激活绘图界面

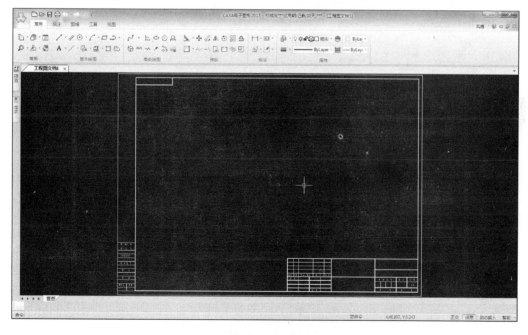

图 1.2.17 未激活绘图界面

1.2.2 CAXA 电子图板 2013-机械版的卸载

卸载 CAXA 电子图板 2013-机械版的方法主要有 3 种：

（1）打开 Microsoft Windows 的 "控制面板"，如图 1.2.18 所示，选择【CAXA 电子图

板 2013-机械版】程序并右击选择【卸载/更改】。弹出确认卸载对话框，如图 1.2.19 所示，单击【是】，则开始卸载程序，如图 1.2.20 所示。卸载完成后弹出提示对话框，如图 1.2.21 所示，单击【是】，则完成卸载。

图 1.2.18   选择卸载程序

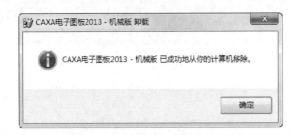

图 1.2.19   确认卸载

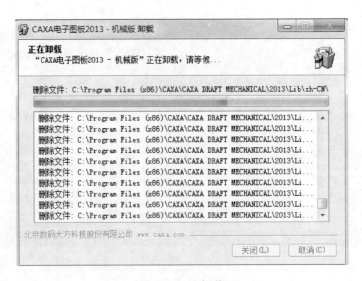

图 1.2.20   卸载

(2) 如图 1.2.22 所示，在 Windows【开始】—【所有程序】—【CAXA】—【CAXA 电子图板 2013-机械版】—【卸载】，弹出对话框，操作同上。

(3) 通过第三方软件卸载，如 360 软件管家的【强力卸载电脑上的软件】，优化大师软件的【软件智能卸载】，魔方软件的【卸载】等。

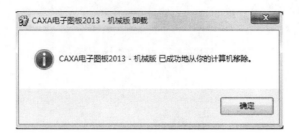

图 1.2.21 完成卸载

图 1.2.22 卸载 CAXA 电子图板 2013-机械版

2　界面及其基本操作

 **本章导读**

　　CAXA 电子图板 2013-机械版界面的基本功能及相应的基本操作。

　　常用功能与使用技巧。

2.1　CAXA 电子图板 2013-机械版的界面

　　用户界面（简称界面）是交互式绘图软件与用户进行信息交流的中介。系统通过界面反映当前信息状态和将要执行的操作，用户根据界面提供的信息做出判断，并经由输入设备进行下一步操作。因此，用户界面也是人机对话的桥梁。

　　CAXA 电子图板 2013-机械版的用户界面包括 Fluent/Ribbon 风格界面和经典界面两种风格，如图 2.1.1 和图 2.1.2 所示。前者主要使用功能区、快速启动工具栏和菜单按钮访问常用命令；后者则主要通过主菜单和工具条访问常用命令。

图 2.1.1　Fluent/Ribbon 风格界面

　　如无特别说明，本书所有的操作都是在 Fluent/Ribbon 界面风格下进行的。

　　CAXA 电子图板 2013-机械版的用户界面（Fluent/Ribbon 风格界面）包括菜单按钮、快速启动工具栏、标题栏、功能区、界面颜色、工具选项板、绘图区、坐标系、立即菜单、

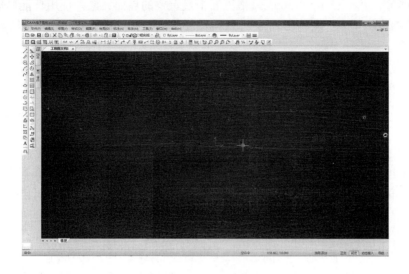

图 2.1.2　经典界面

状态栏、十字光标及帮助索引按钮、最小化按钮、最大化/还原按钮、关闭按钮等，如图 2.1.3 所示。

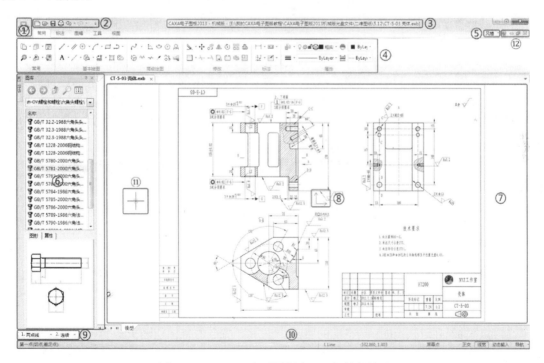

图 2.1.3　CAXA 电子图板 2013 - 机械版界面

其中：

①—【菜单按钮】，位于界面的左上角。主要用于调出主菜单。

②—快速启动工具栏，位于菜单按钮之后。主要用于快速自定义工具栏。

③—标题栏，位于界面正上方。主要用于显示文件的路径和名称。

④—功能区，是 Fluent/Ribbon 风格界面中最重要的界面元素。使用功能区时无需显示工具条，单一紧凑的界面使各种命令组织得简洁有序，通俗易懂，同时使绘图工作区最大化。

功能区包括多个功能区选项卡，每个功能区选项卡由若干功能区面板组成。各种功能命令均根据设计任务、使用频率有序地排布在选项卡和面板中。

⑤—界面颜色，位于界面右上角。用于提供界面颜色设置工具，可修改软件整体界面元素的配色风格。

⑥—工具选项板，位于界面左侧的竖向工具条，是一种特殊形式的交互工具，包括图库和特性。用于组织和放置图库、属性修改等工具。一般工具选项板会隐藏在界面左侧的工具选项板工具条内，将鼠标移动到该工具条的工具选项板按钮上，对应的工具选项板就会弹出。

⑦—绘图区，位于屏幕中心的大面积区域内，是用户进行绘图设计的工作区域，广阔的绘图区为显示全图提供了清晰的空间。

⑧—坐标系，包括世界坐标系和用户坐标系。世界坐标系是电子图板的默认坐标系如图 2.1.3 所示。

此外用户还可使用新建原点坐标系和新建对象坐标系两个功能创建用户坐标系。以方便坐标输入、栅格显示、捕捉等操作，利于用户更方便地编辑对象。

⑨—立即菜单，电子图板中改进了传统的逐级查找的问答式交互界面，采用立即菜单使得交互过程更加直观、快捷。

立即菜单显示了该项命令执行的各种情况和使用条件。用户可根据当前的作图要求，正确地选择某一选项，即可得到准确的响应。用户在输入某些命令后，在绘图区的底部即会弹出一行立即菜单，以提示用户根据要求绘图。

⑩—状态栏，电子图板提供了多种显示当前状态的功能，如屏幕状态显示、操作信息提示、当前工具点设置、拾取状态显示等。

操作信息提示区：位于屏幕底部状态栏的左侧，用于提示当前命令执行情况并提醒用户输入。

"点"工具状态提示区："当前工具点设置"和"拾取状态提示"位于状态栏的右侧，自动提示当前点的性质和拾取方式。例如，点可能为屏幕点、切点、端点等，拾取方式可为添加状态、移出状态等。

命令与数据输入区：位于状态栏左侧，用于显示键盘输入的命令或数据。

命令提示区：位于命令与数据输入区和操作信息提示区之间，显示目前执行的功能或键盘输入命令的提示，便于用户快速掌握电子图板的键盘命令。

当前点坐标显示区：位于状态栏的中部。显示当前点的坐标值随鼠标光标移动时所做的动态变化。

点捕捉状态设置区：位于状态栏的最右侧，此区内设置点的捕捉状态，包括自由、智能、导航和栅格。

正交状态切换：单击该按钮可切换【非正交状态】/【正交状态】。

线宽状态切换：单击该按钮可切换【按线宽显示】/【细线显示】。

动态输入工具开关：单击该按钮可打开/关闭【动态输入】工具。

⑪—十字光标显示当前的绘图位置。

⑫—【帮助索引】按钮、【最小化】按钮、【最大化/还原】按钮、【关闭】按钮分别为文件的帮助文档、打开文档的最小化、最大化和还原按钮。

为了界面清楚可见，部分绘图背景颜色设为白色，如图 2.1.3 所示。

2.1.1　菜单按钮

在 Fluent/Ribbon 风格界面下，可单击【菜单按钮】 调出主菜单，如图 2.1.4 所示。主菜单包括【文件】 、【编辑】 、【视图】 、【格式】 、【幅面】 、【绘图】 、【标注】 、【修改】 、【工具】 、【窗口】 、【帮助】 、【最近文档】、【选项】 和【退出】 ，其应用方式与传统的主菜单相同。将鼠标置于图标 上，出现命令按钮提示"单击这里打开主菜单"，如图 2.1.5 所示。

【菜单按钮】 的使用方法如下：

● 单击鼠标左键【菜单按钮】 ，调出主菜单。

●【菜单按钮】 上显示最近使用的文档，单击文档名称即可打开相关文档。

● 将光标停放在各菜单上即可显示子菜单，单击鼠标左键即可执行命令。

● 双击【菜单按钮】 即可退出软件。未保存文件时将会提示"是否保存文件"。

图 2.1.4　主菜单

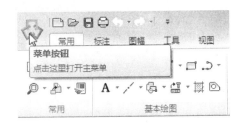

图 2.1.5　菜单按钮

1.【文件】菜单

单击【菜单按钮】 —【文件】 ，弹出如图 2.1.6 所示的功能按钮，包括【新建】 、【打开】 、【关闭】、【保存】 、【另存为】、【并入】 、【部分存储】、【打印】 、【文件检索】、【DWG/DWF 批转换器】、【模块管理器】、【清理】 和【退出】。

◆ 单击【菜单按钮】 —【文件】 —【新建】 ，弹出如图 2.1.7 所示的对话框。

对话框中列出了若干个模板文件，包括国家标准规定的 A4～A0 的图幅、图框和标题栏模板，以及系统默认的名为 Blank.tpl 的空白模板文件。

选取所需模板，单击【确定】，一个模板文件即被调出，并显示在屏幕绘图区，一个新

图 2.1.6　【文件】菜单

图 2.1.7　【新建】文档对话框

文件也就建立了。用户即可运用图形绘制、编辑、标注等功能进行相应操作。

> 1. 可将"模板"视为已印好图框和标题栏的空白图纸，用户调用某个模板文件则相当于调用空白图纸。
> 2. 当前的操作结果虽全部记录在内存中，但只有在保存文件以后，才会被永久地保存下来。

◆ 单击【菜单按钮】 ——【文件】 ——【打开】 ，弹出如图 2.1.8 所示的对话框。可在【文件类型】中选择以下 9 种文件类型：

◆ 单击【菜单按钮】 ——【文件】 ——【关闭】，关闭当前打开的工程图文件。如果文档已保存过，则直接关闭当前文档；否则，将弹出如图 2.1.9 所示的提示对话框。

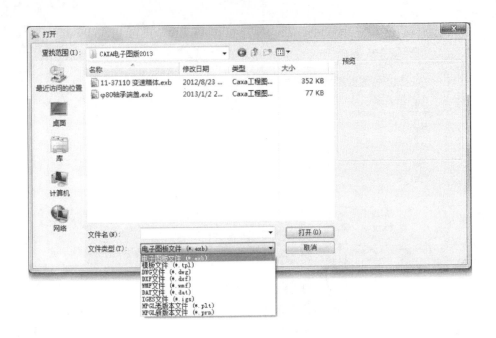

图 2.1.8 【打开】文档对话框

◆ 单击【菜单按钮】 —【文件】 —【保存】 ，保存当前打开的工程图文件。如果文件尚未保存，即弹出【另存文件】对话框，如图 2.1.10 所示。保存时，文件类型既可为多种格式，还可加密，单击【密码】，弹出【设置密码】对话框，输入密码单击【确定】，即可完成加密保存，如图 2.1.11 所示。

图 2.1.9 【关闭】文档提示对话框

> 因为没有密码提示功能，所以密码一旦丢失，文件将无法打开，故用户务必备份或牢记密码。

◆ 单击【菜单按钮】 —【文件】 —【另存为】，另存当前打开的工程图文件。对话框如图 2.1.10 所示，操作也相同。
◆ 单击【菜单按钮】 —【文件】 —【并入】 ，将选择的工程图文件并入当前打开的文件中。文件类型有多种，如图 2.1.12 所示。选择一图纸文件并打开，弹出如图 2.1.13 所示的对话框；选择【并入到当前图纸】，则预览如图 2.1.14 所示，并入后如图 2.1.15 所示。
◆ 单击【菜单按钮】 —【文件】 —【部分存储】，存储当前打开的部分工程图文件。单击后命令行将提示选择图素，选择需要存储的部分图素，单击鼠标右键确定并单击绘图区给定绘图基点，弹出【部分存储文件】对话框，如图 2.1.16 所示。文件类型可另存为多种文件格式。

图 2.1.10 【保存】文件对话框

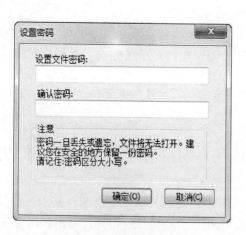

图 2.1.11 【设置密码】对话框

对话框如图 2.1.19 所示。

◆ 单击【菜单按钮】—【文件】—【打印】，打印当前打开的工程图文件，弹出如图 2.1.17 所示的对话框，可进行相关设置。

◆ 单击【菜单按钮】—【文件】—【文件检索】，检索相关的工程图文件，弹出如图 2.1.18 所示的对话框，可设置相关的条件并进行检索。

◆ 单击【菜单按钮】—【文件】—【DWG/DWF 批转换器】，实现 AutoCAD 文件（DWG/DWF 格式）与 CAXA 电子图板文件（EXB 格式）之间的相互转换。其【设置】

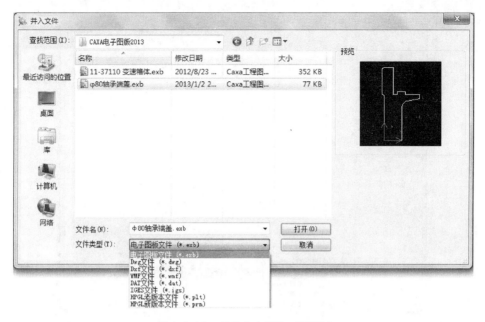

图 2.1.12 【并入文件】对话框 1

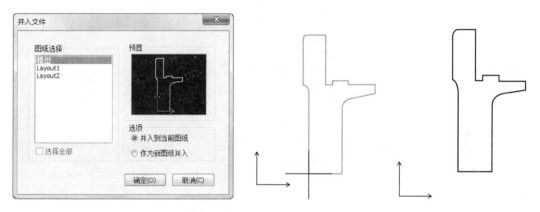

图 2.1.13 【并入文件】对话框 2　　图 2.1.14 预览并入图形　　图 2.1.15 并入后的图形

将 EXB 格式文件转换为 DWG/DWF 格式文件时，还可设置转换后的文件版本，如图 2.1.20 所示。

选定 *.DWG/DWF 后，单击【确定】，单击【下一步】后，弹出如图 2.1.21 所示的对话框。

选项功能如下：

①【浏览】，设置转换后的文件存放路径。

②【添加文件】，添加转换的文件。

③【添加目录】，可批量添加文件目录的所有文件。

④【清空列表】，可清空当前完成的或添加不准确的图形文件。

⑤【删除文件】，可删除选定的文件。

⑥【开始转换】，开始转换当前列表任务下文件。

图 2.1.16　【部分存储文件】对话框

如图 2.1.22 所示，单击【浏览】，设置转换后的文件存放路径为 E 盘。单击【添加文件】，添加 E 盘目录下的图形文件，列表显示待转换文件为"传动轴.dwg"，转换后文件为"传动轴.exb"。

单击【开始转换】转换本次列表任务的文件。转换完成后弹出提示对话框。

同理可将 *.exb 文件转换为 *.DWG/DWF 文件。注意设置转换后的文件版本。

◆ 单击【菜单按钮】🎴—【文件】🗋—【模块管理器】，弹出如图 2.1.23 所示的对话框。

模块管理器的使用方法如下：

（1）加载和卸载。在如图 2.1.23 所示对话框中，选择或取消模块前【加载】列对应的复选框的勾选即可加载或卸载模块。

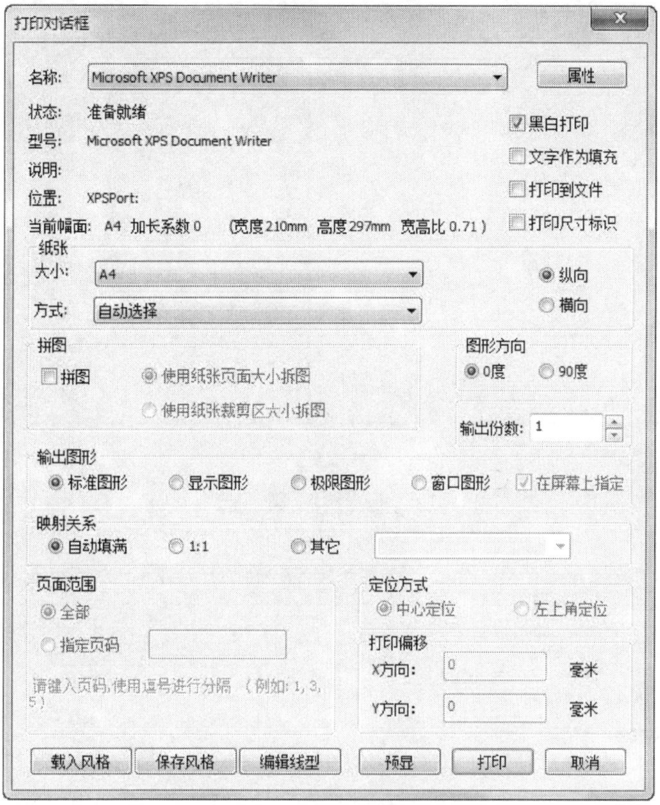

图 2.1.17　【打印】对话框

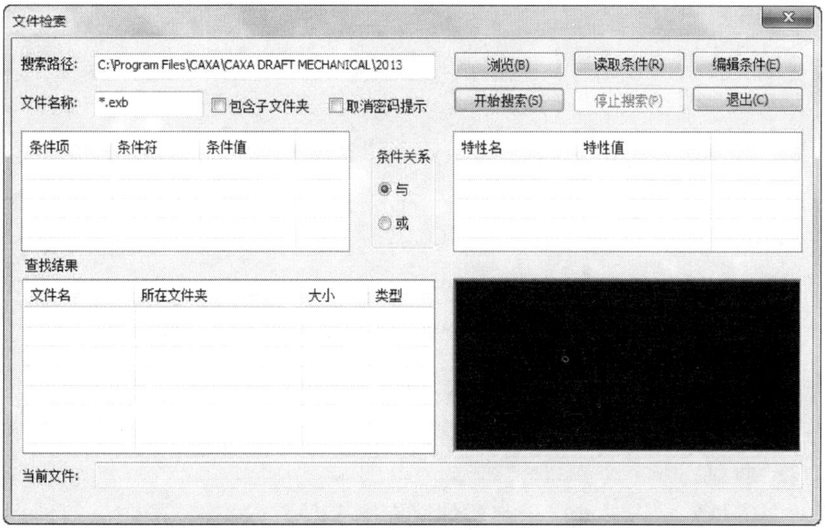

图 2.1.18　【文件检索】对话框

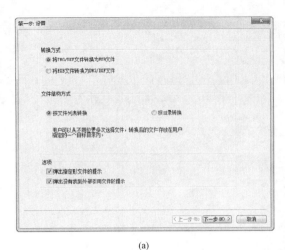 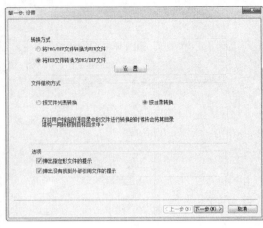

(a)　　　　　　　　　　　　　　　(b)

图 2.1.19　批转换器【设置】对话框

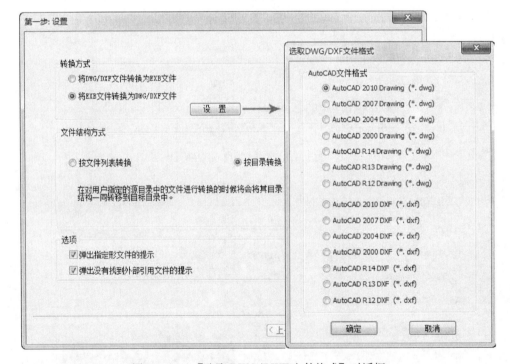

图 2.1.20　【选取 DWG/DWF 文件格式】对话框

　　（2）自动加载。勾选【自动加载】列对应的复选框，即可将模块设置为自动加载。这样，关闭程序重新启动后该模块将自动加载，可直接使用。取消该复选框的勾选，对应的模块将被取消自动加载。

　　加载【转图工具】后，功能区上将添加【转图工具】标签，如图 2.1.24 所示。

　◆ 单击【菜单按钮】 —【文件】 —【清理对象】 ，弹出如图 2.1.25 所示的对话框。

　◆ 单击【菜单按钮】 —【文件】 —【退出】，退出软件。

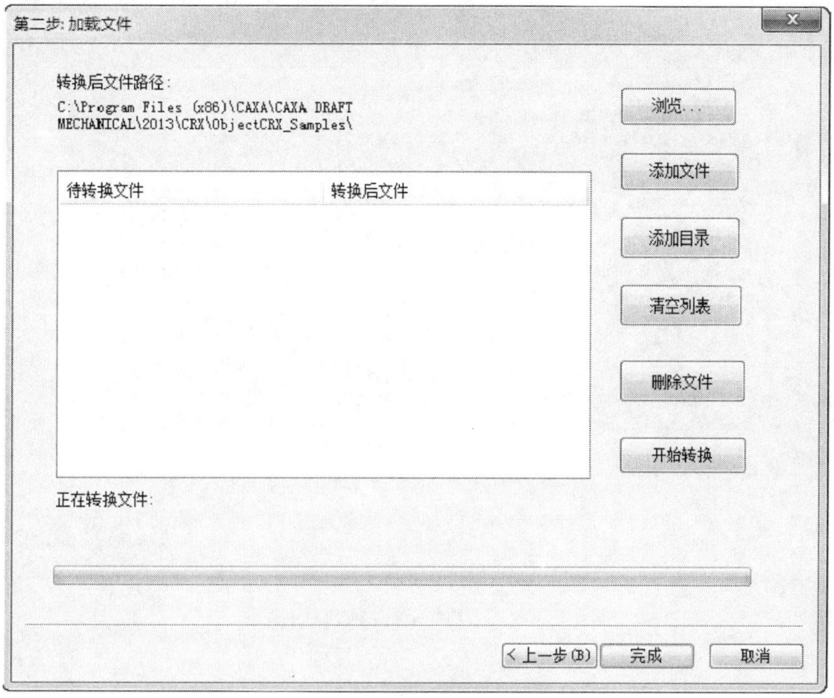

图 2.1.21 【加载文件】对话框

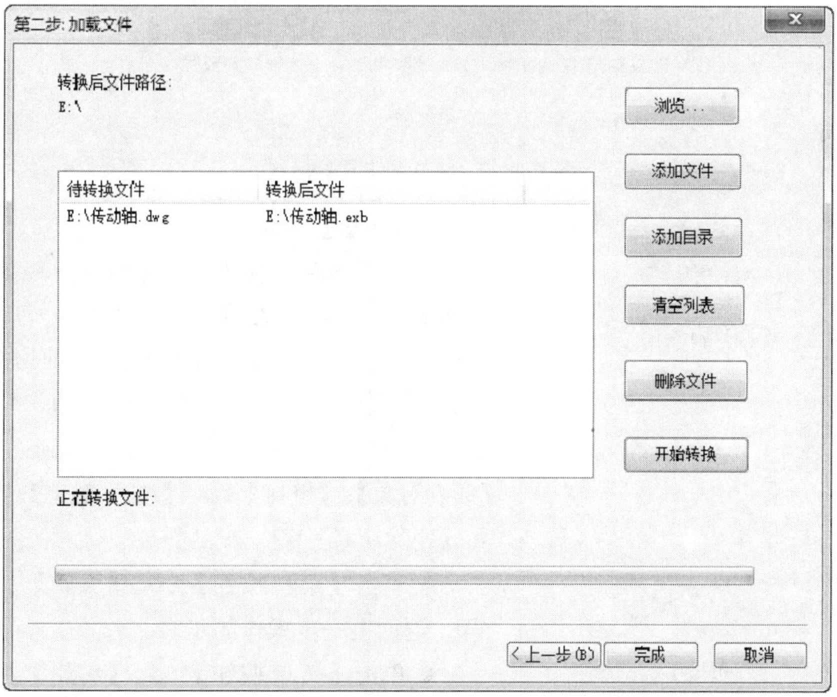

图 2.1.22 *.DWG/DWF 转换 *.exb【加载文件】对话框

图 2.1.23　【模块管理器】对话框

图 2.1.24　【转图工具】标签

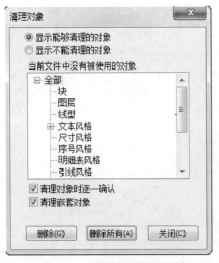

图 2.1.25　【清理对象】对话框

2.【编辑】菜单

单击【菜单按钮】—【编辑】菜单，弹出如图 2.1.26 所示的编辑功能按钮，包括【撤销】、【恢复】、【选择所有】、【剪切】、【复制】、【带基点复制】、【粘贴】、【粘贴为块】、【选择性粘贴】、【粘贴到原坐标】、【插入对象】、【链接】、【OLE 对象】、【删除】和【删除所有】。

◆ 单击【菜单按钮】—【编辑】—【撤销】，返回上一步操作的步骤。

◆ 单击【菜单按钮】—【编辑】—【恢复】，返回误操作的步骤。

◆ 单击【菜单按钮】—【编辑】—【选择所

有】，选择图幅中的所有对象。

◆ 单击【菜单按钮】🕸—【编辑】✂—
【剪切】✂，剪切所选对象。

◆ 单击【菜单按钮】🕸—【编辑】✂—
【复制】📋，复制所选对象。

◆ 单击【菜单按钮】🕸—【编辑】✂—
【带基点复制】📇，复制带有基点位置的对
象，如图 2.1.27 所示，【粘贴】带基点的对
象时，十字光标点就是复制时的基点位置。

◆ 单击【菜单按钮】🕸—【编辑】✂—
【粘贴】📄，粘贴复制的对象。

◆ 单击【菜单按钮】🕸—【编辑】✂—
【粘贴为块】📄，粘贴复制的对象为块，如
图 2.1.28 所示。

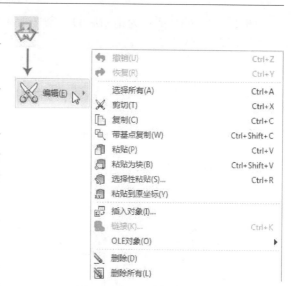

图 2.1.26 　【编辑】菜单

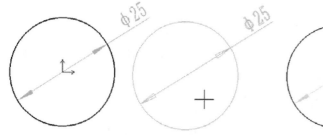

图 2.1.27 　【带基点复制】后粘贴的对象

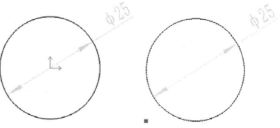

图 2.1.28 　【粘贴为块】

◆ 单击【菜单按钮】🕸—【编辑】✂—【选择性粘贴】📄，粘贴的对象可选择为 CAXA
工程图文档、图片和位图三种，如图 2.1.29 所示。

图 2.1.29 　【选择性粘贴】对话框

◆ 单击【菜单按钮】🕸—【编辑】✂—【粘贴到原坐标】📄，复制的对象粘贴到原坐标
系，如图 2.1.30 所示，

单击【菜单按钮】🕸—【工具】⚙—【查询】—【元素属性】🗏。

图 2.1.30（a）所示为粘贴前的对象【元素属性】🗏，只有两个实体。

图 2.1.30（b）所示为粘贴后的对象【元素属性】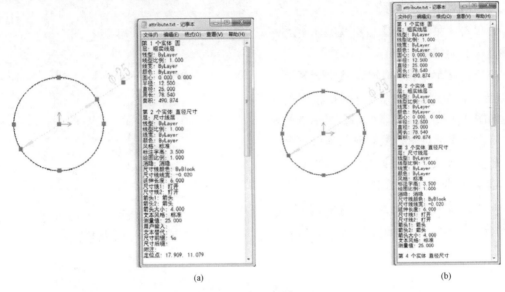，有四个实体。原因在于粘贴的对象在原坐标系上与复制对象重合。

(a) (b)

图 2.1.30 粘贴到原坐标

◆ 单击【菜单按钮】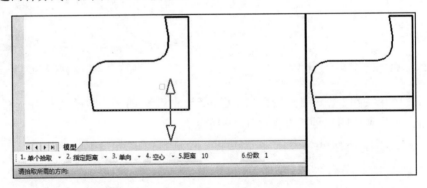—【编辑】 —【插入对象】，插入需要的类型文件，包括新建和由文件创建两种方式，如图 2.1.31 所示。

图 2.1.31 【插入对象】对话框

例如插入【由文件创建】的对象，单击【浏览】按钮选择任一 Word 文档，勾选【链接】，如图 2.1.32 所示。

◆ 单击【菜单按钮】 —【编辑】 —【链接】 ，选择链接的文件，如图 2.1.33 所示。

如单击【打开源】即可打开链接的原始文件，如图 2.1.34 所示。更新方式分为自动和手动。

◆ 单击【菜单按钮】 —【编辑】 —【OLE 对象】，弹出下拉菜单，可进行以下操作：

（1）【打开】 ，打开 OLE 对象文档。

图 2.1.32 插入【由文件创建】的对象对话框

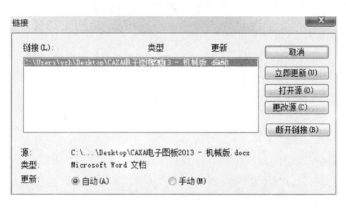

图 2.1.33 插入由文件创建的对象对话框

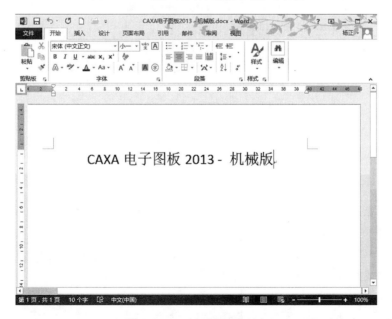

图 2.1.34 打开源链接对象

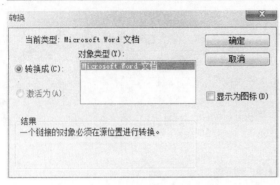

图 2.1.35　转换 OLE 对象

（2）【转换】，转换 OLE 对象类型，如图 2.1.35 所示。

（3）【属性】，查看 OLE 对象类型的属性，如图 2.1.36 所示。

◆ 单击【菜单按钮】—【编辑】—【删除】，删除所选对象。

◆ 单击【菜单按钮】—【编辑】—【删除所有】，删除打开图层上的全部对象，如图 2.1.37 所示。

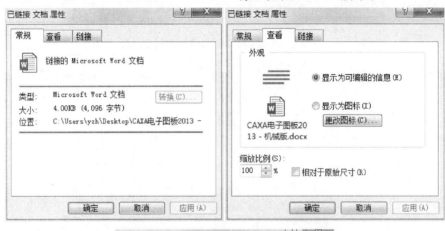

图 2.1.36　OLE 对象属性

3.【视图】菜单

单击【菜单按钮】—【视图】菜单，弹出如图 2.1.38 所示的视图功能按钮，包括【重生成】、【全部重生成】、【显示窗口】、【显示全部】、【显示上一步】、【显示下一步】、【动态平移】、【动态缩放】、【显示放大】、【显示缩小】、【显示平移】、【显示比

图 2.1.37　【删除所有】提示对话框

例】、【显示复原】、【坐标系显示】和【视口】。

图 2.1.38　【视图】菜单

◆ 单击【菜单按钮】 —【视图】 —【重生成】 。由于图形元素放大后，圆或圆弧会出现多边形的现象，所以需要重生成以改变图形的显示状态，如图 2.1.39 所示。

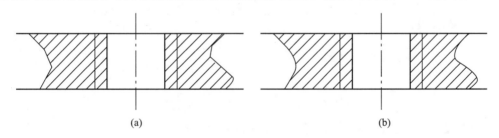

(a)　　　　　　　　　　　　　　　　　　　(b)

图 2.1.39　【重生成】前后对比
(a)【重生成】前；(b)【重生成】后

◆ 单击【菜单按钮】 —【视图】 —【全部重生成】 ，对整个打开的图形进行全部重生成。

◆ 单击【菜单按钮】 —【视图】 —【显示窗口】 ，显示所选矩形窗口内的实体对象，相当于局部放大。

◆ 单击【菜单按钮】 —【视图】 —【显示全部】 ，显示整个窗口内打开的全部实体对象，也可按快捷键 F3 实现。

◆ 单击【菜单按钮】 —【视图】 —【显示上一步】 ，显示上一步对象所处的显示位置。相当于返回显示过的视图。

◆ 单击【菜单按钮】 —【视图】 —【显示下一步】 ，显示下一步对象所处的显示位置。相当于恢复显示了的视图。

◆ 单击【菜单按钮】 —【视图】 —【动态平移】 ，平移视图以观察实体对象，相当于按住鼠标中间（滚轮）平移视图。

◆ 单击【菜单按钮】 —【视图】 —【动态缩放】 ，按住鼠标左键向上（放大视图）或向下（缩小视图）观察图形。

◆ 单击【菜单按钮】 —【视图】 —【显示放大】 ，单击鼠标左键来逐步放大视图。

◆ 单击【菜单按钮】 —【视图】 —【显示缩小】 ，单击鼠标左键来逐步缩小视图。

◆ 单击【菜单按钮】 —【视图】 —【显示平移】 ，在确定的定位方向上，单击鼠标左键来平移视图。

◆ 单击【菜单按钮】 —【视图】 —【显示比例】 ，按输入的比例系数，缩放当前视图。

◆ 单击【菜单按钮】 —【视图】 —【坐标系显示】，弹出如图 2.1.40 所示的对话框，单击【特性】可进行相关设置。

图 2.1.40　【坐标系设置】对话框

◆ 单击【菜单按钮】 —【视图】 —【视口】。如图 2.1.41 所示的对话框，可设置视口的数量和方向，如图 2.1.42 和图 2.1.43 所示。注意：视口只能在布局中进行。

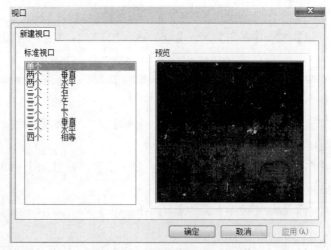

图 2.1.41　【新建视口】对话框

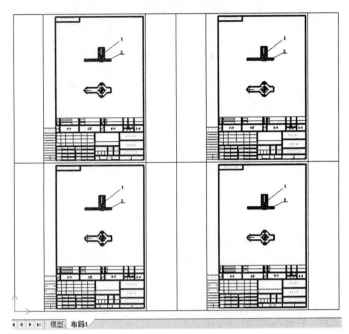

图 2.1.42 四个视口

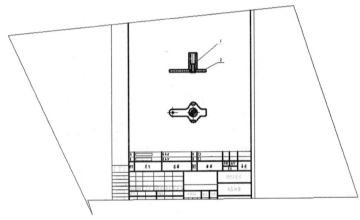

图 2.1.43 多边形视口

4.【格式】菜单

单击【菜单按钮】🜲—【格式】📄菜单，弹出如图 2.1.44 所示的格式功能按钮，包括【图层】📑、【图层工具】、【线型】☰、【颜色】🔵、【线宽】、【点】🖊、【文字】𝐀、【尺寸】📐、【引线】✏、【形位公差】⊞、【粗糙度】✓、【焊接符号】🗡、【基准代号】🗡、【剖切符号】🗡、【序号】📏、【明细表】▦和【样式管理】📝。

◆ 单击【菜单按钮】🜲—【格式】📄—【图层】📑。设置图层的打开/关闭、颜色、线型、线宽、新建、删除等操作，如图 2.1.45 所示。

（1）图层的打开与关闭。用鼠标左键单击💡，可进行图层打开或关闭的切换。

打开或关闭图层的注意事项如下：

1）当前层不能被关闭。

图 2.1.44　【格式】菜单

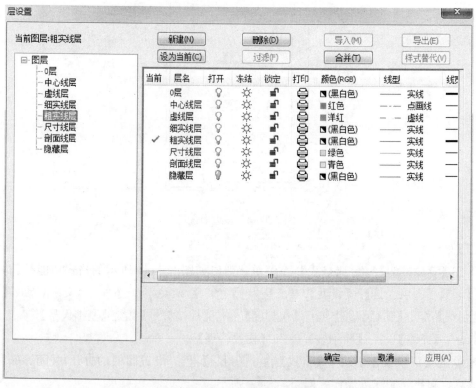

图 2.1.45　【层设置】对话框

2）图层处于打开状态时，该层的对象被显示在屏幕绘图区；图层处于关闭状态时，该层上对象处于不可见状态，但对象仍然存在，并未被删除。

3）在绘制复杂的多视图时，可把当前无关的一些细节（即某些对象）隐去，使图面清晰、整洁，以便用户集中完成当前图形的绘制，加快绘图和编辑的速度，待绘制完成后，再将其打开，显示全部内容。

4）可将尺寸线和剖面线分别放在【尺寸线层】和【剖面线层】，在修改视图时将其关闭，使视图更清晰；还可将作图的一些辅助线放入【隐藏层】中，作图完成后，将其关闭，隐去辅助线，而不必逐条删除。

（2）图层的冻结与解冻。选中层状态下要冻结☼或解冻✿的图层，鼠标左键单击☼或✿，可进行图层冻结或解冻的切换。

冻结或解冻图层的注意事项如下：

1）已冻结图层上的对象不可见，且不会遮盖其他对象。

2）在大型图形中，冻结不需要的图层可加速【显示】和【重生成】的操作。

3）解冻一个或多个图层可能会使图形【重新生成】。

4）冻结和解冻图层比打开和关闭图层需要更多的时间。

（3）图层的锁定或解锁。选中层状态下要锁定🔒或解锁🔓的图层，鼠标左键单击🔓或🔒，可进行图层锁定或解锁的切换。

锁定图层上的图素只能增加，并可对选中的图素进行复制、粘贴、阵列、属性查询等操作，但不能进行删除、平移、拉伸、比例缩放、属性修改、块生成等修改性操作。系统规定，标题栏、明细表、图框等图幅元素不受此限制。

（4）图层的打印或不打印。用鼠标左键单击🖨，可进行图层打印或不打印的切换。

图层不打印的层状态的图标为🚫，此图层的内容打印时不会输出，这对于绘图中不需打印出的辅助线层很有帮助。

◆ 单击【菜单按钮】🐾—【格式】📄—【图层工具】，弹出下拉菜单，可进行以下操作：

（1）【移动对象到当前图层】，将非当前图层的实体对象移动到当前激活的图层上。

（2）【移动对象到指定图层】，将非当前图层的实体对象移动到指定的图层上，如图 2.1.46 所示。

（3）【对象移动图层快捷方式设置】，将图层的实体对象移动到设置快捷键的图层上，如图 2.1.47 所示。

图 2.1.46 【层选择】对话框

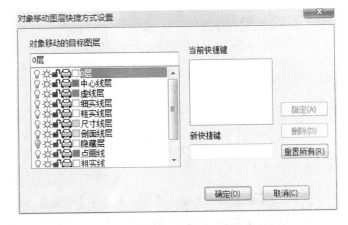

图 2.1.47 【对象移动图层快捷方式设置】对话框

（4）【对象所在层置为当前层】，将对象所在的图层设置为当前图层。

（5）【图层隔离】，将拾取图层上的对象与其他图层隔离开来。如图 2.1.48 所示，图（a）为隔离前，图（b）为选择粗实线层的圆隔离后的图形。

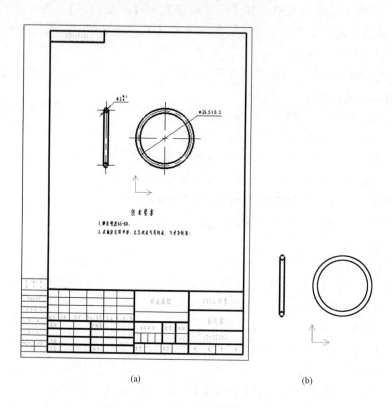

(a)   (b)

图 2.1.48　隔离图层前后

图 2.1.49　【局部改层】对话框

（6）【取消图层隔离】，取消图层的隔离。

（7）【合并图层】，合并选择的几个图层。

（8）【拾取对象删除图层】，保留拾取对象的同时，删除其所在图层。

（9）【图层全开】，将关闭的图层全部打开。

（10）【局部改层】，对图层进行局部修改，如图 2.1.49 所示。

◆ 单击【菜单按钮】—【格式】—【线型】，对线型进行新建、删除、置为当前等操作，如图 2.1.50 所示。

◆ 单击【菜单按钮】—【格式】—【颜色】，设置将要绘制图形的颜色，如图 2.1.51 所示。

◆ 单击【菜单按钮】—【格式】—【线宽】，弹出下拉菜单，可进行以下操作：

（1）【线宽】，设置预览的线条宽度，如图 2.1.52 所示。

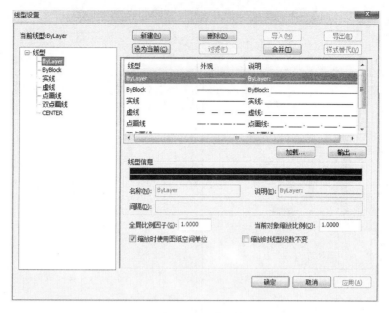

图 2.1.50 【线型设置】对话框

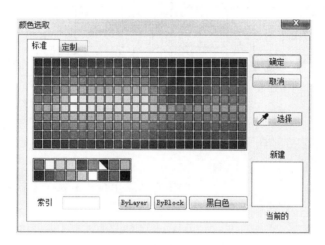

图 2.1.51 【颜色选取】对话框

图 2.1.52 【线宽设置】对话框

（2）【显示线宽切换】 ≡Ⅱ，查看线宽的预览。如图 2.1.53 所示，图（a）为显示线宽，图（b）为不显示线宽。

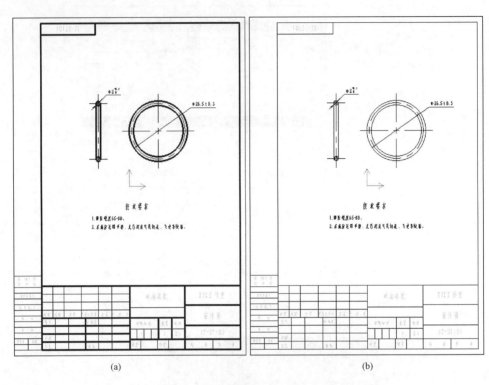

(a)　　　　　　　　　　　　　　　　　(b)

图 2.1.53　【显示线宽切换】前后

◆ 单击【菜单按钮】 ✿—【格式】 📰—【点】 ✍，设置点的形状、大小和样式，如图 2.1.54 所示。

图 2.1.54　【点样式】对话框

◆ 单击【菜单按钮】 ✿—【格式】 📰—【文字】 ♠，设置文本风格样式，如图 2.1.55 所示。

◆ 单击【菜单按钮】 ✿—【格式】 📰—【尺寸】 ➚，设置标注风格样式，如图 2.1.56 所示，可设置箭头样式及其大小、标注文本大小即字体、尺寸精度等。

◆ 单击【菜单按钮】 ✿—【格式】 📰—【引线】 ✍，设置引线风格样式，如图 2.1.57 所示，可设置引线箭头样式及其大小等。

◆ 单击【菜单按钮】 ✿—【格式】 📰—【形位公差】 ⊞，设置形位公差风格样式，如图 2.1.58 所示。

◆ 单击【菜单按钮】 ✿—【格式】 📰—【粗糙度】 ✔，设置粗糙度风格样式，如图 2.1.59 所示。

◆ 单击【菜单按钮】 ✿—【格式】 📰—【焊接符号】 ✍，设置焊接符号风格样式，如图 2.1.60 所示。

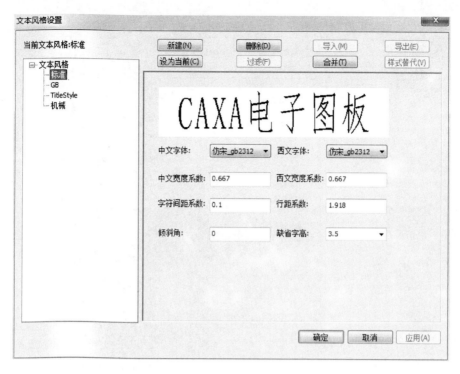

图 2.1.55 【文字风格设置】对话框

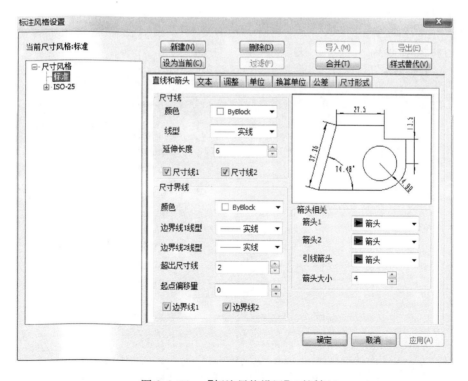

图 2.1.56 【标注风格设置】对话框

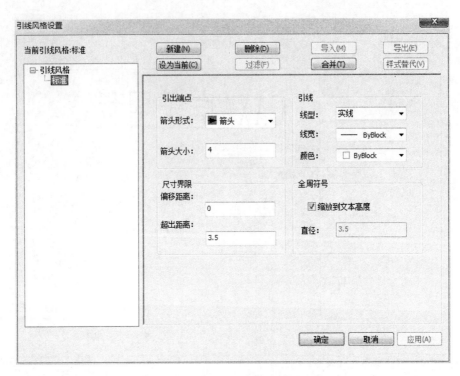

图 2.1.57　【引线风格设置】对话框

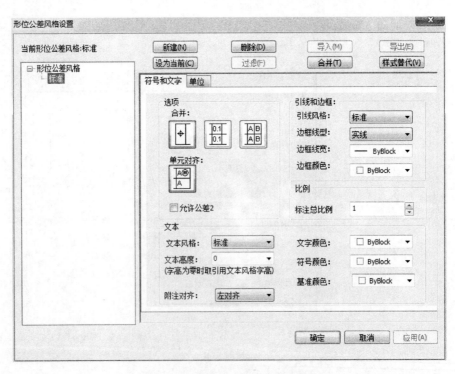

图 2.1.58　【形位公差风格设置】对话框

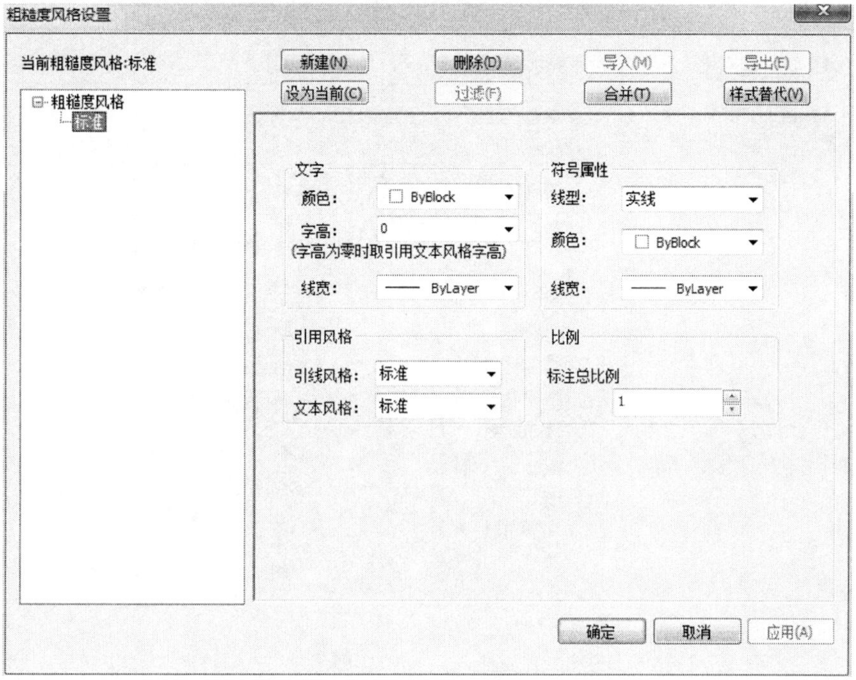

图 2.1.59　【粗糙度风格设置】对话框

图 2.1.60　【焊接符号风格设置】对话框

◆ 单击【菜单按钮】🕸—【格式】📄—【基准代号】🅰️，设置基准代号风格样式，如图 2.1.61 所示。

图 2.1.61　【基准代号风格设置】对话框

◆ 单击【菜单按钮】🕸—【格式】📄—【剖切符号】🛠️，设置剖切符号风格样式，如图 2.1.62 所示。

图 2.1.62　【剖切符号风格设置】对话框

◆ 单击【菜单按钮】 —【格式】 —【序号】 ，设置序号风格样式，如图 2.1.63 所示。

◆ 单击【菜单按钮】 —【格式】 —【明细表】 ，设置明细表风格样式，如图 2.1.64 所示。

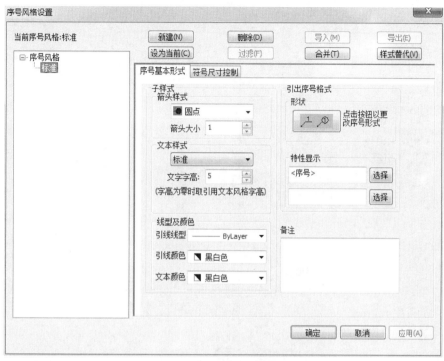

图 2.1.63 【序号风格设置】对话框

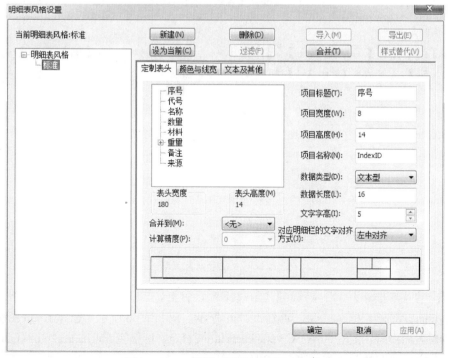

图 2.1.64 【明细表风格设置】对话框

◆ 单击【菜单按钮】🐌—【格式】📄—【样式管理】📝。对图层、线型、文本风格、尺寸风格、引线风格、形位公差风格、粗糙度风格、焊接符号风格、基准代号风格、剖切符号风格、序号风格和明细表风格的管理设置，如图 2.1.65 所示。

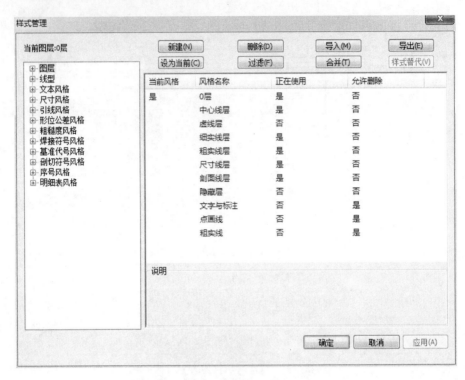

图 2.1.65　【样式管理】对话框

5.【幅面】菜单

单击【菜单按钮】🐌—【幅面】⬜，弹出幅面功能按钮，包括【图幅设置】⬜、【图框】、【标题栏】、【参数栏】、【序号】和【明细表】，如图 2.1.66 所示。

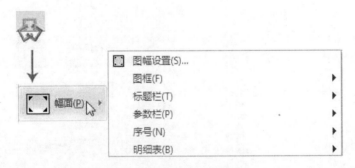

图 2.1.66　【幅面】菜单

◆ 单击【菜单按钮】🐌—【幅面】⬜—【图幅设置】⬜。设置图幅的幅面大小、图纸比例、图纸方向、图框、标题栏等，如图 2.1.67 所示。图 2.1.68 所示为选择了 A3 图幅，图纸比例 1：1，方向横向，图框 A3A－C－Mechanical（CHS），标题栏 Mechanical－B（CHS）的图幅设置。设定后的图幅效果如图 2.1.69 所示。

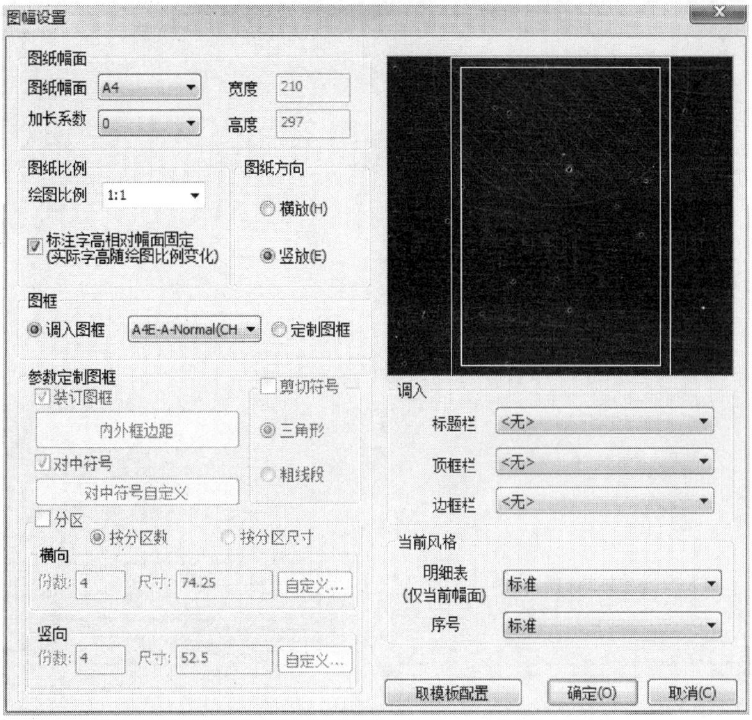

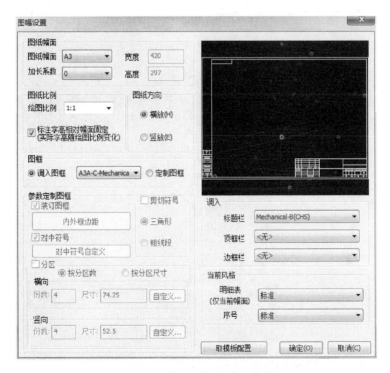

图 2.1.67　【图幅设置】对话框

图 2.1.68　设置了相关信息的图幅

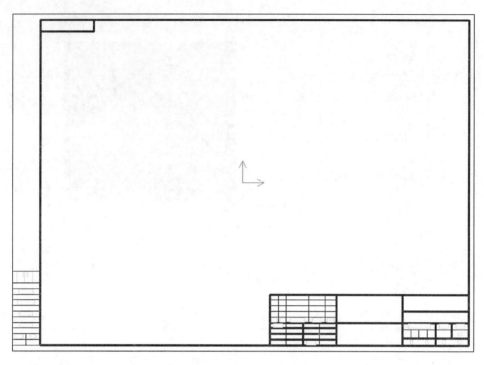

图 2.1.69　设定后的图幅效果

◆ 单击【菜单按钮】🔧—【幅面】🔲—【图框】，弹出子菜单，可进行以下操作：

（1）【调入】🔲，读入图框文件。GB 图框，一般不做修改，如图 2.1.70 所示。

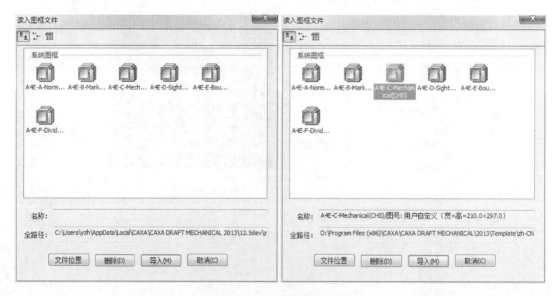

图 2.1.70　读入图框文件

（2）【定义】🔲，选取绘制的自定义图框如图 2.1.71 所示，并指定基准点，弹出如图 2.1.72 所示的对话框，选择【取系统值】／【取定义值】后【确定】，弹出如图 2.1.73 所示的对话框，输入图框名称，单击【保存】，即保存图框文件以备调用。

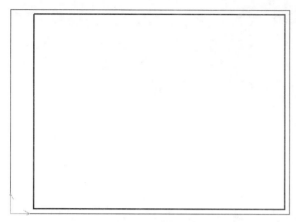

图 2.1.71　绘制的图框

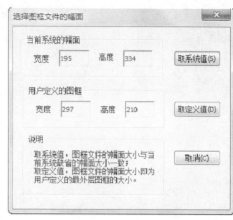

图 2.1.72　【选择图框文件的幅面】对话框

（3）【存储】，存储选择的图框文件，如图 2.1.74 所示。

（4）【填写】，填写图框，如图 2.1.75 所示。

（5）【编辑】，编辑图框。

◆ 单击【菜单按钮】—【幅面】—【标题栏】，弹出子菜单，可进行以下操作：

（1）【调入】，读入标题栏文件，如图 2.1.76 所示。

（2）【定义】，定义标题栏中的单位名称、材料名称、图纸名称等属性，如图 2.1.77 所示。

图 2.1.73　【保存图框】对话框

图 2.1.74　存储图框文件

图 2.1.75　填写图框

图 2.1.76　读入标题栏文件

图 2.1.77　定义标题栏的相关属性

(3)【存储】，将定义后的标题栏文件进行存储，如图 2.1.78 所示。

(4)【填写】，填写标题栏文件的各项属性，如图 2.1.79 所示。

(5)【编辑】，编辑标题栏文件的各项属性，如图 2.1.80 所示。

◆ 单击【菜单按钮】 —【幅面】 —【参数栏】，弹出子菜单，可进行以下操作：

(1)【调入】，读入参数栏文件，如图 2.1.81 所示。图 2.1.82 所示为读入的锥齿轮参数表。

(2)【定义】，定义参数栏前，需要事先编辑好各项参数的定义。

(3)【存储】，存储参数栏，如图 2.1.83 所示。

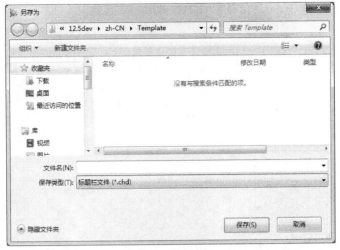

图 2.1.78　存储标题栏文件

图 2.1.79　填写标题栏

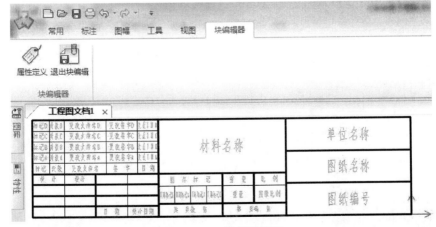

图 2.1.80　编辑标题栏

图 2.1.81　读入参数栏文件

锥齿轮参数表		
齿制	GB 12369—1990	
大端端面模数	m_a	
齿数	z	
齿形角	α	$20°$
齿顶高系数	h_a^*	1
齿顶隙系数	c^*	0.25
中点螺旋角	β	0
旋向		
切向变位系数	x_i	0
径向变位系数	x_L	0
大端齿高	h_a	
精度等级	6cB GB 11365	
配对齿轮	图号	
	齿数	
I	F_i'	
II	f_i'	
III	沿齿长接触率	
	沿齿高接触率	
大端分度圆弦齿厚	S	
大端分度圆弦齿高	h_{ar}	

图 2.1.82　锥齿轮参数表

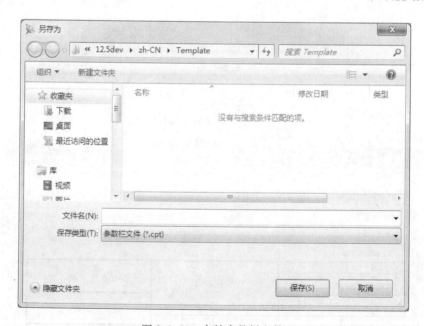

图 2.1.83　存储参数栏文件

(4)【填写】▦，填写参数栏，如图 2.1.84 所示。

图 2.1.84 填写锥齿轮参数表

（5）【编辑】，编辑参数栏上的各项属性，如图 2.1.85 所示。

◆ 单击【菜单按钮】—【幅面】—【序号】，弹出子菜单，可进行以下操作：

（1）【生成】，装配体明细表编辑之前需对各零件或部装件进行序号编写，如图 2.1.86 所示。生成了两组序号，可在右下角的立即菜单中进行各项设置。

（2）【删除】，根据提示直接选择需要删除的序号，如图 2.1.87 所示。

（3）【编辑】，编辑序号，如图 2.1.88 所示。

（4）【交换】，序号间相互交换。

（5）【对齐】，使所选序号对齐排布。

（6）【置顶显示】，由于图层的缘故，将序号"掩盖"了，于是需将序号置于最顶显示，如图 2.1.89 所示。

◆ 单击【菜单按钮】—【幅面】—【明细表】，弹出子菜单，可进行以下操作：

（1）【删除表格】，删除明细表中的某些表格。如图 2.1.90 所示，可选择表格中序号 2 所在的行进行删除。

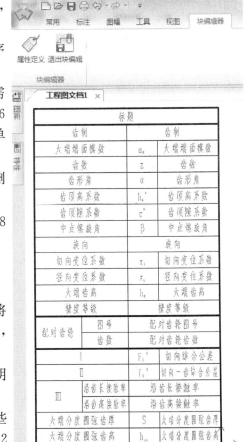

图 2.1.85 编辑参数表

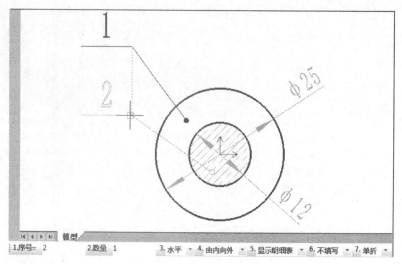

图 2.1.86   生成两组序号

图 2.1.87   删除序号

图 2.1.88   编辑序号

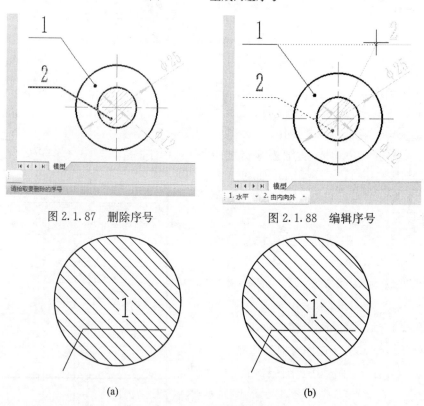

(a)

(b)

图 2.1.89   置顶显示序号

（a）置顶显示前（剖面线遮挡了序号 1）；（b）置顶显示后（序号 1 遮挡了剖面线）

2	95C-01-011-02	减压片	1	45			
1	95C-01-011-01	减压轴	1	45			
序号	代号	名称	数量	材料	单件 总件 重量		备注

图 2.1.90   删除表格

（2）【表格拆行】，装配图中明细表过长以至于遮挡视图时，需要将表格拆行，如图 2.1.91 和图 2.1.92 所示。

9	12-40183	固定销	1			
8	12-40182	ⅠⅡ挡指示标牌	1			
7	12-40181	Ⅲ倒挡指示标牌	1			
6	GB827-67	铆钉2X6	2			标牌用钉
5	12-40180	旋转速度标牌	1			
4	12-40179	锁框	1			
3	12-40178	主副变速限位框	1			
2	12-40177	副变速杆支承套	1			
1	GB 827-67	铆钉2X8	4			标牌用钉
序号	代号	名称	数量	材料	单件 总计 重量	备注

图 2.1.91　表格拆行前

5	12-40180	旋转速度标牌	1		
4	12-40179	锁框	1		
3	12-40178	主副变速限位框	1		
2	12-40177	副变速杆支承管	1		
1	GB 827-67	铆钉2X8	4		标牌用钉
序号	代号	名称	数量	材料	单件 总计 重量 备注

9	12-40183	固定销	1		
8	12-40182	ⅠⅡ挡指示标牌	1		
7	12-40181	Ⅲ倒挡指示标牌	1		
6	GB 827—1967	铆钉2X6	2		标牌用钉

图 2.1.92　表格拆行后

（3）【填写】，填写装配图中的明细表，如图 2.1.93 所示。

（4）【插入空行】，在表格中间插入空行，如图 2.1.94 所示。

（5）【输出】，将明细表输出，如图 2.1.95 所示。

（6）【数据库操作】，对明细表数据库进行更新、输出与输入等操作，如图 2.1.96 所示。输出时，可将明细表输出为 Excel 格式，便于统计。也可指定输出路径，将明细表输出为 .xls 格式，如图 2.1.97 所示。

6.【绘图】菜单

单击【菜单按钮】—【绘图】菜单，弹出如图 2.1.98 所示的绘图功能按钮，包括【直线】、【平行线】、【圆】、【圆弧】、【样条】、【点】、【公式曲线】、【椭圆】、【矩形】、【正多边线】、【多段线】、【云线】、【中心线】、【圆形阵列中心线】、【等距线】、【剖面线】、【填充】、【文字】、【局部放大图】、【波浪线】、【双折线】、【箭头】、【齿形】、【圆弧拟合样条】、【孔/轴】、【图片】、【外部引用】、【块】、【图库】和【构件库】。

◆ 单击【菜单按钮】—【绘图】—【直线】，弹出子菜单，可进行以下操作：

图 2.1.93　填写明细表

9	12-40183	固定销	1				
8	12-40182	Ⅰ Ⅱ挡指示标牌	1				
7	12-40181	Ⅲ倒挡指示标牌	1				
6	GB 827-1967	铆钉2X6	2				标牌用钉
5	12-40180	旋耕速度标牌	1				
4	12-40179	锁框	1				
3	12-40178	主副变速限位框	1				
2	12-40177	副变速杆支承套	1				
1	GB 827-1967	铆钉2X8	4				标牌用钉
序号	代号	名称	数量	材料	单件　总计 重量		备注

图 2.1.94　在序号 6、7 之间插入一空行

（1）【直线】，绘制直线段。

（2）【两点线】，依次输入直线的两端点，绘制直线。

（3）【角度线】，绘制角度线。如图 2.1.99 所示，绘制 45°角度线。

（4）【角等分线】，输入份数与长度绘制角的平分直线，如图 2.1.100 所示。

（5）【切线/法线】，过圆/圆弧上一点，绘制切/法线，如图 2.1.101 所示。

（6）【等分线】，输入等分量，在两线段间绘制等分平行线，如图 2.1.102 所示。

（7）【射线】，绘制射线。注：射线一端没有尽头。

（8）【构造线】，绘制构造线。注：构造线两端都没有尽头。

◆ 单击【菜单按钮】—【绘图】—【平行线】。根据需要和立即菜单提示，绘制已知线的平行线，如图 2.1.103 所示。

图 2.1.95 输出明细表

图 2.1.96 数据库的操作

图 2.1.97 输出的明细表

图 2.1.98　【绘图】菜单

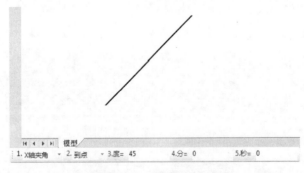

图 2.1.99　绘制 45°角度线

◆ 单击【菜单按钮】 🏵—【绘图】 📝—【圆】，弹出子菜单或立即菜单，如图 2.1.104 所示，可进行以下操作：

（1）【圆心＿半径】 ⊙，根据提示，单击一点确定圆心，输入半径/直径或点的坐标绘制圆，如图 2.1.105 所示。注：可选择【无中心线】或【有中心线】。

（2）【两点圆】 ◯，根据提示，单击两点绘制圆，如图 2.1.106 所示。

（3）【三点圆】 ◯，根据提示，连续单击三点绘制圆，如图 2.1.107 所示。

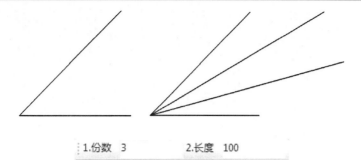

图 2.1.100 将角度线分为长度 100 的 3 份

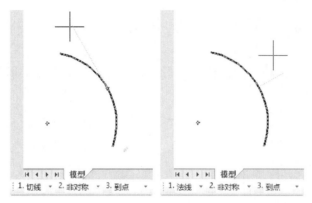

图 2.1.101 绘制切/法线法

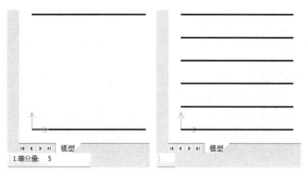

图 2.1.102 绘制等分线

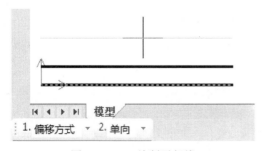

图 2.1.103 绘制平行线

图 2.1.104 【圆】的立即菜单

图 2.1.105 【圆心_半径】绘制圆   图 2.1.106 【两点圆】绘制圆   图 2.1.107 【三点圆】绘制圆

（4）【两点_半径】⏱。根据提示，连续单击两点或捕捉两点，输入半径值绘制圆，如图 2.1.108 所示。

◆ 单击【菜单按钮】🔧—【绘图】📝—【圆弧】，弹出子菜单或立即菜单，如图 2.1.109 所示，可进行以下操作：

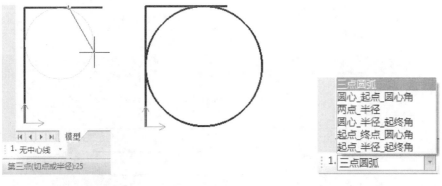

图 2.1.108 【两点_半径】绘制圆   图 2.1.109 圆弧的立即菜单

（1）【三点圆弧】，根据提示，连续单击三点绘制圆弧。

（2）【圆心_起点_圆心角】，根据提示，依次输入圆心、起点和圆心角绘制圆弧。注：圆弧的方向是逆时针为正方向。

（3）【两点_半径】，根据提示，依次输入两点和半径绘制圆弧，如图 2.1.110 所示。

（4）【圆心_半径_起终角】，根据提示，输入半径和起、终角，最后单击确定圆弧放置位置，如图 2.1.111 所示。

（5）【起点_终点_圆心角】，根据提示，输入圆心角，单击两点确定圆弧放置位置，如图 2.1.112 所示。

（6）【起点_半径_起终角】，根据提示，输入半径和起、终角，最后单击确定圆弧放置位置，如图 2.1.113 所示。

◆ 单击【菜单按钮】🔧—【绘图】📝—【样条】，分为【直接作图】和【从文件读入】，如图 2.1.114 和图 2.1.115 所示。

◆ 单击【菜单按钮】🔧—【绘图】📝—【点】，如图 2.1.116 所示，点的绘制包括：

（1）【孤立点】，直接单击确定点的位置。

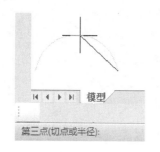

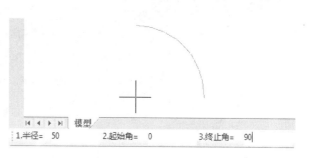

图 2.1.110 　【两点 _ 半径】绘制圆弧　　　　图 2.1.111 　【圆心 _ 半径 _ 起终角】绘制圆弧

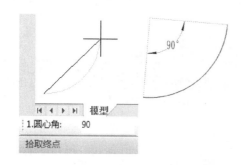

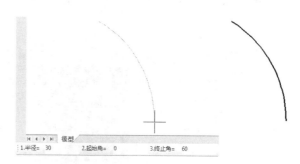

图 2.1.112 　【起点 _ 终点 _ 圆心角】绘制圆弧　　图 2.1.113 　【起点 _ 半径 _ 起终角】绘制圆弧

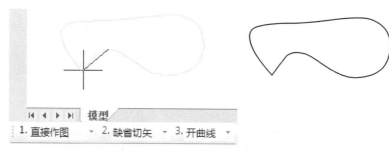

图 2.1.114 　直接绘制样条

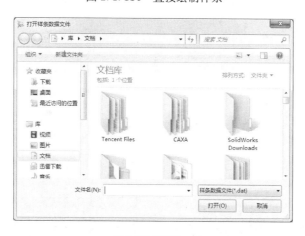

图 2.1.115 　从文件读入样条

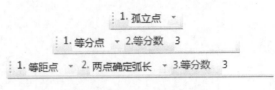

图 2.1.116 【点】的绘制

(2)【等分点】,将曲线等分的点。

(3)【等距点】,相等的弧长距离等分曲线。

◆ 单击【菜单按钮】🕸—【绘图】📝—【公式曲线】📐,通过输入曲线的方程来绘制曲线,如图 2.1.117 所示。

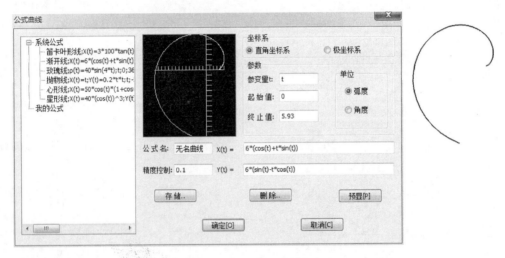

图 2.1.117 绘制公式曲线

◆ 单击【菜单按钮】🕸—【绘图】📝—【椭圆】⬭。椭圆的绘制方式包括【给定长短轴】、【轴上两点】和【中心点_起点】三种方式,分别如图 2.1.118~图 2.1.120 所示。

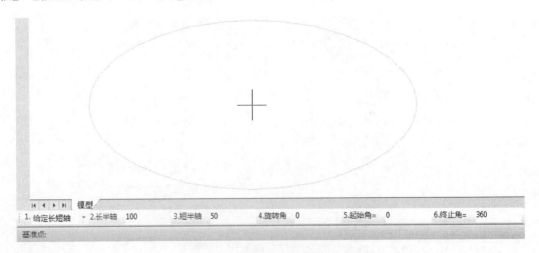

图 2.1.118 【给定长短轴】绘制椭圆

◆ 单击【菜单按钮】 ▓ —【绘图】 ▓ —【矩形】 ☐ 。矩形的绘制方式有两种：【两角点】和【长度和宽度】，分别如图 2.1.121 和图 2.1.122 所示。

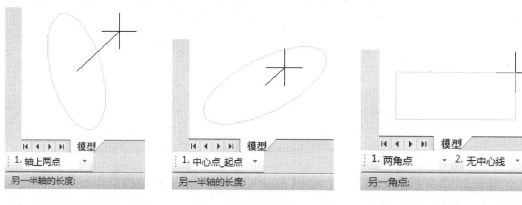

图 2.1.119 【轴上两点】 绘制椭圆

图 2.1.120 【中心点_起点】 绘制椭圆

图 2.1.121 【两角点】 绘制矩形

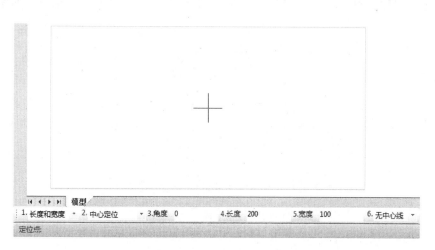

图 2.1.122 【长度和宽度】绘制矩形

◆ 单击【菜单按钮】 ▓ —【绘图】 ▓ —【正多边形】 ⬡ 。正多边形的绘制方式有两种：【中心定位】和【底边定位】，分别如图 2.1.123 和图 2.1.124 所示。

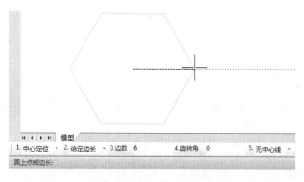

图 2.1.123 【中心定位】绘制正多边形

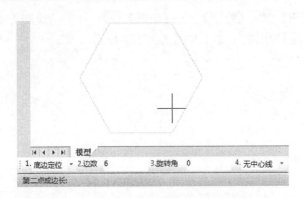

图 2.1.124　【底边定位】绘制正多边形

◆ 单击【菜单按钮】🔆—【绘图】📝—【多段线】🖰。多段线的绘制方式有两种：【直线】和【圆弧】，分别如图 2.1.125 和图 2.1.126 所示。

◆ 单击【菜单按钮】🔆—【绘图】📝—【云线】🌀。根据提示，输入最小弧长和最大弧长，单击鼠标左键或移动鼠标自动绘制，最后单击或将鼠标移至起点重合，如图 2.1.127 所示。

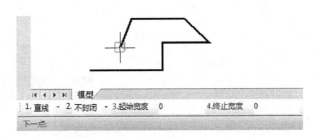

图 2.1.125　【直线】绘制多段线

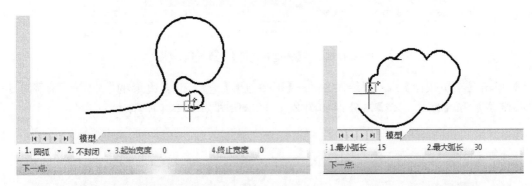

图 2.1.126　【圆弧】绘制多段线　　　　　图 2.1.127　绘制云线

◆ 单击【菜单按钮】🔆—【绘图】📝—【中心线】✏。中心线的绘制方式有两种：【指定延长线长度】和【自由】，分别如图 2.1.128 和图 2.1.129 所示。

◆ 单击【菜单按钮】🔆—【绘图】📝—【圆形阵列中心线】🔀。根据提示，输入延伸长度，拾取阵列圆形和对角点，确定即可，如图 2.1.130 所示。

◆ 单击【菜单按钮】🔆—【绘图】📝—【等距线】🗄。等距线的绘制方式有两种：

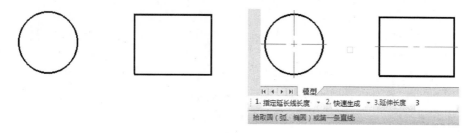

图 2.1.128　【指定延长线长度】绘制中心线

【单个拾取】和【链拾取】，分别如图 2.1.131 和图 2.1.132 所示。

◆ 单击【菜单按钮】 ——【绘图】 ——【剖面线】 。剖面线的绘制方式有两种：【拾取点】和【拾取边界】，分别如图 2.1.133 和图 2.1.134 所示。

◆ 单击【菜单按钮】 ——【绘图】 ——【填充】 。可对封闭区域的内部进行填充，当某些制件剖面需要涂黑时可用此功能。填充方式分为【独立】和【非独立】两种，分别如图 2.1.135 和图 2.1.136 所示。区别在于，独立填充的控制夹点相对独立，后者的控制夹点只有一个。

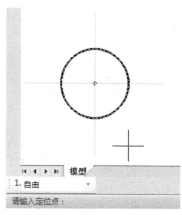

图 2.1.129　【自由】绘制中心线

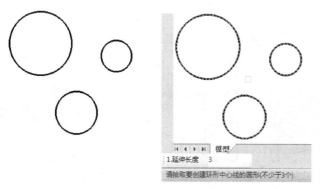

图 2.1.130　绘制圆形阵列中心线

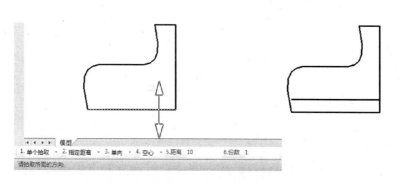

图 2.1.131　【单个拾取】绘制等距线

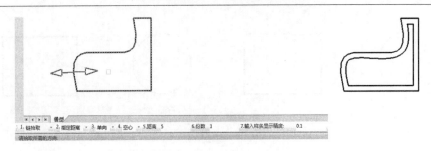

图 2.1.132　【链拾取】绘制等距线

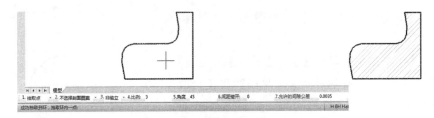

图 2.1.133　【拾取点】绘制剖面线

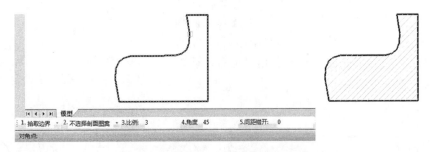

图 2.1.134　【拾取边界】绘制剖面线

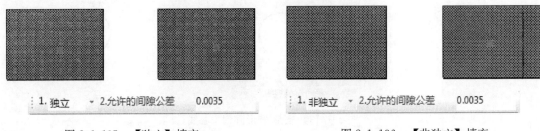

图 2.1.135　【独立】填充　　　　　　　　图 2.1.136　【非独立】填充

◆ 单击【菜单按钮】 🌼—【绘图】 📝—【文字】，文字的操作有以下三种：

（1）【指定两点】，单击两点形成矩形文字框，如图 2.1.137 所示，通过【文字编辑器】可对文字进行编辑与设置。

（2）【搜索办界】，单击一封闭区域为文字输入区，如图 2.1.138 所示。

（3）【曲线文字】 ᨦ，选择曲线，确定起点和终点，输入文字，如图 2.1.139 所示。

◆ 单击【菜单按钮】 🌼—【绘图】 📝—【局部放大图】 🔁。机械制图中，经常需要将小图放大，以便于查看。有【圆形边界】放大和【矩形边界】放大两种局部放大方式，如图 2.1.140 和图 2.1.141 所示。

图 2.1.137 【指定两点】输入文字

图 2.1.138 【搜索边界】输入文字

◆ 单击【菜单按钮】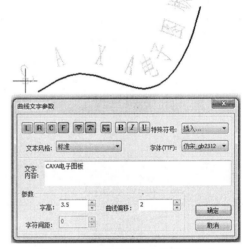—【绘图】—【波浪线】。根据提示，输入【波峰】值和【波浪线段数】，单击两点，确定即可，如图 2.1.142所示。

◆ 单击【菜单按钮】—【绘图】—【双折线】。绘制双折线有两种方式：【折点个数】和【折点距离】，如图 2.1.143 所示。

◆ 单击【菜单按钮】—【绘图】—【箭头】。根据提示，绘制所需箭头，注意箭头有正反向之分，如图 2.1.144 所示。

◆ 单击【菜单按钮】—【绘图】—【齿形】。根据提示，和【渐开线齿轮齿形参数】对话框，设置所绘制的齿形，如图 2.1.145 所示。

图 2.1.139 【曲线文字】输入文字

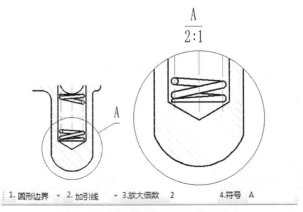

图 2.1.140 【圆形边界】局部放大

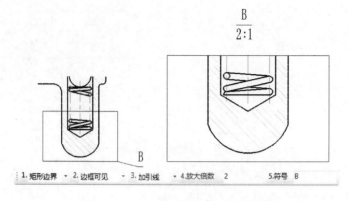

图 2.1.141　【矩形边界】局部放大

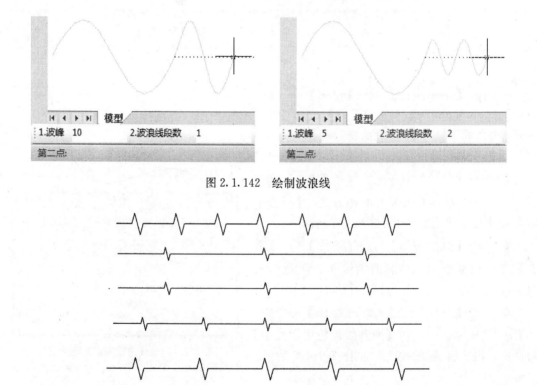

图 2.1.142　绘制波浪线

图 2.1.143　绘制双折线

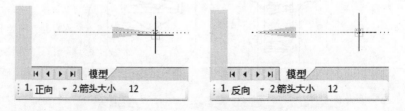

图 2.1.144　绘制箭头

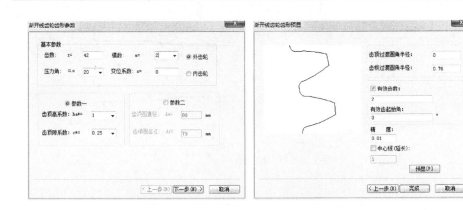

图 2.1.145 绘制齿形

◆ 单击【菜单按钮】 —【绘图】 —【圆弧拟合样条】 。将样条曲线以圆弧的方式拟合，分为【光滑连续】和【不光滑连续】两种，如图 2.1.146 所示。

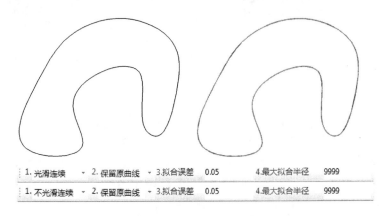

图 2.1.146 绘制圆弧拟合样条曲线

◆ 单击【菜单按钮】 —【绘图】 —【轴/孔】 。根据提示，依次输入起点、终点直径和长度，绘制轴/孔，如图 2.1.147 和图 2.1.148 所示。

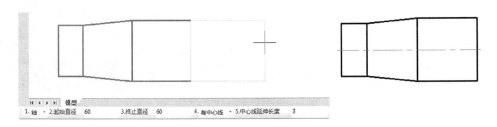

图 2.1.147 绘制轴

◆ 单击【菜单按钮】 —【绘图】 —【图片】，弹出子菜单，可进行以下操作：

（1）【插入图片】 。如图 2.1.149 所示，浏览至图片所在文件夹，插入一张 CAXA 电子图板的启动界面图片。图像设置参数如图 2.1.50 所示。最后效果如图 2.1.151 所示。

图 2.1.148　绘制孔

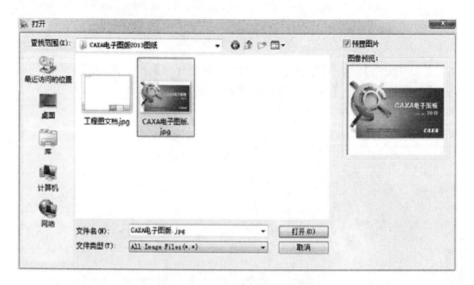

图 2.1.149　【打开】浏览图片

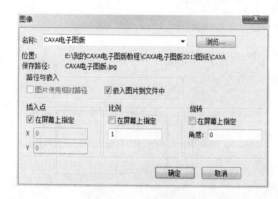

图 2.1.150　设置图像

图 2.1.151　插入文档中的图片

　　(2)【图片管理器】　。如图 2.1.152 所示，对图片的【相对路径链接】和【嵌入图片】的【是】或【否】进行更改。注意：要使用【相对路径链接】须先将当前电子图板文件保存。

　　(3)【图像调整】　。如图 2.1.153 所示，调整图像的亮度和对比度。最终调整效果如图 2.1.154 所示。

图 2.1.152 图片管理器

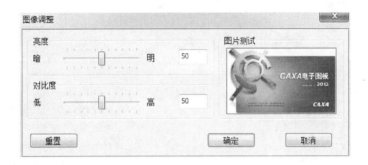

图 2.1.153 图像调整

图 2.1.154 图像调整效果

（4）【图像裁剪】。

1）选择【图像裁剪】【新建边界】项后，在绘图区拾取对角两
点，新建一个当前选定的图像的裁剪边界。如果拾取范围超过图像范
围，则将图片上距离拾取点的最近点作为起始角点，拾取第二点后，
选定图片直接进行裁剪。如果对已被裁剪过或保留有裁剪边界的图片
进行本操作，则原来的裁剪边界会被删除，如图 2.1.155 所示。

2）选择【删除边界】项后，在绘图区单击鼠标左键或按 Enter 确
认，则当前被裁剪的图片会还原为原始状态，未被裁剪图片不会变化。

图 2.1.155 【新建
边界】裁剪效果

3）选择【打开】项后，在绘图区单击鼠标左键或按 Enter 确认，则当前保留裁剪边界
信息但未开启裁剪的图片会重新开启裁剪效果。此功能配合【关闭】使用，对已开启裁剪或
未裁剪的图片无效，即将剪裁过的图像进行还原的开或关。

4) 选择【关闭】项后，在绘图区单击鼠标左键或按 Enter 确认，则当前已被裁剪图片的裁剪效果会被关闭，即将剪裁过的图片进行还原的关或开。

◆ 单击【菜单按钮】 ❀—【绘图】 📝—【外部引用】，弹出子菜单，可进行以下操作：

(1)【插入外部引用】 📄。插入的外部引用文档可以是电子图板文件，也可以是 Auto-CAD 文件，如图 2.1.156 所示。

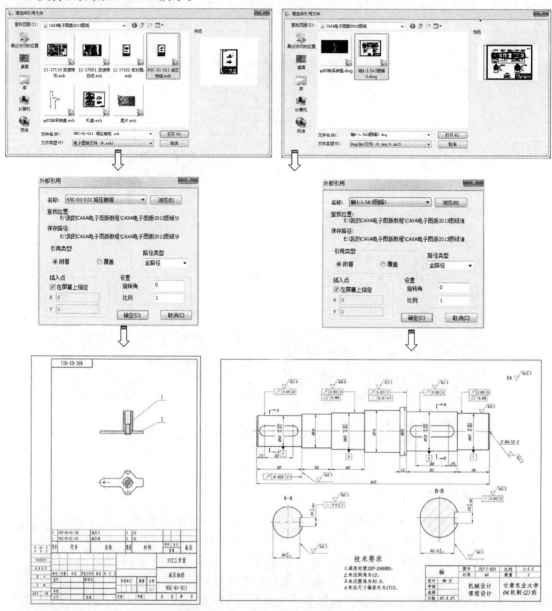

图 2.1.156　【插入外部引用】的文档

(2)【外部引用管理】 📋。对插入引用的外部文档进行打开、插入、重载等操作，如图 2.1.157 所示。

(3)【外部引用裁剪】 🖍。控制显示外部引用的一部分或显示全部，如图 2.1.158所示。

图 2.1.157 【外部引用管理】

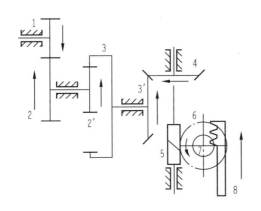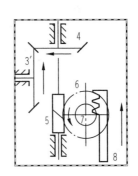

图 2.1.158 【外部引用裁剪】

◆ 单击【菜单按钮】—【绘图】—【块】，弹出子菜单，可进行以下操作：

（1）【创建】。如图 2.1.159 所示，将带有中心线的 φ25 的圆创建为块。通过【工具】—【元素属性】查询元素属性，块创建前为"4 个实体"，创建块并输入块名"R25 圆"，创建后的块为一整体，且【元素属性】显示为"1 个实体"。

（2）【插入】。插入事先创建好的块，如图 2.1.160 所示。

可设置【比例】、【旋转角】及【打散】后恢复原始实体，还可指定插入新块后的名称，如图 2.1.161 所示。

（3）【消隐】。利用具有封闭外轮廓的块图形作为前景图形区，自动擦除该区内其他图形，实现二维消隐，对已消隐的区域也可取消消隐，恢复被自动擦除的图形，再次显示在屏幕上。

块生成后，可通过特性选项板修改块是否消隐。如图 2.1.162 所示，圆和正方形分别被定义为两个块，当它们配合在一起时必然会产生块消隐的问题。

如图 2.1.163（a）所示，图中两个圆形 1 和 2 被定义成两个块，它们相互重叠地放在一起，当选择块 1 为前景实体时，则块 2 的相应部分被消隐，如图 2.1.163（b）所示。选

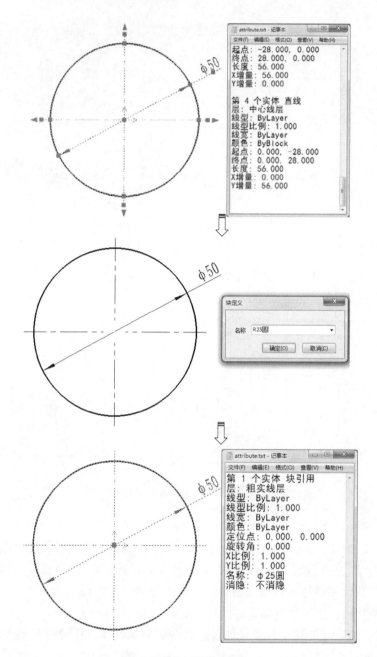

图 2.1.159　创建【块】

择【不消隐】方式，当再次选取块 1 时，块 2 中原来被消隐的部分又恢复显示，如图 2.1.163（c）所示。当选择块 2 为前景实体时，则块 1 的相应部分被消隐，如图 2.1.163（d）所示。

（4）【属性定义】。如图 2.1.164 所示，绘制一矩形并将其创建为块，输入名称。

双击块矩形，单击【菜单按钮】—【绘图】—【块】—【属性定义】。编写块的属性。在名称中输入"输入框"；描述中输入"输入字母和数字"，缺省值"yzh621"，如

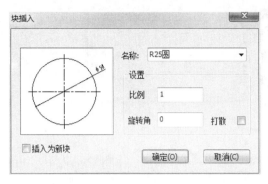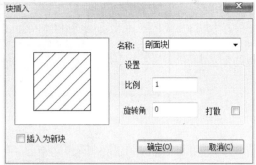

图 2.1.160　插入【块】

图 2.1.165 所示。

　　单击【确定】，在矩形内单击鼠标左键。如图 2.1.166
所示，块的属性名称为"输入框"。

　　完成后，单击【退出块编辑】，弹出如图 2.1.167
所示的对话框，单击【确定】，弹出如图 2.1.168 所示
的对话框，单击【确定】。

图 2.1.161　【插入为新块】

　　弹出如图 2.1.169 所示的对话框，属性值默认为
yzh621。单击【确定】，结果如图 2.1.170 所示。

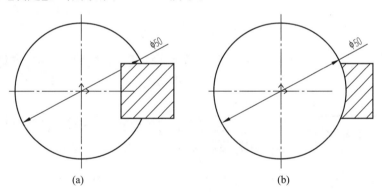

图 2.1.162　【块消隐】操作

（a）正方形为前景实体；（b）圆为前景实体

图 2.1.163　【取消块消隐】操作

（a）原图；（b）块 2 消隐；（c）取消消隐；（d）块 1 消隐

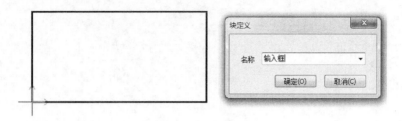

图 2.1.164　创建块

图 2.1.165　创建块属性

图 2.1.166　带有名称的块

单击【插入】，选择【输入框】块，弹出属性值编辑对话框，输入"gsauyzh621"，单击【确定】，显示块并附带属性值，如图 2.1.171 所示。

（5）【更新块引用属性】📷。通过【制定块名】和【选择块引用】更新块属性，如图 2.1.172 所示。

图 2.1.167　保存提示对话框

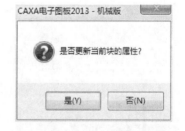

图 2.1.168　更新提示对话框

（6）【粘贴为块】📷。如图 2.1.173 所示，复制 4 个实体的实体对象，选择【粘贴为块】，将其自动转换为块。

（7）【块编辑】📷。如图 2.1.174 所示，选择需要编辑的块，选择块"输入框"。
双击"输入框"文字，可以对块的属性进行定义编辑，如图 2.1.175 所示。

（8）【块在位编辑】📷。如图 2.1.176 所示，选择需要编辑的块。

图 2.1.169 块属性编辑对话框

图 2.1.170 块属性值

图 2.1.171 插入带有属性的块

调用【块在位编辑】功能后，拾取要编辑的块进入【块在位编辑】状态。除可进行其他编辑操作外，【块在位编辑】状态有添加到块内、从块内移出、保存退出和不保存退出几个特殊功能。

当功能区被打开时这 4 个功能位于增加的【块在位编辑功能区面板】上。

当功能区处于关闭状态时，这 4 个功能位于新增的【块在位编辑工具条】上。

【块在位编辑】各功能含义如下：

图 2.1.172 更新块属性

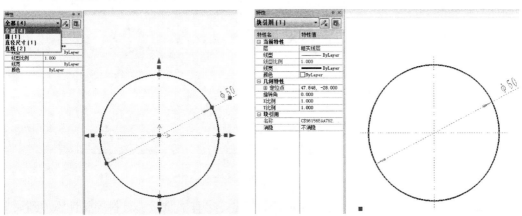

图 2.1.173 粘贴为块

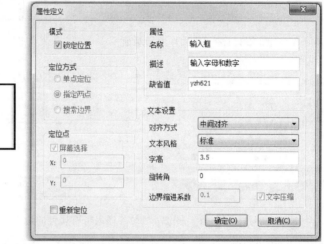

图 2.1.174　编辑块

1）保存退出：保存对块定义的编辑操作并退出在位编辑状态。

2）不保存退出：取消此次对块定义的编辑操作。

3）添加到块内：从当前图形中拾取其他对象加入到正在编辑的块定义中。

4）从块中移出：将正在编辑的块中的对象移出到当前图形中。

图 2.1.175　块属性编辑

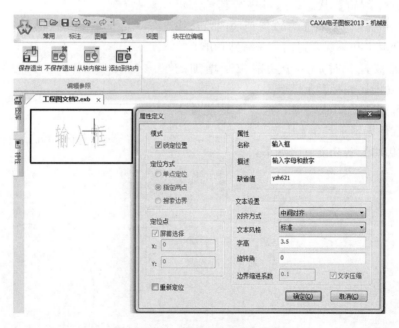

图 2.1.176　【块在位编辑】操作

（9）【块扩展属性定义】 。将事先定义的代号、名称、重量、材料等属性添加到块上，生成序号时选中带扩展属性的块，块上的扩展属性就会自动写到明细表中。

打开如图 2.1.177 所示的减压轴组装配体工程图，并创建两个独立块。

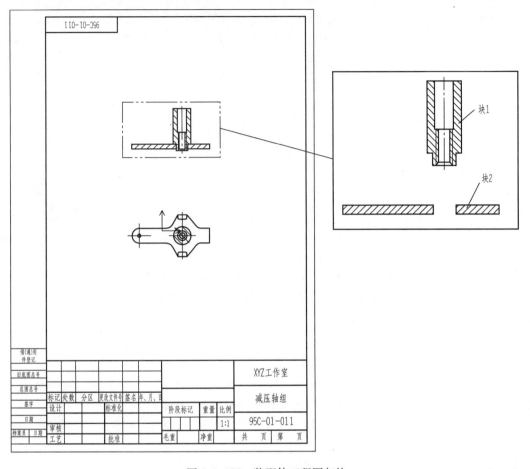

图 2.1.177　装配体工程图与块

单击【菜单按钮】 🜂—【绘图】 📝—【块】—【块扩展属性定义】 ✐，弹出【块扩展属性列表】对话框，如图 2.1.178 所示，添加属性【数量】。

（10）【块扩展属性编辑】 ✐。选择如图 2.1.179 所示的【块 1】和【块 2】，即可填写块扩展属性内容。

单击【菜单按钮】 🜂—【幅面】 ▢—【序号】—【生成】 ⌁ 按钮，分别选择【块 1】与【块 2】，生成序号及其明细表，如图 2.1.180 所示，块的扩展属性将被带入至明细表项（代号、名称、材料和数量）中，从而省去填写明细表的工作。

◆ 单击【菜单按钮】 🜂—【绘图】 📝—【图库】，弹出子菜单，可进行以下操作：

图 2.1.178　块扩展属性列表

(a)　　　　　　　　　　　　　　　　　　　(b)

图 2.1.179　填写块扩展属性内容

(a)【块 1】扩展属性内容；(b)【块 2】扩展属性内容

（1）【提取图符】🔲。本软件的图库拥有常用标准件和通用件。如图 2.1.181 所示，选择六角头螺母，单击【下一步】选择尺寸系列和相关视图，最后单击【完成】。

放置后的图符如图 2.1.182 所示。

（2）【定义图符】🔲。创建带有参数，并可进行尺寸驱动的图符。

将图符定义成参数化图符，提取时可对图符的尺寸加以控制，因此它比固定图符的使用更加灵活，应用面也更广。但此操作较定义固定图符的操作复杂。

定义图符前应首先在绘图区内绘制出所要定义的图形。图形应尽量按照实际的尺寸比例准确绘制，并进行必要的尺寸标注。

关于定义参数化图符时对图形的准备，需要注意以下几点：

① 图符中的剖面线、块、文字、填充等用定位点定义。绘制剖面线时，必须对每个封闭的剖面区域都单独使用一次剖面线命令。

② 绘制图形时，在不影响定义和提取的前提下应尽量减少标注。

③ 标注尺寸时，尺寸线尽量从图形元素的特征点处引出，必要时可专门画一个点作为标注的引出点或将相应的图形元素在需要标注处打断。

④ 绘制时，最好从标准给出的数据中取一组作为绘图尺寸，这样绘制的图形比例比较匀称。

绘制的垫圈如图 2.1.183 所示。注意：剖面线分两部分独立添加，如图 2.1.184 所示。

1）确定视图。根据系统提示拾取第一视图的所有元素，可单个拾取，也可用窗口拾取。注意：应将有关尺寸进行拾取，拾取完后单击鼠标右键确认。

此时系统提示用户指定该视图的基点，可鼠标左键指定，也可键盘直接输入。基点是图符提取时的定位基准点，后面步骤中的各元素定义都以基点为基准来计算。因此用户最好以视图的关键点或特殊位置点为基点，如中心点、圆心、端点等。指定基点时可充分利用工具点、智能点、导航点、栅格点等工具帮助精确定点。基点的选择很重要，若选择不当，会使元素定义表达式复杂化，不利于图符提取时的插入定位。

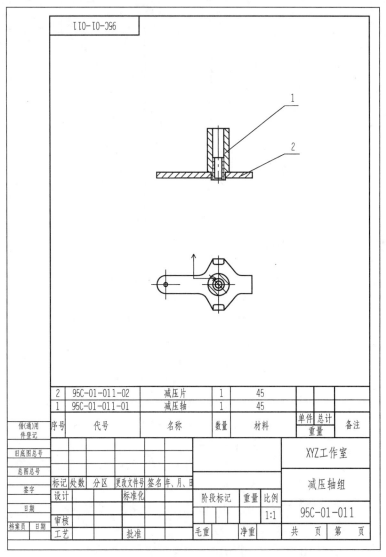

图 2.1.180 带入块扩展属性的明细表

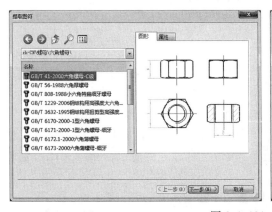
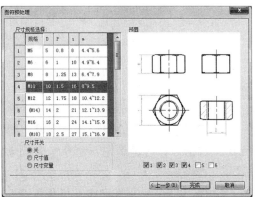

图 2.1.181 提取图符

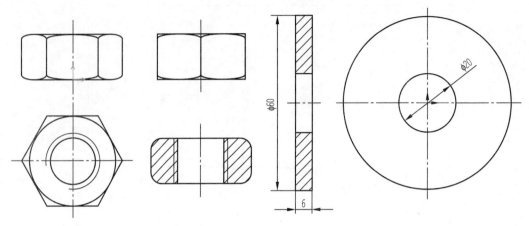

图 2.1.182   调入的螺母   图 2.1.183   垫圈

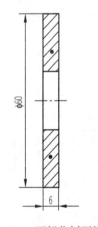

图 2.1.184   两部分剖面线独立

指定基点后，系统将提示用户为该视图中的每一个尺寸设定一个变量名，可用鼠标左键依次拾取每个尺寸。当一个尺寸被选中时，该尺寸显示为高亮状态，用户在弹出的编辑框中设定该尺寸的名字，尺寸名应与标准中采用的尺寸名或被普遍接受的习惯相一致，输入完成后按 Enter 键确认，该尺寸又恢复原来的颜色。用户可继续设定其他尺寸名字，也可再次选中已指定过变量名的尺寸为其指定新名字。该视图的所有尺寸变量名设定输入完成后，单击鼠标右键确认。

然后，用户可据系统提示，依此法指定第二、第三……视图的元素、基准点和尺寸变量名。

如图 2.1.185 所示，根据提示，依次选择左侧视图及其中心点。

根据提示【请为该视图的各个尺寸指定一个变量名】，选择高度尺寸 6，输入变量名称"H"，如图 2.1.186 所示。将直径尺寸 60 变量名为 D，单击鼠标右键确定，完成第一视图定义。

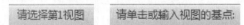

图 2.1.185   命令行提示

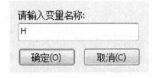

图 2.1.186   设定变量名称

根据提示【请选择第 2 视图】和【请单击或输入视图基点】，依次选择右侧视图及其中心点。根据提示【请为该视图的各个尺寸指定一个变量名】，选择内径尺寸 20，输入变量名称"d"。单击鼠标右键确定，命令行提示【请选择第 3 视图】，由于没有第三视图，直接单击鼠标右键确定。

2）元素定义。处理完全部视图后，弹出【元素定义】对话框如图 2.1.187 所示。

元素定义，即对图符参数化，用尺寸变量逐个表示出每个图形元素的表达式，如直线的起点，终点表达式，圆的圆心、半径的表达式等。元素定义把每个元素的定义点都写成相对

基点坐标值的表达式，表达式的正确
与否将决定图符提取的准确与否。用
户可通过【上一元素】和【下一元素】
两个按钮来查询和修改每个元素的定
义表达式，也可直接用鼠标左键在预
览区中拾取。如果预览区中的图形比
较复杂，则可用鼠标右键单击图符预
览区，预览区中的图形将按比例放大，
以便观察和选取，当鼠标左键和右键
同时按下时，预览区中的图形将恢复
最初的大小。若对图形不满意或需要
修改，可单击【上一步】按钮返回上
一步操作。

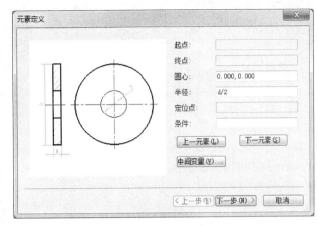

图 2.1.187 【元素定义】对话框

系统会自动生成一些简单的元素定义表达式，随着元素定义的进行，系统会根据已定义
的元素表达式不断地修改。元素定义时需注意以下事项：

a. 定义中心线。起点和终点的定义表达式不一定要和绘图时的实际坐标相吻合。按超
出轮廓线 2~5 个绘图单位定义即可。如图 2.1.188 所示，主视图中心线的定义，起点"-3，
0"，终点"H+3，0"。右视图的竖直中心线起点"-D/2-3，0"，终点"D/2+3，0"。

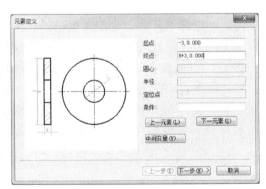
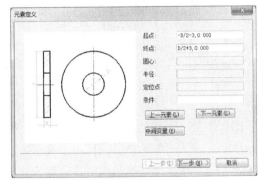

图 2.1.188 定义中心线

b. 定义剖面线和填充的定位点。应选取一个在尺寸取各种不同的值时均在封闭边界内
的点，以确保任何尺寸时提取都能生成正确的剖面线和填充。如图 2.1.189 所示，图中定义
了主视图上半部和下半部剖面线的定位点，这样取值可保证定位点总在封闭边界内。

单击对话框中的【中间变量】，将弹出如图 2.1.190 所示的对话框，添加"规格"中间
变量。

中间变量是尺寸变量和前面已定义的中间变量的函数，即先定义的中间变量可以出现在
后定义的中间变量的表达式中。中间变量一旦定义后，就可和其他尺寸变量一样用在图形元
素的定义表达式中。主要用于把一个使用频率较高或使用时间较长的表达式用一个变量来表
示，以简化表达式，方便建库，提高提取图符时的计算效率。在【中间变量】对话框中，左
半部分输入中间变量名，右半部分输入表达式，确认后，建库过程中可直接使用这一变量。

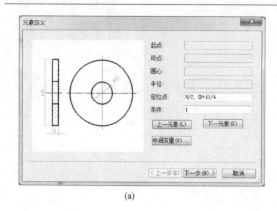 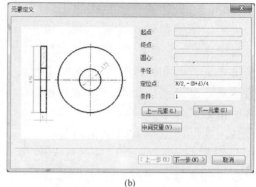

(a)   (b)

图 2.1.189 　剖面线的定位点
(a) 上半部分；(b) 下半部分

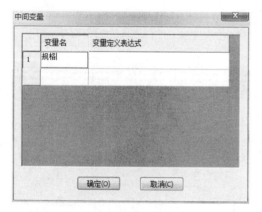

图 2.1.190 　定义【中间变量】

例如，可将垫圈上半部和下半部剖面线定位点的 Y 坐标分别设为 "y" 和 "－y"。

中间变量还用于定义独立的中间变量。例如，某些机械零件（如垫圈）在与其他零件装配时，是按公称值（如公称直径）选择的，这些公称值并非标注在零件图上的尺寸。又如，许多法兰上都有螺栓孔，螺栓孔的个数随法兰的直径不同而不同，如把螺栓孔的个数信息也记录到图库中，将利于用户在提取法兰时了解需要配合使用的螺栓数量，而螺栓孔个数显然也非图中的尺寸。此时就可把它们定义成独立的中间变量。定义独立中间变量的方法很简单，例如在定义垫圈的公称直径 D0 时，只需在【中间变量定义对话框】中的变量名单元格中输入 "D0"，相应的变量定义表达式单元格空白即可。在进入下一步变量属性定义时，将会看到 D0 已出现在变量列表中，在标准数据录入时需要输入相应的数据。

对话框中的【条件】决定相应的图形元素是否出现在提取的图符中。例如，GB/T 31.1—2013 六角头螺杆带孔螺栓 A 级和 B 级，当螺纹直径 d 为 M6 及更大值时，螺杆上有一个小孔；当螺纹直径为 M3、M4、M5 时则没有这个小孔。这样就可在定义这个孔对应的圆时，在【条件】编辑框中输入 "d>5" 作为该圆出现的条件，系统可根据提取图符时指定的尺寸规格决定是否包含该图形元素。对于其他图形元素，让【条件】编辑框空白即可。

除了逻辑表达式外，系统将大于零的表达式认为是真，将小于/等于零的表达式认为是假。因此，总不出现的图形元素的条件可定义为－1，不填写或将条件定义为 1，则图形元素将总出现。

条件可以是两个表达式的组合，如果需要同时满足 d>5 和 d<36，可在【条件】编辑框中输入 "d>5&d<36"；如果满足 d<5 或 d>36，可在【条件】编辑框中输入 "d<5｜d>36"，其中，"｜" 符号与 C 语言一样，为 "或" 运算符，是用 shift＋\输入的。

在定义图形元素和中间变量时常用到一些数学函数，函数的使用格式与 C 语言中的用法相同，所有函数的参数需要用括号括起来，且参数本身也可是表达式，有 sin、cos、tan 等。

3) 变量属性定义。元素定义完成后，单击【下一步】，将弹出如图 2.1.191 所示的对话框。

a. 系列变量。系列变量后带有"*"号，它所对应的列中的各单元格中只给出了一个范围，如 10~40，用户必须从中选取一个具体值。操作时，用鼠标左键单击相应单元格，该单元格右端出现一个下拉按钮；单击该按钮后，将列出当前范围内的所有系列值，用鼠标左键单击所需的数值，并显示在原单元格内。若列表框中没有用户所需的值，可直接在单元格内输入新的数值。

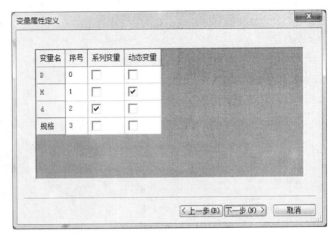

图 2.1.191　【变量属性定义】对话框

b. 动态变量。动态变量后带有"?"号，其值不受限定可任意改变，提取时可通过键盘键入新值或拖动鼠标。操作时，只需要用鼠标右键单击相应单元格即可，单击后，数值后标有"?"号。

系统默认的变量属性均为【否】，即变量既非系列变量，也非动态变量。用户可用鼠标左键单击相应的单元格。变量的序号从 0 开始，决定了输入标准数据和选择尺寸规格时各变量的排列顺序，一般应将选择尺寸规格时作为主要依据的尺寸变量的序号指定为 0。【序号】列中已指定了默认的序号，可编辑修改。

4) 图符入库。执行完【变量属性定义】后单击【下一步】，弹出【图符入库】对话框。可在【新建类别】和【图符名称】输入新名称，如图 2.1.192 所示。

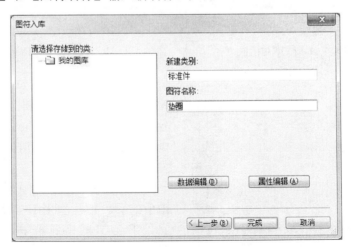

图 2.1.192　【图符入库】对话框

单击【属性编辑】按钮，弹出如图 2.1.193 所示的对话框，输入图符的属性，这些属性可在提取图符时被预览，且提取后未被打散的图符记录有属性信息可供查询。

单击【数据编辑】按钮，进入如图 2.1.194 所示的对话框，单击【读入外部数据文件】，弹出如图 2.1.195 所示的对话框，选择"垫圈数据 . txt"文件。弹出如图 2.1.196 所示的垫圈数据，完成数据录入后如图 2.1.197 所示。尺寸变量按【变量属性定义】对话框中指定的顺序排列。

图 2.1.193　【属性编辑】对话框

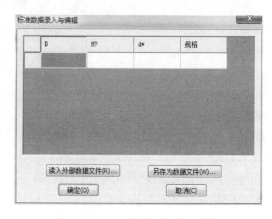

图 2.1.194　【数据编辑】对话框

图 2.1.195　读入数据对话框

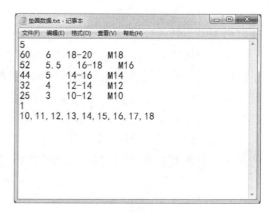

图 2.1.196　垫圈数据文本内容

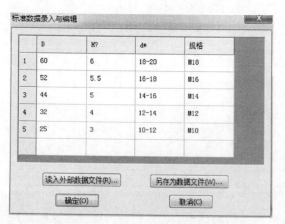

图 2.1.197　完成后的【数据编辑】

当输入焦点在表格中时，如果按下 F2 键，则当前单元格进入编辑状态且插入符被定位在单元格内文本的最后。

要增加一组新数据时，直接在表格最后左端选择区双击即可。

输入任一行数据的系列尺寸值时，尺寸取值的下、上限之间用一个除数字、小数点、字母 E 以外的字符分隔，例如"8～40"、"16/80"、"25，100"等。

在标题行的系列变量名后将有一个※号，用鼠标单击系列变量名所在的标题格，将弹出【系列变量值输入与编辑】对话框，在该对话框中按由小到大的顺序输入系列变量的所有取值,用逗号分隔,标准中建议尽量不采用的数据可用括号括起来。

如果某一列宽不合适,将鼠标光标移动到该列标题的右边缘,按下鼠标左键并水平拖动,即可改变相应列宽;同样,如果行高不合适,将鼠标光标移动到表格左端任意两个相邻行的选择区交界处,按下鼠标左键并竖直拖动,即可改变所有的行高。

该对话框对输入的数据提供了以行为单位的各种编辑功能。

将光标定位在任一行,按 Insert 键,则可在该行前插入一个空行,以供在此位置输入新的数据;用鼠标左键单击任一行左端的选择区则选中该行,按 Delete 键可删除该行。

用户也可对单个单元格中的数据进行剪切、拷贝和粘贴操作。用鼠标单击或双击任一单元格中的数据,使数据处于高亮状态,按 Ctrl+X 键则实现剪切,按 Ctrl+C 键则实现拷贝,然后将光标定位于要插入数据的单元格,按 Ctrl+V 键,剪切或拷贝的数据则被粘贴到该单元格。

用户可将录入的数据存储为数据文件,以备后用;也可从外部数据文件中读取数据。

在记录完各组尺寸数据后,若有系列尺寸,则在新的一行里按由小到大的顺序输入系列尺寸的所有取值,建议尽量不采用的值可用圆括号括起来,各数值之间用逗号分隔。一个系列尺寸的所有取值应输入到同一行,不能分成多行。

如果图符的系列尺寸不止一个,则各行系列尺寸数值的先后顺序应与将在变量属性定义时指定的顺序相对应。

所有项都填好后,单击【确定】,即可把新建的图符加到图库中。

此时,参数化图符的定义操作全部完成,用户再次提取图符时,会看到新建的图符出现在相应的类中。

5) 验证。单击【菜单按钮】 ⬧—【绘图】 ✎—【图库】—【提取图符】 ⬆。选择如图 2.1.198 所示的【我的图库】—【标准件】—【垫圈】。通过【图形】标签可预览图形,单击【属性】标签查看属性,如图 2.1.199 所示。

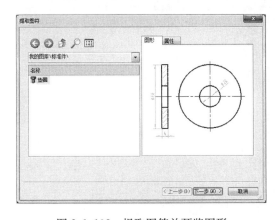
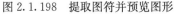

图 2.1.198　提取图符并预览图形

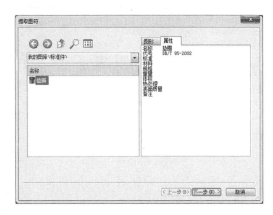

图 2.1.199　查看【属性】

单击【下一步】,在【图符预处理】中选择规格为 M10,$D=25$,$H=3$,从下拉按钮中选择 10,如图 2.1.200 所示。单击【完成】,如图 2.1.201 所示。

(3)【驱动图符】 ✿。选择需要变更的图形,如图 2.1.202 所示,在【图符预处理】中修改规格和参数。

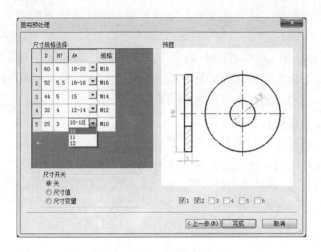

图 2.1.200 图符预处理   图 2.1.201 调入的图符

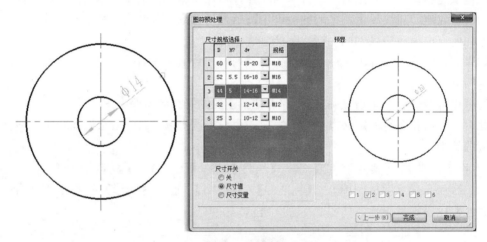

图 2.1.202 图符驱动变更

（4）【图库管理】 ⚙️。【图库管理】对话框如图 2.1.203 所示。

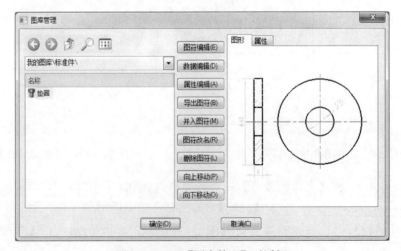

图 2.1.203 【图库管理】对话框

【图符编辑】分为"元素定义"和"编辑图形"，单击【进入元素定义】即可编辑元素定义，元素定义在图符定义中已讲述；单击【进入编辑图形】即可编辑所要定义的图符，如图 2.1.204 所示。

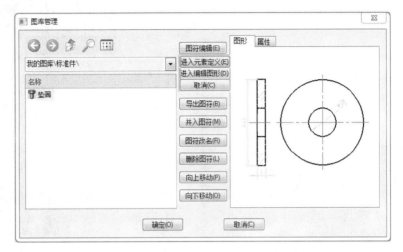

图 2.1.204 图符编辑（元素定义和编辑图形）

【数据编辑】和【属性编辑】在图符定义中已讲述。

【导出图符】，将图符导出至本地文件夹中，如图 2.1.205 所示，导出至桌面，名为"垫圈.sbl"。导出的图符信息如图 2.1.206 所示。

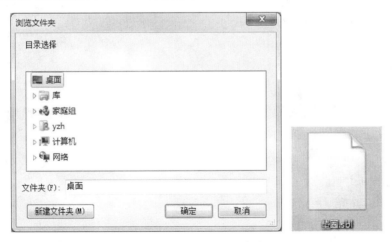

图 2.1.205 导出至文件夹

【并入图符】，将图符格式后缀名为 ∗.sbl 格式的图符文件并入所选择的文件中，如图 2.1.207 所示。

【图符改名】即修改图符名称，如图 2.1.208 所示。

【删除图符】即删除选定的图符，如图 2.1.209 所示。

【向上移动】和【向下移动】，用于调整多个图符的顺序。

（5）【图库转换】。由于早期的 CAXA 电子图板的模板数据和最新版本的模板数据不能兼容，存在格式不一致的情况，故可使用图库转换将早期的转换为当前的，如图 2.1.210

所示。

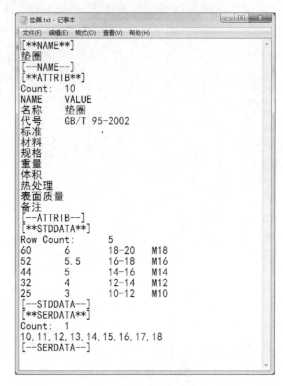

图 2.1.206　导出的图符信息

图 2.1.207　并入图符

图 2.1.208　图符改名

图 2.1.209　删除图符

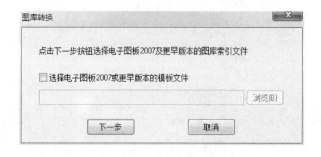

图 2.1.210　图库转换

　◆ 单击【菜单按钮】 —【绘图】 —【构件库】 ，如图 2.1.211 所示。构件库包括洁角、止锁孔、退刀槽；润滑槽；滚花、倒圆或倒角；砂轮越程槽。

　　如图 2.1.212 所示，在轴上绘制退刀槽。单击如图 2.1.213 所示构件库中的【轴端部退刀槽】，在【立即菜单】中输入如图 2.1.214 所示的槽宽和槽深，依次单击如 2.1.215 所示的序号。绘制好的退刀槽如图 2.1.216 所示。

　　7.【标注】菜单

　　单击【菜单按钮】 —【标注】 菜单，弹出如图 2.1.217 所示的标注功能按钮，包括

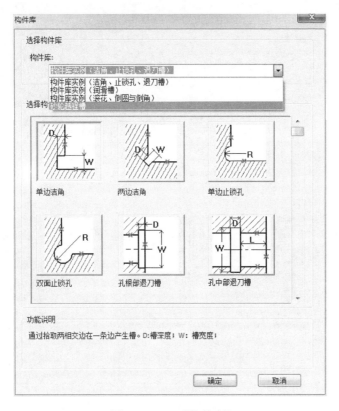

图 2.1.211　【构件库】

【尺寸标注】、【坐标标注】、【倒角标注】 ⁀、【引出说明】 ⌒、【粗糙度】 √、【基准代号】 ⍔、【形位公差】 ⌼、【焊接符号】 ∕、【剖切符号】 ⌶、【中心孔标注】 ⌷、【向视符号】 ⌅、【标高】 ⊜和【技术要求】 ⌷。

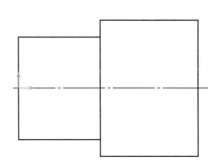

图 2.1.212　轴

◆ 单击【菜单按钮】 ⌷—【标注】 ⊐—【尺寸标注】，弹出子菜单，可进行以下操作：

（1）【基本】 ⊏。根据提示，实现快速尺寸标注，如图 2.1.218 所示。尺寸标注的类型很多，系统可根据所拾取对象的具体情况自动判别要标注的尺寸类型。

【立即菜单】选项功能如下：

1) 文字平行/文字水平/ISO 标准。标注文字与尺寸线的位置关系可设为文字平行、文字水平或 ISO 标准，如图 2.1.219 所示。

2) 标注长度/标注角度。设置标注的长度/角度，如图 2.1.220 所示。

3) 长度/直径。设置标注的长度/直径，如图 2.1.221 所示。

4) 正交/平行。设置标注正交/平行，如图 2.1.222 所示。

5) 文字居中/文字拖动。设置标注时文字居中/拖动，如图 2.1.223 所示。

6) 前缀。添加标注尺寸的前缀，如图 2.1.224 所示。

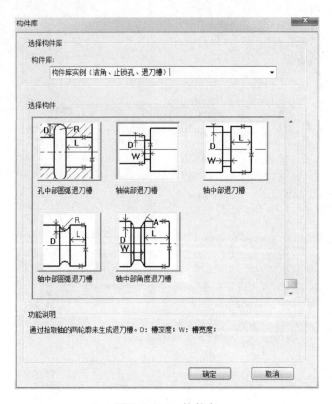

图 2.1.213   构件库

7）后缀。添加标注尺寸的后缀，如图 2.1.225 所示。

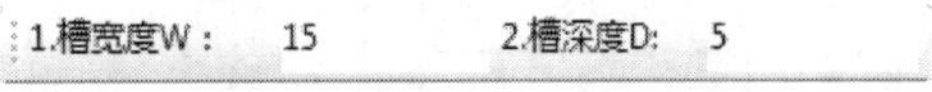

8）基本尺寸。修改基本尺寸的标注，如图 2.1.226 所示。非特殊情况下，不建议修改基本尺寸值。

| 1.槽宽度W： | 15 | 2.槽深度D： | 5 |

图 2.1.214   退刀槽参数

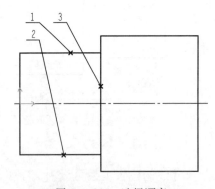

图 2.1.215   选择顺序

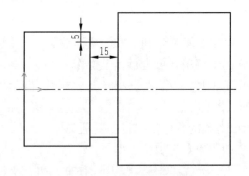

图 2.1.216   完成的退刀槽

（2）【基线】。详见第一章本版新增功能第 17 条。

（3）【连续】。连续标注尺寸，如图 2.1.227 所示。

（4）【三点角度】。如图 2.1.228 所示，根据提示，依次选取顶点和两边线顶点，标注角度。

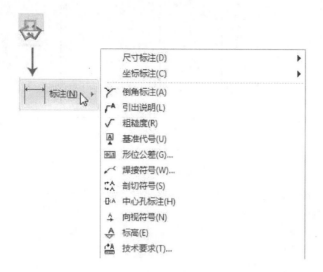

图 2.1.217 【标注】菜单

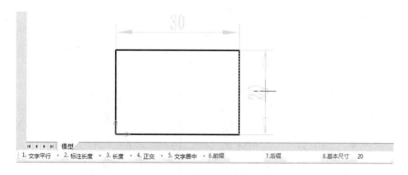

图 2.1.218 基本标注

标注角度时可选择度、度分秒、百分度、弧度,如图 2.1.229 所示。

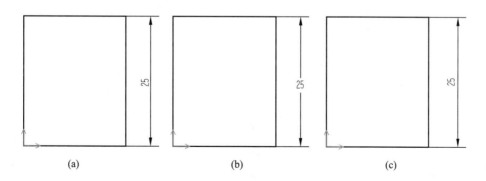

图 2.1.219 文字与标注线的关系

(a)文字平行;(b)文字水平;(c) ISO 标准

(5)【角度连续】 。连续标注角度如图 2.1.230 所示。

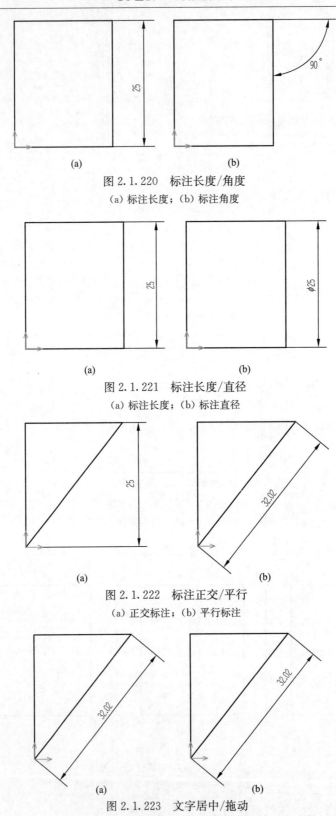

图 2.1.220　标注长度/角度
（a）标注长度；（b）标注角度

图 2.1.221　标注长度/直径
（a）标注长度；（b）标注直径

图 2.1.222　标注正交/平行
（a）正交标注；（b）平行标注

图 2.1.223　文字居中/拖动
（a）文字居中标注；（b）文字拖动标注

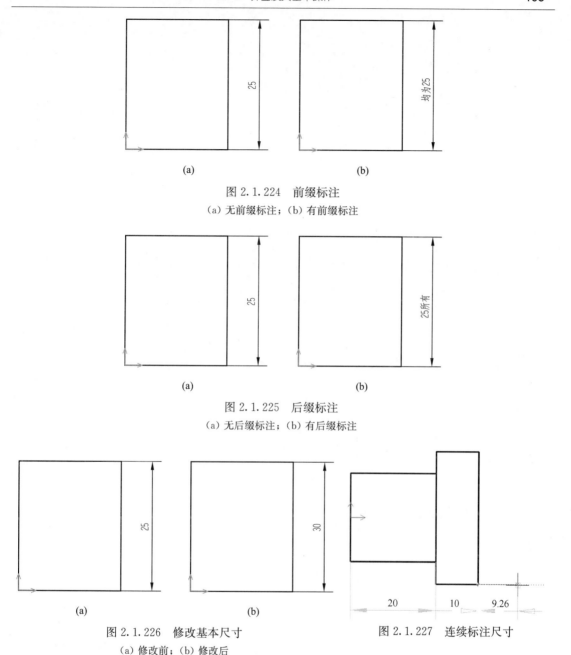

图 2.1.224　前缀标注

（a）无前缀标注；（b）有前缀标注

图 2.1.225　后缀标注

（a）无后缀标注；（b）有后缀标注

图 2.1.226　修改基本尺寸

（a）修改前；（b）修改后

图 2.1.227　连续标注尺寸

（6）【半标注】┌。当视图只有一半时，标注尺寸使用半标注。

设置好立即菜单的参数后，根据提示进行以下操作：

1）拾取直线或第一点。如拾取一条直线，系统将提示"拾取与第一条直线平行的直线或第二点"，如拾取到一个点，系统将提示"拾取直线或第二点"。

2）拾取第二点或直线。如两次拾取的都是点，两点间距的 2 倍为尺寸值；如拾取的为点和直线，则点线间的垂直距离的 2 倍为尺寸值；如拾取两平行直线，两直间距的 2 倍为尺寸值。尺寸值的测量值显示在立即菜单的【基本尺寸】中，用户也可输入数值。输入第二个元素后，系统提示"尺寸线位置"。

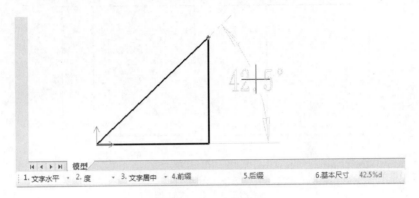

图 2.1.228　标注角度

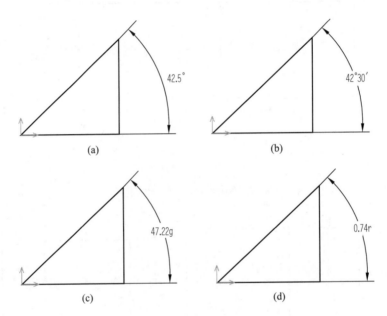

图 2.1.229　标注角度的不同形式

（a）度；（b）度分秒；（c）百分度；（d）弧度

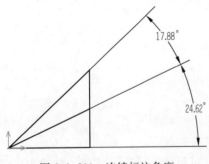

图 2.1.230　连续标注角度

3）确定尺寸线位置。用光标动态拖动尺寸线至适当位置，确定后，即完成标注。

半标注尺寸界线的引出点总是从第二次拾取元素上引出。尺寸线箭头指向尺寸界线。如图 2.1.231 所示，图（a）为两次拾取的都是点的标注；图（b）为第一次拾取的是点，第二次拾取的是直线的标注；图（c）为拾取两平行直线的标注；图（d）为第一次拾取的是直线，第二次拾取的是点的标注。

（7）【大圆弧】。如图 2.1.232 所示，用户可输入尺寸值或根据提示，依次指定引出点和定位点，圆弧的尺寸值即显示在立即菜单的【基本尺寸】中。

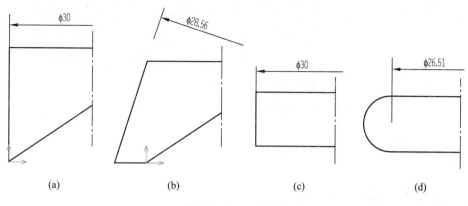

图 2.1.231　半标注

（8）【射线】　。尺寸值默认为第一点到第二点的距离。用户也可输入尺寸值后将其拖动到适当的文字定位点进行标注，如图 2.1.233 所示。

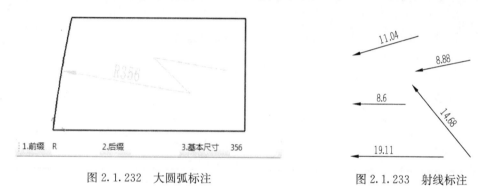

图 2.1.232　大圆弧标注　　　　　　　　　图 2.1.233　射线标注

（9）【锥度/斜度】　。如图 2.1.234 和图 2.1.235 所示。

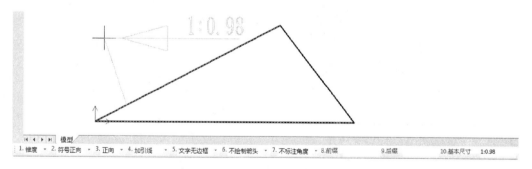

图 2.1.234　锥度标注

锥度【立即菜单】选项功能如下：

1）锥度。标注锥度，如图 2.1.234 所示。

2）符号正向/反向。锥度标注符号正向、反向标注，如图 2.1.236 所示。

3）锥度正向/反向。锥度的正向与反向标注，如图 2.1.237 所示。

4）加引线/不加引线。锥度的加引线、不加引线标注，如图 2.1.238 所示。

5）文字不加边框/加边框。锥度的文字不加边框、加边框标注，如图 2.1.239 所示。

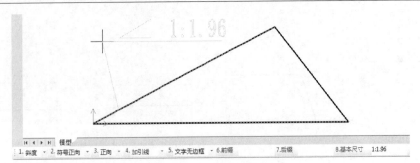

图 2.1.235 斜度标注

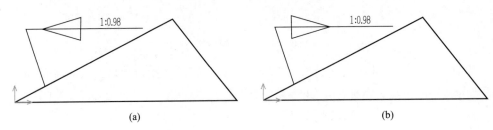

| (a) | (b) |

图 2.1.236 锥度符号正/反向标注

（a）符号正向；（b）符号反向

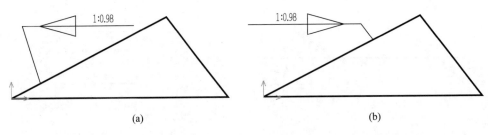

| (a) | (b) |

图 2.1.237 锥度正/反向标注

（a）正向；（b）反向

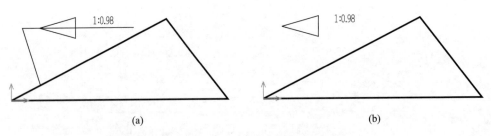

| (a) | (b) |

图 2.1.238 锥度的加引线/不加引线标注

（a）加引线；（b）不加引线

6）不绘制箭头/绘制箭头。锥度的不绘制箭头、绘制箭头标注，如图 2.1.240 所示。

7）标注角度/不标注角度。锥度的标注角度、不标注角度标注，如图 2.1.241 所示。斜度【立即菜单】选项与锥度基本一致，此处不再赘述。

（10）【曲率半径】。曲率半径标注如图 2.1.242 所示。

（11）【线性标注】。根据提示，依次指定第一点和第二点，如图 2.1.243 所示。

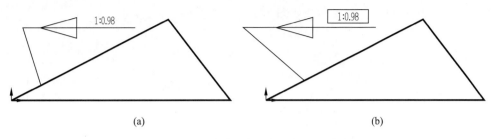

图 2.1.239 锥度的文字不加边框/加边框标注

(a) 文字不加边框；(b) 文字加边框

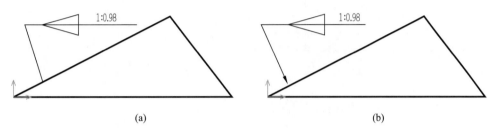

图 2.1.240 锥度的不绘制箭头/绘制箭头标注

(a) 不绘制箭头；(b) 绘制箭头

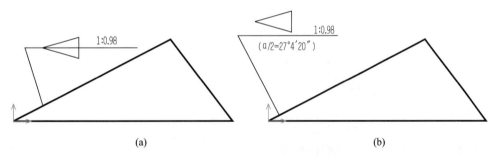

图 2.1.241 锥度的标注角度/不标注角度标注

(a) 不标注角度；(b) 标注角度

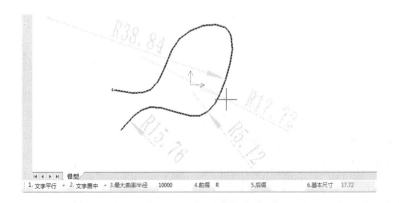

图 2.1.242 曲率半径标注

(12)【对齐标注】 。对齐标注如图 2.1.244 所示。

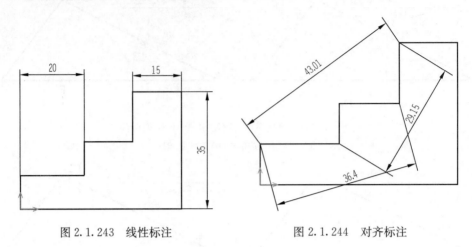

图 2.1.243　线性标注 　　　　　　　　图 2.1.244　对齐标注

(13)【直径标注】 。直径标注如图 2.1.245 所示。

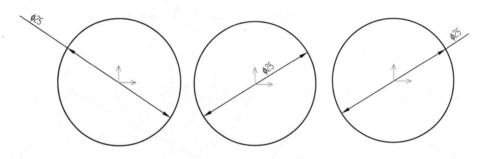

图 2.1.245　直径标注

(14)【半径标注】 。半径标注如图 2.1.246 所示。

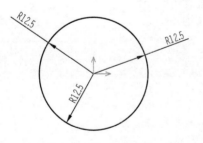

图 2.1.246　半径标注

(15)【角度标注】 。角度标注如图 2.1.247 所示。

(16)【弧长标注】 。选择需要标注的弧，结果如图 2.1.248 所示。

◆ 单击【菜单按钮】 —【标注】 —【坐标标注】，弹出子菜单，可进行以下操作：

(1)【原点标注】 。如图 2.1.249～图 2.1.251 所示。

(2)【快速标注】 。快速标注如图 2.1.252 所示。

【立即菜单】选项功能如下：

1)【正负号】：在尺寸值等于【计算值】时，如果选【正负号】，则所标注的尺寸值取实际值，若是负数保留负号；如果选【正号】，则所标注的尺寸值取绝对值。

2)【Y 坐标/X 坐标】：X/Y 坐标值的标注。

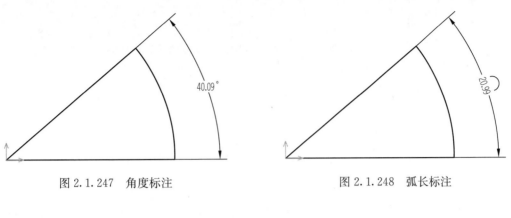

图 2.1.247 角度标注　　　　　　图 2.1.248 弧长标注

图 2.1.249 尺寸线单向的原点标注

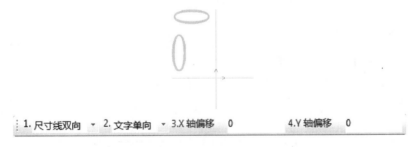

图 2.1.250 尺寸线双向、文字单向的原点标注

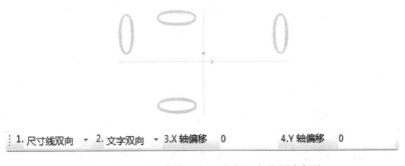

图 2.1.251 尺寸线双向、文字双向的原点标注

3)【延伸长度】：控制尺寸线的长度。尺寸线长度为延伸长度加文字字串长度。默认为3mm，也可按组合键 Alt＋4 输入数值。

4)【前缀】：添加前缀。

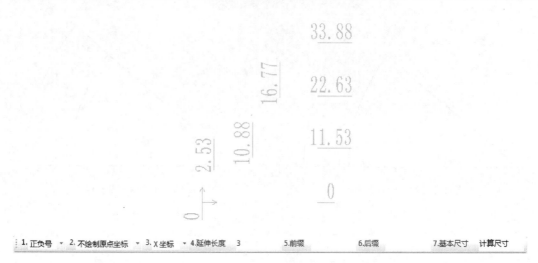

图 2.1.252　快速标注

5)【基本尺寸】：立即菜单第 3 项为【Y 坐标】时，默认尺寸值为标注点的 Y 坐标值；否则，为标注点的 X 坐标值。用户也可用组合键 Alt＋5 输入尺寸值，此时正负号控制不起作用。

（3）【自由标注】。自由标注如图 2.1.253 所示。

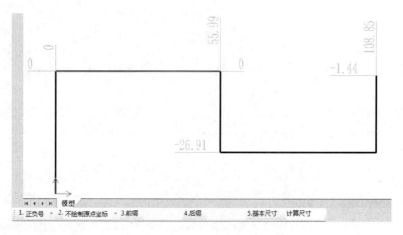

图 2.1.253　自由标注

【立即菜单】选项功能：

1)【绘制/不绘制原点坐标】：是否绘制原点坐标。

2)【基本尺寸】：默认为标注点的 X/Y 坐标值。用户也可用组合键 Alt＋3 输入尺寸值，此时正负号控制不起作用。

确定立即菜单的参数后，首先根据提示指定标注点。则在立即菜单中显示该标注点的 X/Y 坐标值（由拖动点确定 X/Y 坐标值）。

然后指定定位点：用光标拖动尺寸线方向（X 轴/Y 轴方向）及尺寸线长度，在合适位置单击鼠标左键确定。也可用其他点输入方式指定（如键盘、工具点等）。

（4）【对齐标注】。对齐标注如图 2.1.254 所示。

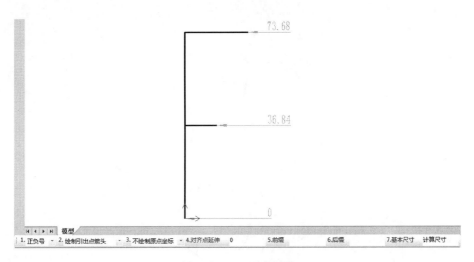

图 2.1.254 对齐标注

【立即菜单】选项功能：

1)【绘制引出点箭头】：控制尺寸线一端是否需画箭头，当尺寸线处于打开状态时才出现。

2)【对齐点延伸】：将对齐标注尺寸偏移输入的距离。

3)【基本尺寸】默认为标注点坐标值。用户也可以用组合键 Alt＋4（当尺寸线关闭时）或 Alt＋5（当尺寸线打开时）输入尺寸值，此时正负号控制不起作用。

确定立即菜单的参数后，先生成第一个坐标标注，标注方法与自由标注相同。

然后再生成后续尺寸。对后续的坐标尺寸，只出现提示"标注点"，用户选定一系列标注点，即可完成一组尺寸文字对齐的坐标标注。

对齐标注格式由立即菜单各选项确定。当立即菜单第 3 项【尺寸线打开】时，立即菜单中将增加【箭头关闭/箭头打开】。

(5)【孔位标注】 。确定立即菜单的参数后，根据提示拾取圆或点即可生成孔位标注，如图 2.1.255 所示。

【立即菜单】选项功能：

1)【孔内尺寸线打开/关闭】：控制标注圆心坐标时，位于圆内的尺寸界线是否画出。

2)【X 延伸长度】：控制沿 X 坐标轴方向，尺寸界线延伸出圆外的长度或尺寸界线自标注点延伸的长度，默认值为 3mm，用户可修改。

3)【Y 延伸长度】：控制沿 Y 坐标轴方向，尺寸界线延伸出圆外的长度或尺寸界线自标注点延伸的长度，默认值为 3mm，用户可修改。

(6)【引出标注】 。引出标注如图 2.1.256 所示。分为【手工打折】和【自动打折】，如图 2.1.257 所示。

【立即菜单】选项功能：

1)【自动打折/手工打折】：用来切换引出标注方式。

2)【顺折/逆折】：【自动打折】中控制转折线的方向。

3)【L】：【自动打折】中控制第一条转折线的长度。

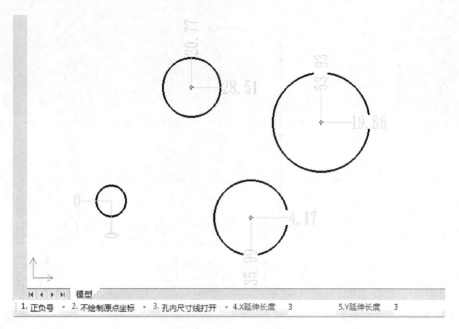

图 2.1.255　孔位标注

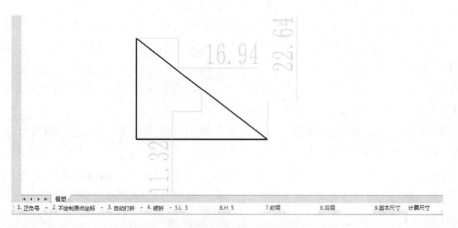

图 2.1.256　引出标注

4)【H】：【自动打折】中控制第二条转折线的长度。

5)【基本尺寸】：默认为标注点坐标值。用户可用组合键 Alt＋7 输入尺寸值，此时正负号控制不起作用。

(7)【自动列表】 XYI 。如图 2.1.258 所示为点及圆心坐标的标注。拾取标注点或拾取圆（圆弧）后，系统提示"序号插入点"。

输入序号插入点后，系统提示"输入标注点或拾取圆（弧）"。

图 2.1.259 所示为样条插值点坐标的标注。例如，输入第一个标注点时，拾取到样条，输入定位点后，即完成标注。

【立即菜单】选项功能：

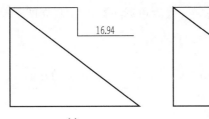
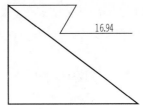

(a)   (b)

图 2.1.257 自动与手工打折

（a）自动打折；（b）手工打折

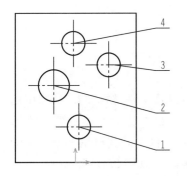

图 2.1.258 圆心点自动列表标注

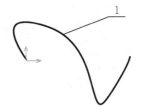

图 2.1.259 样条自动列表标注

1)【加引线/不加引线】：控制从拾取点到符号之间是否加引出线。

2)【标识原点/不标识原点】：控制生成列表的上方是否标有原点坐标值。

3)【序号长度】：控制表格中【序号】一列的长度。

4)【坐标长度】：控制表格中【X 坐标】和【Y 坐标】列的长度。

5)【宽度】：控制表格每行的宽度。

6)【行数】：控制一次最多输出表格的行数。例如，表格总行数为 25，【行数】设为 15，则输出两个表格，第一个表格的行数为 15，第二个表格的行数为 10。

(8)【自动孔表】 。自动孔表标注如图 2.1.260 所示。

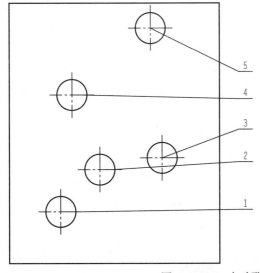

	X	Y	孔径
1	19.30	19.46	11.76
2	34.04	34.84	11.41
3	57.43	39.33	11.41
4	23.47	62.40	11.02
5	53.26	87.07	11.55

图 2.1.260 自动孔表标注

◆ 单击【菜单按钮】🔧—【标注】✍—【倒角标注】⤷，其立即菜单如图 2.1.261 所示。倒角标注如图 2.1.262 所示。

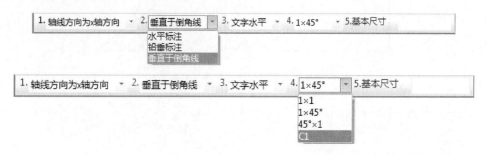

图 2.1.261　倒角标注的立即菜单

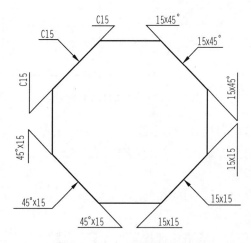

图 2.1.262　各种倒角标注

◆ 单击【菜单按钮】🔧—【标注】✍—【引出说明】⤹。引出线与参考线的关系，默认为垂直，起点缺省随动；切换立即菜单第 3 个选项为标出非垂直状态的标注，如图 2.1.263 所示。

◆ 单击【菜单按钮】🔧—【标注】✍—【粗糙度】√。粗糙度分为去除材料、不去除材料和基本符号，如图 2.1.264 所示。

◆ 单击【菜单按钮】🔧—【标注】✍—【基准代号】🅰。基准代号标注包括基准标注和基准目标。

基准标注状态下可以设置基准的方式和名称。

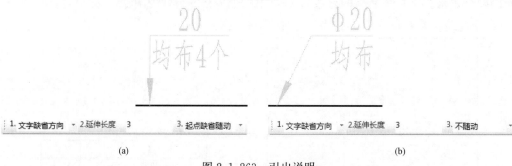

(a)　　　　　　　　　　　　　　(b)

图 2.1.263　引出说明

(a) 默认引线垂直；(b) 引线非垂直

图 2.1.264　粗糙度

基准目标状态下可以设置目标标注或代号标注。

确定各项参数后，根据提示拾取定位点、直线或圆弧并确认标注位置即可生成基准代号。如果拾取的是定位点，可用拖动方式或从键盘输入旋转角后，即可完成基准代号的标注。如果拾取的是直线或圆弧，标注出与其相垂直的基准代号，如图2.1.265所示。

图2.1.265　基准代号标注

◆ 单击【菜单按钮】🔧—【标注】✏—【形位公差】，如图2.1.166所示。

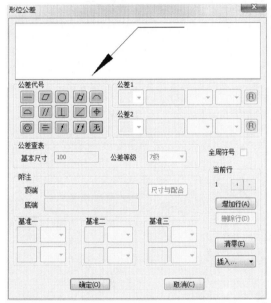 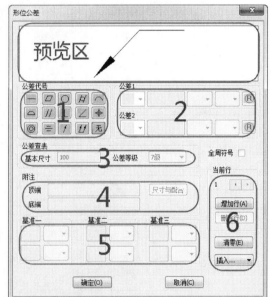

图2.1.266　【形位公差】对话框

（1）预览区：在对话框上部，显示填写和布置结果。

（2）区域1：形位公差符号分区，排列着各形位公差符号按钮，单击某一按钮，即填写在显示区。

（3）区域2：形位公差数值分区。

（4）区域3：公差查询，选择公差代号、输入基本尺寸和公差等级后自动给出公差值。

（5）区域4：附注，单击【尺寸与配合】按钮，弹出公差输入对话框，可在形位公差处增加公差的附注。

（6）区域5：基准代号分区，可分三组分别输入基准代号和选取相应符号（如【P】、【M】或【E】等）。

（7）区域6：行管理区。

形位公差的水平标注如图2.1.267所示，铅垂标注如图2.1.268所示。

◆ 单击【菜单按钮】🔧—【标注】✏—【焊接符号】，如图2.1.269所示。

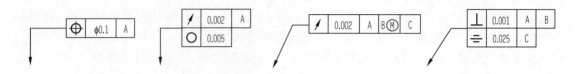

图 2.1.267　形位公差水平标注

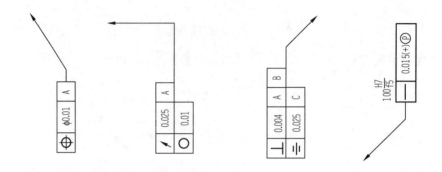

图 2.1.268　形位公差铅垂标注

图 2.1.269　焊接符号标注

在对话框中设置所需的各选项，单击【确定】，根据系统提示设置【引线起点】和【定位点】后，即完成标注。图 2.1.170 所示为角焊接标注。

◆ 单击【菜单按钮】—【标注】—【剖切符号】，如图 2.1.271 所示。

◆ 单击【菜单按钮】—【标注】—【中心孔标注】。中心孔标注包括简单标注和标准标注。

（1）简单标注。可在立即菜单设置字高和标注文本，再据提示指定中心孔标注的引出点和位置即可，如图 2.1.272 所示。

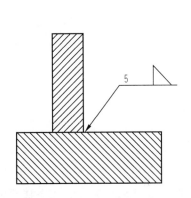

图 2.1.270 角焊接符号标注

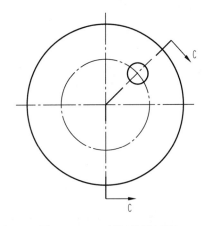

图 2.1.271 剖切符号标注

（2）标准标注。如图 2.1.273 所示，在弹出的立即菜单中选择中心孔标注形式，标注中心孔。

◆ 单击【菜单按钮】 ——【标注】 ——【向视符号】 ，如图 2.1.274 所示。

图 2.1.275 所示为向视符号标注设置向右旋转 30°标注。

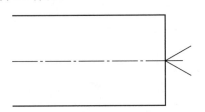

图 2.1.272 中心孔简单标注

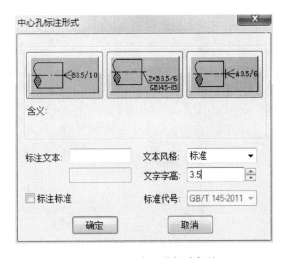

图 2.1.273 中心孔标准标注

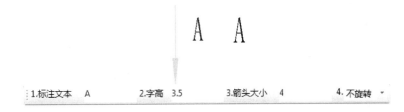

图 2.1.274 向视符号标注

◆ 单击【菜单按钮】 ——【标注】 ——【标高】 ，如图 2.1.276 所示。此功能多用于建筑标高。

◆ 单击【菜单按钮】 ——【标注】 ——【技术要求】 ，如图 2.1.277 所示。

用鼠标右键单击对话框可按需要对正文进行修改、编辑、排版等，如图 2.1.278 所示。

$$B30°$$

| 1.标注文本 | B | 2.字高 | 3.5 | 3.箭头大小 | 4 | 4. 旋转 ▾ | 5. 右旋转 ▾ | 6.旋转角度 | 30 |

图 2.1.275   向视符号标注旋转

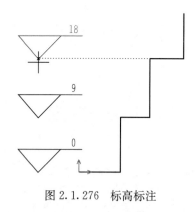

图 2.1.276   标高标注

8.【修改】菜单

单击【菜单按钮】🔧—【修改】🗂菜单，弹出如图 2.1.279 所示的功能按钮，包括【图像裁剪】🖼、【外部引用裁剪】🗐、【删除】✏、【删除重线】🔬、【删除所有】🗑、【平移】✥、【平移复制】💠、【旋转】🔄、【镜像】◭、【阵列】🔳、【缩放】🗖、【过渡】🗖、【裁剪】✂、【延伸】╌、【打断】🗒、【合并】、【分解】🗂、【对齐】、【对象】、【标注编辑】🖉、【标注间距】🗒、【清除替代】🖊、【尺寸驱动】🗒、【特征匹配】🖼、【切换尺寸风格】、【文本参数编辑】和【文字查找替换】。

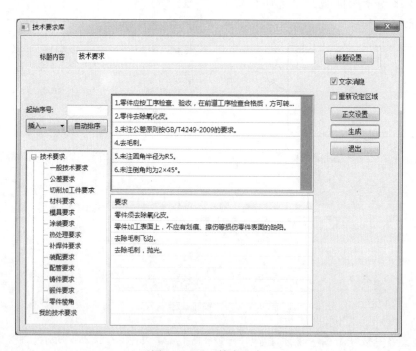

图 2.1.277   技术要求

◆ 单击【菜单按钮】🔧—【修改】🗂—【图像裁剪】🖼。其操作与【菜单按钮】🔧—【绘图】🖉—【图片】—【图像裁剪】🖼相同。

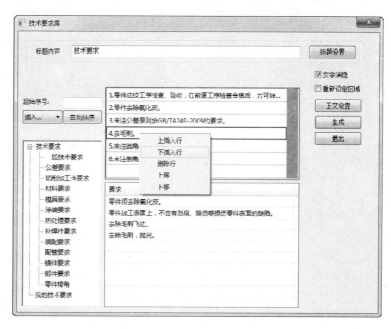

图 2.1.278 技术要求库插入行操作

◆ 单击【菜单按钮】 —【修改】 —【外部引用裁剪】 。事先插入外部引用图像，如图 2.1.280 所示，选择左上角点和右下角点形成矩形裁剪区域，如图 2.1.281 所示。

◆ 单击【菜单按钮】 —【修改】 —【删除】 。选择需要删除的对象实体，单击鼠标右键确定即可。

◆ 单击【菜单按钮】 —【修改】 —【删除重线】 。绘制装配图时，常因图形的叠加造成线段重复，利用此功能在绘图区内拾取对象，可删除其中重合的曲线。

当图形中没有重线时，则出现相应的提示，如图 2.1.282 所示。

当图形中有重线时，则显示重线的删除结果，如图 2.1.283 所示。

◆ 单击【菜单按钮】 —【修改】 —【删除所有】 。删除所有打开图层上的实体，如图 2.1.284 所示。

◆ 单击【菜单按钮】 —【修改】 —【平移】 。对图形对象以指定的角度和方向进行移动拾取，如图 2.1.285 所示。

平移功能需要通过立即菜单进行交互操作，如图 2.1.286 所示。

菜单参数说明如下：

（1）偏移方式："给定两点"或"给定偏移"。给定两点即通过两点的定位方式完成图形移动；给定偏移即通过给定偏移量的方式进行平移。

（2）图形状态：将图素移动到一个指定位置上，可根据需要在立即菜单中选择"保持原态"或"平移为块"。

（3）旋转角：图形在进行平移时的旋转角度。

（4）比例：图形平移前后的缩放系数。

调用【平移】功能后，拾取要平移的图形对象、设置立即菜单的参数并确认即可。

图 2.1.279　【修改】菜单

图 2.1.280　外部引用图像

图 2.1.281　裁剪的图像

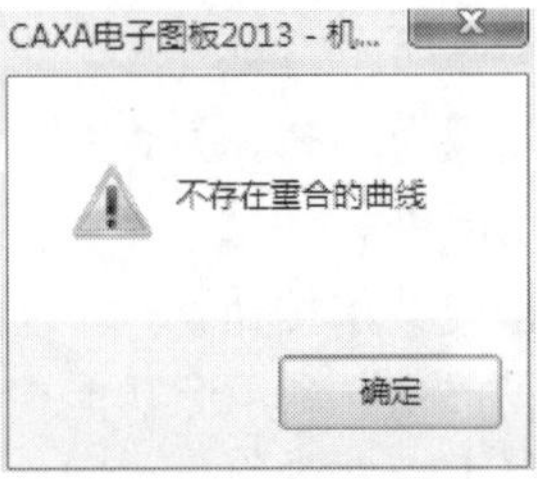

CAXA电子图板2013 - 机...

⚠ 不存在重合的曲线

确定

图 2.1.282　无重线提示

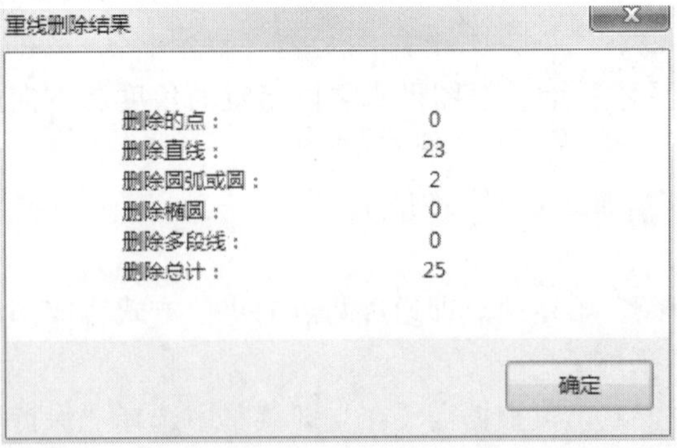

重线删除结果

删除的点：	0
删除直线：	23
删除圆弧或圆：	2
删除椭圆：	0
删除多段线：	0
删除总计：	25

确定

图 2.1.283　重线删除结果

立即菜单中，【给定两点】与【给定偏移】的区别在于：①给定两点是拾取图形后，通过键盘输入或鼠标单击确定第一点和第二点的位置，完成平移。②给定偏移是拾取图形后，系统自动给出一个基准点（通常，直线的基准点定在中点处，圆、圆弧、矩形、样条线及其他的基准点定在中心处），此时输入【X 和 Y 方向偏移量或位置点】，可即按平移量完成平移操作。

使用坐标、栅格捕捉、对象捕捉、动态输入等工具可精确移动对象，并可切换为正交、极轴等操作状态。【平移】功能支持先拾取后操作，即先拾取对象再执行此命令。

图 2.1.284　删除所有

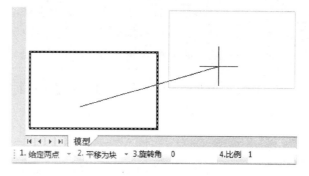

图 2.1.285　平移图形

图 2.1.286　平移立即菜单

　　　　如用户在平移过程中需将图形正交移动，可按 F8 键或单击状态栏正交按钮进行切换。

◆ 单击【菜单按钮】 ——【修改】 ——【平移复制】 ，如图 2.1.287 所示。

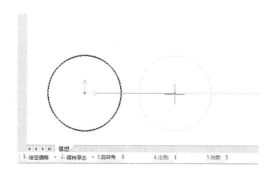

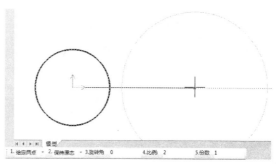

图 2.1.287　平移复制图形

立即菜单如图 2.1.288 所示。

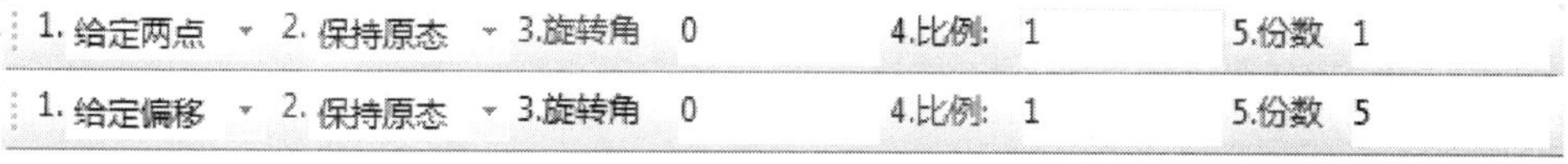

图 2.1.288　【平移复制】立即菜单

菜单参数说明如下：

（1）图形状态：将图素移动到一个指定位置上，可根据需要在立即菜单中选择"保持原态"或"粘贴为块"。

（2）份数：即要复制的图形数量。

> 如立即菜单中的份数值大于 1，则系统要根据给出的基准点与用户指定的目标点以及份数，来计算各复制图形间的间距。具体地说，就是按基准点和目标点之间所确定的偏移量和方向，朝着目标点方向安排若干个被复制的图形。

◆ 单击【菜单按钮】【修改】【旋转】，包括【起始终止点】和【给定角度】两种方式，如图 2.1.289 所示。

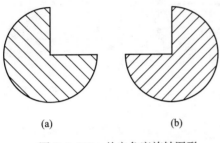

图 2.1.289　给定角度旋转图形

(a) 原图；(b) 旋转 90°

注意事项：

（1）按系统提示拾取要旋转的图形时，可单个拾取，也可用窗口拾取。

（2）【旋转角】可由键盘输入，也可用鼠标移动来确定。由鼠标确定旋转角时，拾取的图形随光标的移动而旋转。旋转位置确定后，单击鼠标左键，旋转操作结束。还可通过动态输入旋转角度。

（3）【起始终止点】方式中，确定旋转【基点】后，需要通过鼠标移动确定起终点，完成旋转操作。

（4）利用【拷贝】还可在旋转的同时进行拷贝复制，只是复制后原图不消失。

如图 2.1.290 所示的图形，给定起始终止点，并且选择旋转不复制和旋转复制。

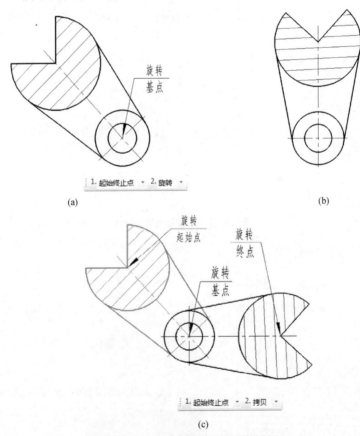

图 2.1.290　图形旋转与图形旋转复制

(a) 原图；(b) 旋转不复制；(c) 旋转复制

◆ 单击【菜单按钮】🐾—【修改】
🖻—【镜像】◭，包括【选择轴线】和
【拾取两点】两种方式。如图 2.1.291 和
图 2.1.292 所示，可根据需要和提示，
在【镜像】的同时进行拷贝复制。

◆ 单击【菜单按钮】🐾—【修改】
🖻—【阵列】▦，包括【圆形阵列】、
【矩形阵列】和【曲线阵列】三种方式。

如图 2.1.293 和图 2.1.294 所示，
分为【圆形阵列】的【均布】阵列和
【给定夹角】阵列。

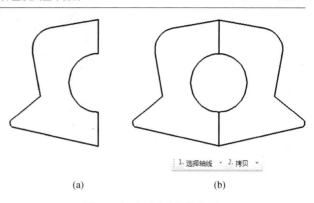

(a)　　　　　　　(b)

图 2.1.291　图形镜像拷贝

(a) 原图；(b) 镜像

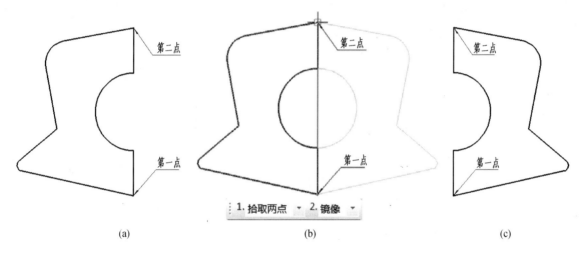

(a)　　　　　　　(b)　　　　　　　(c)

图 2.1.292　图形镜像不拷贝

(a) 原图；(b) 选择两点；(c) 镜像后的图形

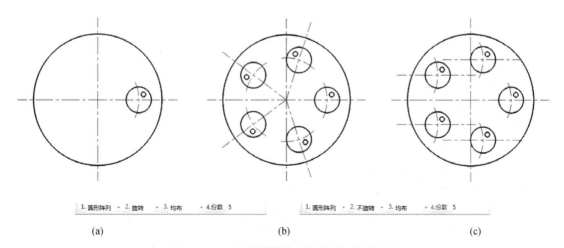

(a)　　　　　　　(b)　　　　　　　(c)

图 2.1.293　图形旋转阵列与图形不旋转阵列

(a) 原图；(b) 旋转阵列；(c) 不旋转阵列

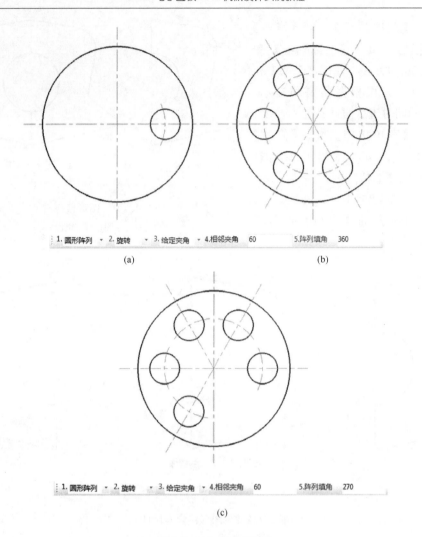

图 2.1.294　图形阵列

(a) 原图；(b) 给定夹角 60°和阵列填角为 360°；(c) 给定夹角 60°和阵列填角为 270°

如图 2.1.295 所示为【矩形阵列】。

如图 2.1.296 所示为【曲线阵列】。

注意事项如下：

(1) 单根拾取母线时，阵列从母线的端点开始；链拾取母线时，阵列从鼠标单击到的那根曲线的端点开始。

(2) 单个拾取母线时，可拾取直线、圆弧、圆、样条、椭圆、多段线等类型；链拾取母线时只能有直线、圆弧或样条。

(3) 阵列份数表示阵列后生成的新选择集的个数。

> 　当母线不闭合时，母线的两个端点均生成新选择集，新选择集的总份数不变。

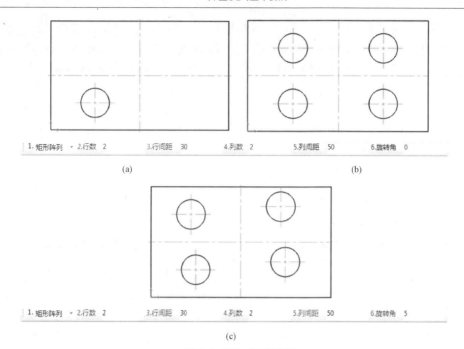

图 2.1.295   矩形阵列

(a) 原图；(b) 给定行列间距和数量；(c) 给定行列间距和数量以及旋转角

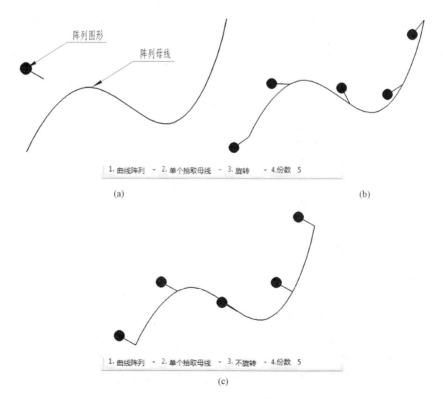

图 2.1.296   曲线阵列

(a) 原图；(b) 图形旋转曲线阵列；(c) 图形不旋转曲线阵列

◆ 单击【菜单按钮】 ![icon]—【修改】 ![icon]—【缩放】 ![icon]，包括【拷贝】和【平移】两种方式。如图 2.1.297 所示，根据提示依次输入【基点】、【比例系数】后，图形随着鼠标的移动在屏幕上动态显示，最后在合适位置单击鼠标左键确定，缩放后的图形即显示在屏幕上。

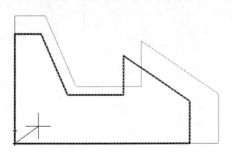

图 2.1.297 缩放预览

图 2.1.299 【过渡】立即菜单

其菜单如图 2.1.298 所示。

◆ 单击【菜单按钮】 ![icon]—【修改】 ![icon]—【过渡】。弹出子菜单或【过渡】 ![icon] 的【立即菜单】，如图 2.1.299 所示，可进行以下操作：

| 1. 拷贝 ▼ | 2. 比例因子 ▼ | 3. 尺寸值不变 ▼ | 4. 比例不变 ▼ |
| 1. 平移 ▼ | 2. 参考方式 ▼ | 3. 尺寸值变化 ▼ | 4. 比例变化 ▼ |

图 2.1.298 【缩放】立即菜单

（1）【圆角】 ![icon]。如图 2.1.300 所示，包括【裁剪】、【裁剪起始边】和【不裁剪】三种方式。

其【立即菜单】如图 2.1.301 所示。

如图 2.1.302 所示的 4 组图中，拾取曲线位置的不同，裁剪顺序不同，其结果也不同。

（2）【多圆角】 ![icon]，将一系列首尾相接的封闭或不封闭的直线过渡，如图 2.1.303 所示。

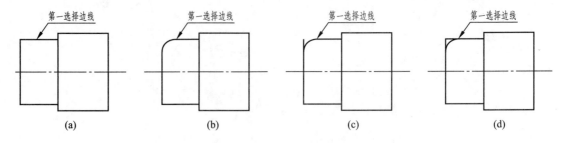

(a)   (b)   (c)   (d)

图 2.1.300 倒圆角

(a) 原图；(b) 裁剪；(c) 裁剪起始边；(d) 不裁剪

（3）【倒角】 ![icon]。包括【长度和宽度方式】和【长度和角度方式】，如图 2.1.304 所示。

【长度和角度方式】中，拾取直线的顺序不同，则结果也不同（两边相等的 45°除外），如图 2.1.305 所示。

（4）【多倒角】 ![icon]。操作与【多圆角】类似。如图 2.1.306 所示，选择顺序不同对封闭的多倒角有影响，而对不封闭的多倒角无影响。

（5）【外倒角】 ![icon]。如图 2.1.307 所示，依次选择图上的序号分为 1、2、3 的边线进行外倒角。

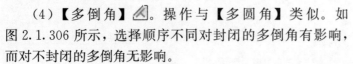

| 1. 裁剪 ▼ | 2.半径 5 |

裁剪
裁剪始边
不裁剪

图 2.1.301 【圆角】立即菜单

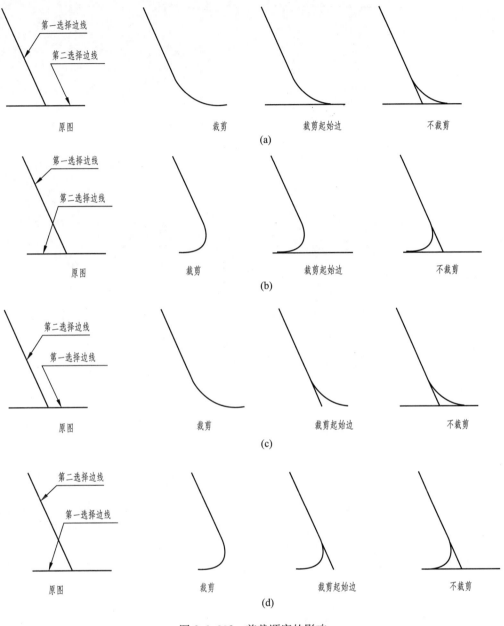

图 2.1.302 剪裁顺序的影响

外倒角的三条边线必须相互垂直才能倒角。

（6）【内倒角】。内倒角的操作与外倒角类似，如图 2.1.308 所示。

（7）【尖角】。如图 2.1.309 的 4 组图所示，选择顺序不同，尖角的效果也不同。

◆ 单击【菜单按钮】——【修改】——【裁剪】，其【立即菜单】如图 2.1.310 所示。

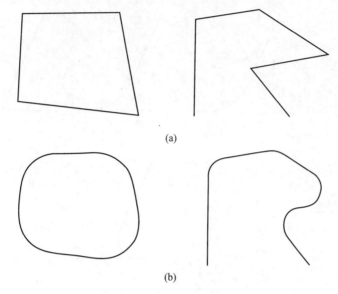

(a)

(b)

图 2.1.303 多圆角

(a) 多圆角前；(b) 多圆角后

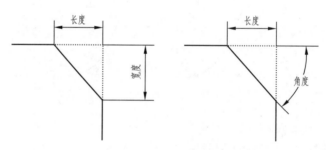

图 2.1.304 倒角方式

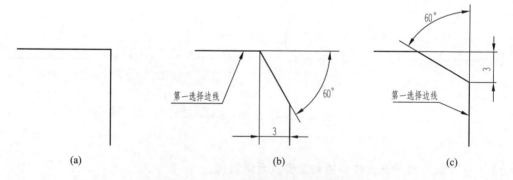

图 2.1.305 选择顺序对倒角的影响

(a) 原图；(b) 选择水平线作为第一条边线裁剪；(c) 选择竖直线作为第一条边线

裁剪方式包括以下几项：

（1）快速裁剪：用户可根据需要和提示在各交叉曲线中进行任意裁剪的操作，如图 2.1.311 所示。

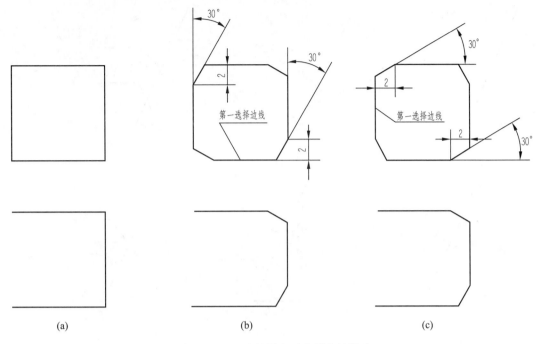

图 2.1.306 选择顺序对多倒角的影响

(a) 原图；(b) 选择水平边线；(c) 选择竖直边线

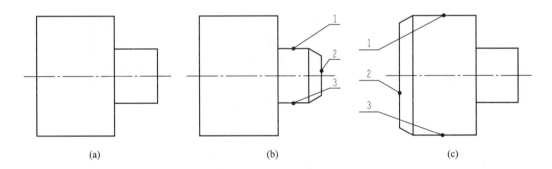

图 2.1.307 外倒角

(a) 原图；(b) 右端外倒角；(c) 左端外倒角

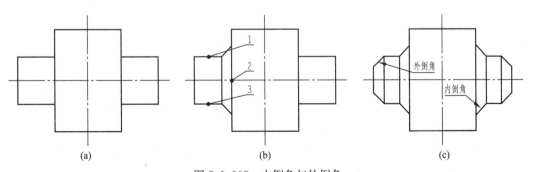

图 2.1.308 内倒角与外倒角

(a) 原图；(b) 内倒角；(c) 外倒角和内倒角

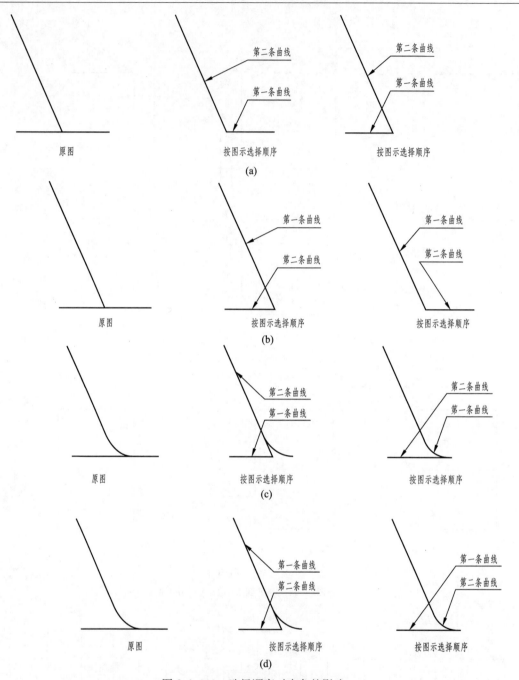

图 2.1.309　选择顺序对尖角的影响

图 2.1.310　裁剪选项

（2）拾取边界：在选定边界的情况下对一系列曲线进行精确地裁剪，如图 2.1.312 所示。

（3）批量裁剪：根据提示进行批量裁剪，其剪刀链为一条曲线或首尾相连的多条曲线，如图 2.1.313 所示。

◆ 单击【菜单按钮】🐾—【修改】🗂—【延伸】--\。

注意事项：

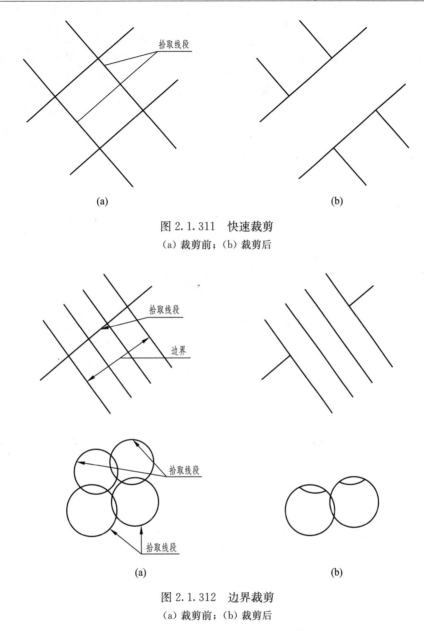

图 2.1.311　快速裁剪
（a）裁剪前；（b）裁剪后

图 2.1.312　边界裁剪
（a）裁剪前；（b）裁剪后

（1）拾取的曲线也可是一系列曲线。

（2）如拾取的曲线与边界曲线有交点，则系统按【裁剪】功能进行操作，将裁剪所拾取的曲线至边界为止。

（3）圆或圆弧可能会有例外，这是因为它们的延伸范围以半径为限，无法向无穷远处延伸，而且圆弧只能以拾取的一端开始延伸，不能两端同时延伸，如图 2.1.314 所示。

◆ 单击【菜单按钮】 —【修改】 —【拉伸】 。将线段拉伸增长或缩短，如图 2.1.315 和图 2.1.316 所示。其类型包括用于单条曲线拉伸的【单个拾取】和用于曲线组拉伸的【窗口拾取】两种方式。

注意事项：

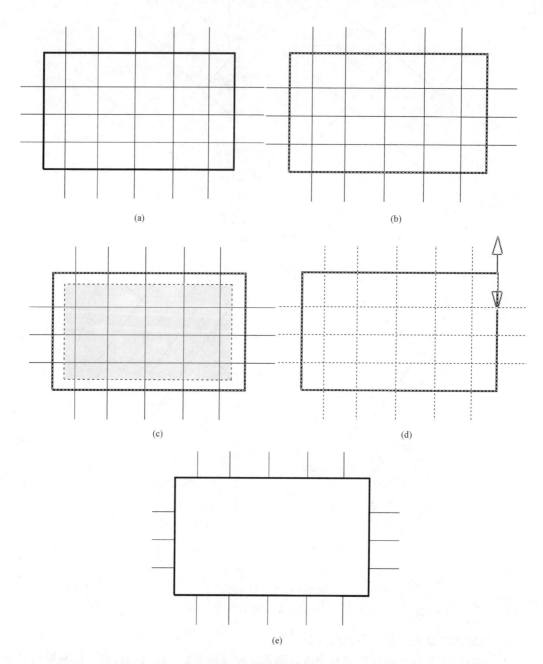

图 2.1.313   批量修剪过程与结果

(a) 原图；(b) 选择矩形为剪刀链；(c) 反选内部直线为裁剪线；(d) 选择裁剪方向为"向内"；(e) 修剪结果

(1)【单个拾取】拉伸时，既可直接用鼠标拖动，也可输入坐标值，拉伸直线时可输入长度；拉伸圆弧时，若选择【弧长拉伸】和【角度拉伸】，则圆心和半径不变，可输入新圆心角；若选择【半径拉伸】，则圆心和圆心角不变，可输入新的半径值；若选择【自由拉伸】，则圆心、半径和圆心角都可输入新值。除自由拉伸外，以上所述的拉伸量都有【绝对】或【增量】两种选择，【绝对】即所拉伸图素的整个长度和角度，增量是指在原图素基础上增加的长度和角度。图 2.1.317 所示为【单个拾取】的两种拉伸方式。

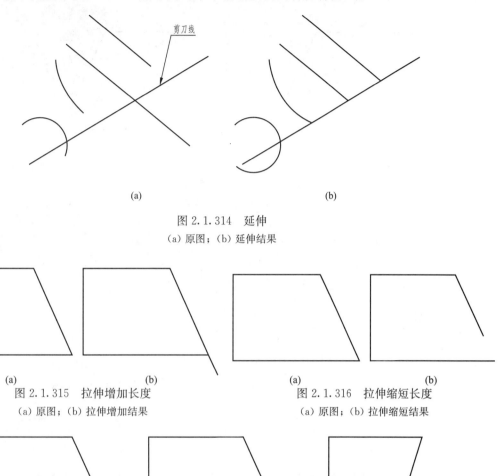

图 2.1.314 延伸
(a) 原图；(b) 延伸结果

图 2.1.315 拉伸增加长度
(a) 原图；(b) 拉伸增加结果

图 2.1.316 拉伸缩短长度
(a) 原图；(b) 拉伸缩短结果

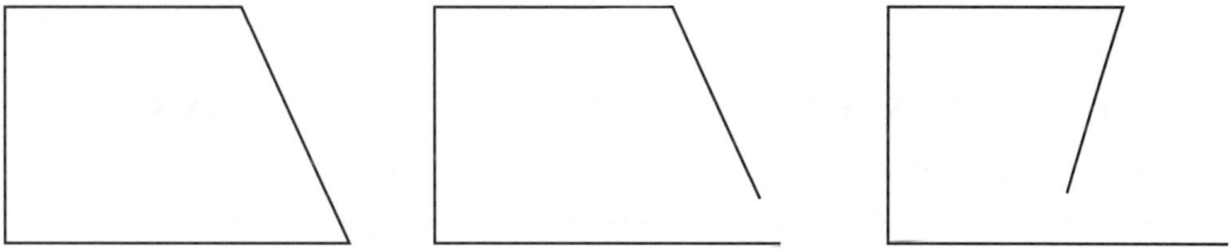

图 2.1.317 【单个拾取】拉伸
(a) 原图；(b) 轴向拉伸结果；(c) 任意拉伸结果

（2）【窗口拾取】拉伸时，必须从右向左【反选】拾取，这一点至关重要，否则，不能实现曲线组的全部拾取。拾取完成后，根据提示给定偏移，提示中的【X、Y 方向偏移量】是指相对基准点的偏移量，这个基准点是由系统自动给定的。通常，直线的基准点在中点处，圆、圆弧、矩形的基准点在中心，而组合实体、样条曲线的基准点在该实体的包容矩形的中心处。

图 2.1.318、图 2.1.319 所示分别为的曲线组【给定偏移】和【给定两点】拉伸中显示出了拾取窗口、包容矩形和基准点。

如果选择的范围包含了图形的尺寸，则尺寸可随之关联。

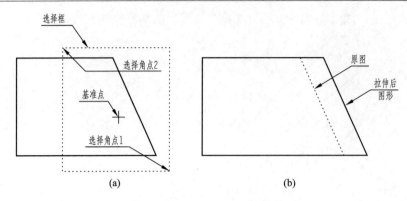

图 2.1.318　曲线组【给定偏移】拉伸

（a）拾取操作；（b）拉伸结果

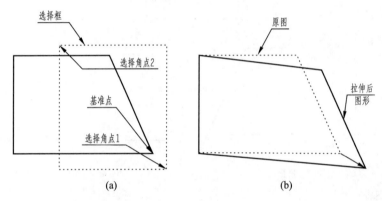

图 2.1.319　曲线组【给定两点】拉伸

（a）拾取操作；（b）拉伸结果

◆ 单击【菜单按钮】 ⚒ —【修改】 ✍ —【打断】 🗒 。包括【一点打断】和【两点打断】两种方式，如图 2.1.320 所示。

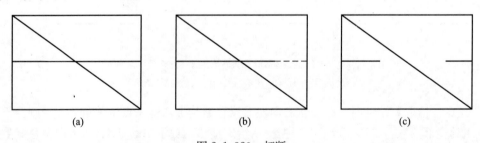

图 2.1.320　打断

（a）原图；（b）一点打断；（c）两点两断

◆ 单击【菜单按钮】 ⚒ —【修改】 ✍ —【合并】，将使用一种样式的对象改为使用另外一种样式，如图 2.1.321 所示。

◆ 单击【菜单按钮】 ⚒ —【修改】 ✍ —【分解】 🗏，将多段线、标注、图案填充、块参照等合成对象分解为单个元素。例如，分解多段线为简单的线段和圆弧，分解块参照或关联标注使其替换为组成块或标注的对象副本。

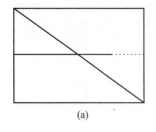 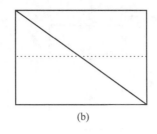 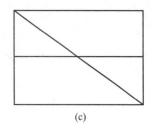

（a）　　　　　　　　　　　（b）　　　　　　　　　　　（c）

图 2.1.321　合并

（a）原图；（b）源对象选择虚线段；（c）源对象选择实线段

注意事项：

（1）标注或图案填充被分解后，将失去其所有的关联性，标注或填充对象被替换为单个对象，如直线、文字、点和二维实体。

（2）多段线被分解后，将放弃所有关联的宽度信息。所得直线和圆弧将沿原多段线的中心线放置。如果分解包含多段线的块，则需单独分解多段线。如分解一个圆环，它的宽度将变为 0。

（3）对于大多数对象，分解的效果并不是看得见的。分解前的多段线、标注、剖面线和块如图 2.1.322 所示，分解后如图 2.1.323 所示。

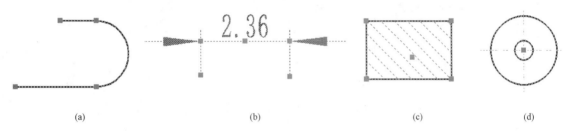

（a）　　　　　　　　（b）　　　　　　　（c）　　　　　（d）

图 2.1.322　分解前各实体对象

（a）多线段；（b）标注；（c）剖面线；（d）块

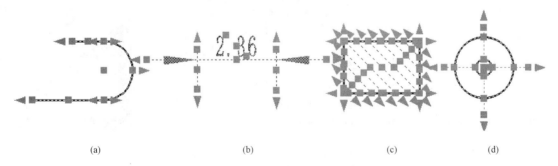

（a）　　　　　　　　（b）　　　　　　　（c）　　　　　（d）

图 2.1.323　分解后各实体对象

（a）多段线；（b）标注；（c）剖面线；（d）块

◆ 单击【菜单按钮】 ✿—【修改】 ▢—【对齐】，将所选元素与目标元素的关键位置对齐，如图 2.1.324 所示。分别选择所要对齐的源点和目标点，对齐的过程中还可缩放图素。

◆ 单击【菜单按钮】 ✿—【修改】 ▢—【对象】—【多段线】，弹出子菜单如图 2.1.325 所示，可进行以下操作：

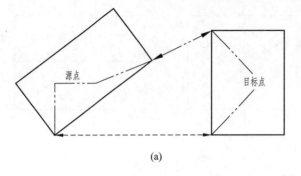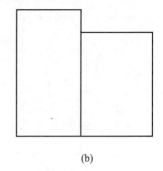

图 2.1.324　对齐
(a) 对齐前；(b) 对齐后

(1)【闭合或打开】，将打开的多段线闭合或将闭合的多段线打开，如图 2.1.326 所示。

(2)【合并】，将分开的多段线合并为整体，如图 2.1.327 所示。

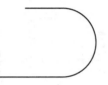

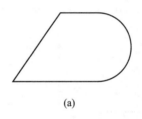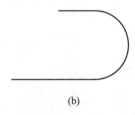

图 2.1.325　多段线立即菜单

图 2.1.326　多段线的闭合或打开
(a) 原图；(b) 闭合或打开多段线

(3)【宽度】，设定多段线的宽度，如图 2.1.328 所示。

(4)【编辑顶点】，对多段线插入或删除顶点，如图 2.1.329 所示。

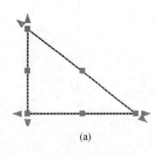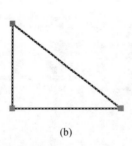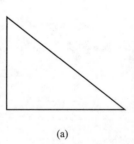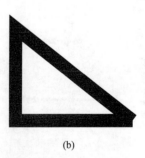

图 2.1.327　多段线合并
(a) 原图；(b) 合并后的多段线

图 2.1.328　多段线宽度设定
(a) 原图；(b) 设定宽度为 2 的多段线

(5)【样条曲线】，将多段线转化为样条曲线，如图 2.1.330 所示。

(6)【反转】，将多段线进行反转，要通过查看【元素属性】才能看出，如图 2.1.331 所示。

◆ 单击【菜单按钮】 📁—【修改】 🖊—【标注编辑】 📝。

在尺寸标注或尺寸编辑中，在立即菜单的【基本尺寸】或【前缀】等编辑框中可直接输

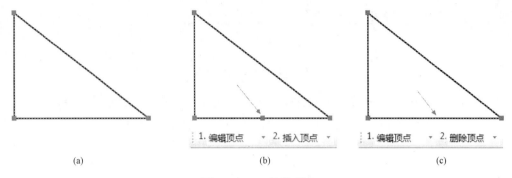

图 2.1.329　编辑顶点

(a) 原图；(b) 插入顶点；(c) 删除顶点

入特殊字符。

　　输入尺寸值时，一些特殊符号，如直径符号"φ"（可用动态键盘输入），角度符号"°"，公差的上下偏差值等，可通过电子图板规定的前缀和后缀符号来实现。例如，直径符号用％c 表示，如输入％c40，则标注为 φ40；角度符号用％d 表示，如输入 30％d，则标注为 30°；公差符号"±"用％p 表示，如输入 50％p0.5，则标注为 50±0.5，偏差值的字高与尺寸值字高相同。

　　（1）线性尺寸的编辑。拾取一个线性尺寸，弹出如图 2.1.332 所示的立即菜单，包括以下三方面：

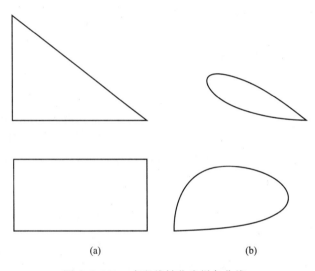

图 2.1.330　多段线转化为样条曲线

(a) 原图；(b) 样条曲线

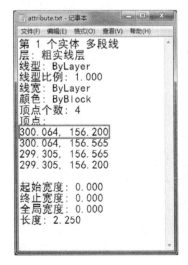 

图 2.1.331　多段线各顶点反转

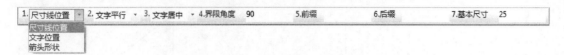

图 2.1.332　【线性尺寸编辑】立即菜单

1)【尺寸线位置】，可修改文字的方向、界线的角度及尺寸值。其中的【界限角度】，指尺寸界线与水平线的夹角。输入新的尺寸线位置点后，即完成编辑操作。如图 2.1.333 所示，其中尺寸 25 和 20 的【界限角度】分别由 90°和 360°改为 60°和 330°。

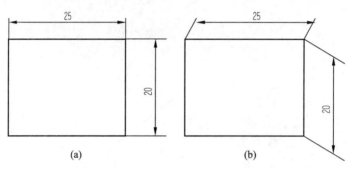

图 2.1.333　线性尺寸的尺寸线位置编辑

（a）原尺寸；（b）编辑后的尺寸

2)【文字位置】，只修改文字的定位点、文字角度和尺寸值，尺寸线及尺寸界线不变。其立即菜单如图 2.1.334 所示。

> 1. 文字位置　▾　2. 不加引线　▾ 3.前缀　　　　4.后缀　　　　5.基本尺寸　25

图 2.1.334　【文字位置编辑】立即菜单

输入文字新位置点后即完成编辑操作，如图 2.1.335 所示。

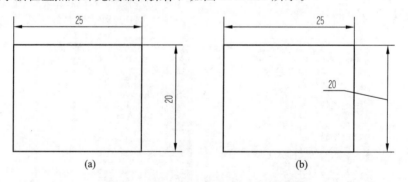

图 2.1.335　线性尺寸的文字位置编辑

（a）原尺寸；（b）编辑后的尺寸

3)【箭头形状】，如图 2.1.336 所示，在弹出的对话框中对箭头形状进行修改。

选择不同形式箭头形状标注出的尺寸如图 2.1.337 所示。

（2）直径尺寸或半径尺寸的编辑。拾取一个直径尺寸或半径尺寸，弹出如图 2.1.338 所示的立即菜单。包括以下两方面：

1)【尺寸线位置】，可修改文字的方向和尺寸值。输入新的尺寸线位置点后，即完成编辑操作，如图 2.1.339 所示。

2）【文字位置】，拖动直径尺寸或半径尺寸文字至新位置确定放置，还可添加前、后缀和修改基本尺寸，如图 2.1.340 所示。

注意事项：

编辑线性尺寸、直径或半径尺寸时，除使用立即菜单修改尺寸和文字外，通常还需添加或修改尺寸公差、特殊符号，以及设置一些特殊参数。系统可方便实现这些操作，并且尺寸公差可以和基本尺寸关联变化，从而提高效率。

图 2.1.336　箭头形状编辑器

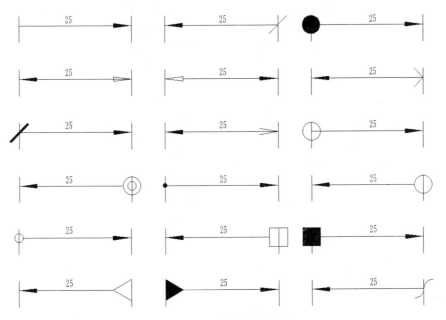

图 2.1.337　箭头形状的修改

图 2.1.338　【直径尺寸或半径尺寸编辑】立即菜单

在生成尺寸标注时，单击鼠标右键，或单击标注编辑命令再选择线性尺寸、直径、半径值后单击鼠标右键进入，弹出如图 2.1.341 所示的对话框。

a. 基本信息设置。

【前缀】：填写对尺寸值的描述或限定。例如，表示直径的"％c"，表示个数的"6-"，也可以是"("，一般和后缀中")"一起使用，如图 2.1.342 所示。

【基本尺寸】：默认为实际测量值，可输入数值，通常只输入数字。

【后缀】：填写内容无限定，与前缀同，如图 2.1.342 所示。

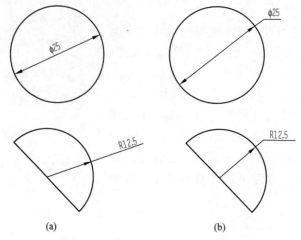

图 2.1.339　直径和半径尺寸的尺寸线位置编辑
(a) 原尺寸；(b) 编辑后

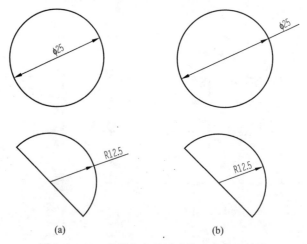

图 2.1.340　直径和半径尺寸的文字位置编辑
(a) 原尺寸；(b) 编辑后

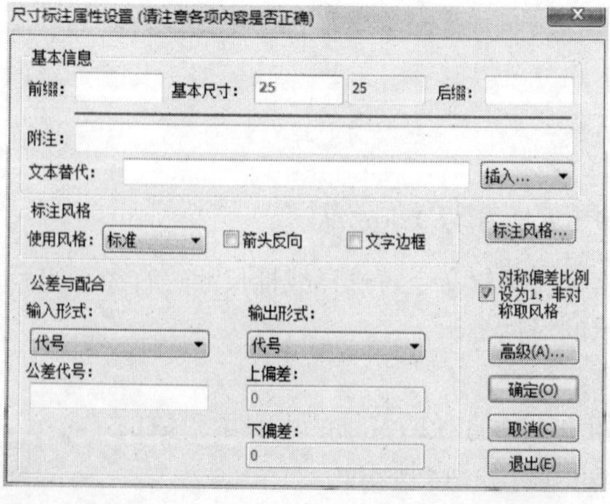

图 2.1.341　【尺寸标注属性设置】对话框

【附注】：填写对尺寸的说明或其他注释，如图 2.1.342 所示。

【文字替代】：在这个编辑框中填写内容时，前缀、基本尺寸和后缀的内容将不显示，尺寸文字使用文字替代的内容。

【插入】：单击组合框可选择插入各种特殊符号，如直径符号、角度、分数、粗糙度等，弹出的【尺寸特殊符号】对话框如图 2.1.343 所示。

标注效果如图 2.1.344 所示。

b. 标注风格设置。

单击【使用风格】右边的组合框可选择

生成尺寸标注的样式，设置【箭头反向】和【文字边框】。单击【标注样式按钮】可激活尺寸样式对话框，详细设置尺寸标注的参数。

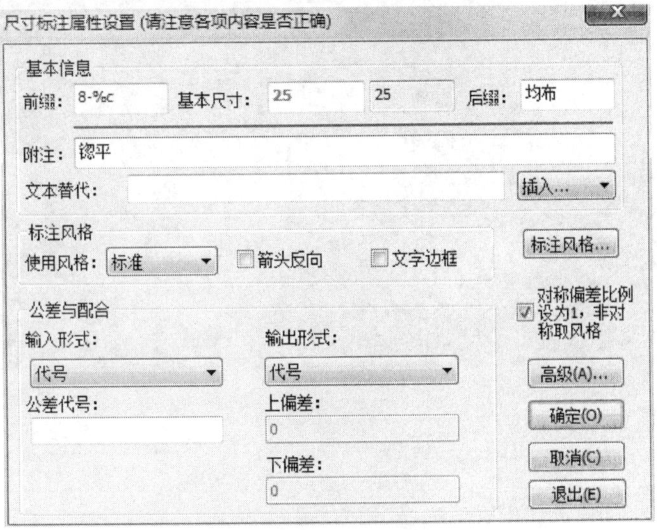

图 2.1.342　标注示例

图 2.1.343　【尺寸特殊符号】对话框

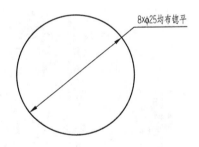

图 2.1.344　标注示例效果

c. 公差与配合设置。

当【输入形式】选项为【代号】时，此编辑框中输入公差代号名称，如 H7、h6、k6 等。系统将根据基本尺寸和代号名称自动查表，并将查到的上、下偏差值显示在【上偏差】和【下偏差】编辑框中；也可单击【高级选项】，在弹出的【公差与配合可视化查询】对话框中直接选择合适的公差代号，如图 2.1.345 所示。当【输入形式】选项为【配合】时，此编辑框中输入配合的名称，如 H7/h6、H7/k6、H7/s6 等，系统输出时将按所输入的配合进行标注；也可单击【高级选项】进行查询，如图 2.1.346 所示。当【输入形式】为【偏差】时，则此编辑框为灰色，不可填写，直接在上、下偏差处输入。

【上偏差】编辑框：当【输入形式】为【代号】时，在此编辑框中显示查询到的上偏差值。用户也可在此对话框中自己输入上偏差值。

【下偏差】编辑框：与【上偏差】编辑框类似。

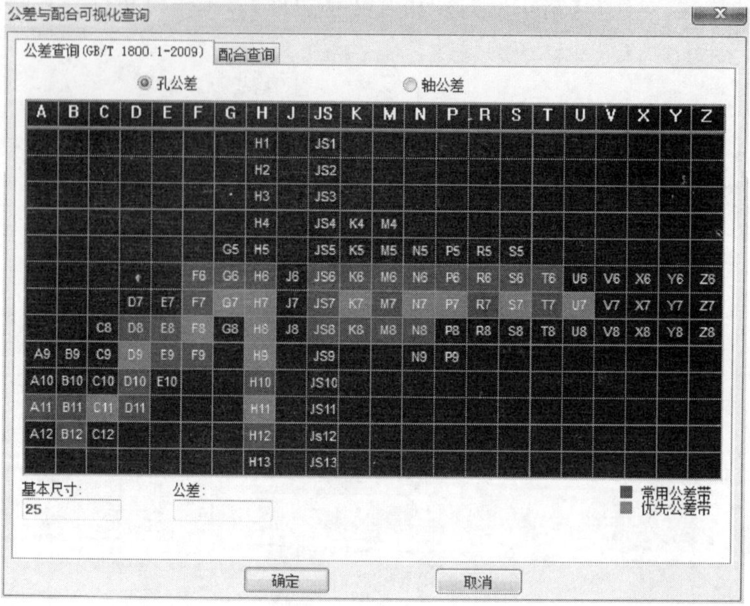

图 2.1.345　公差查询

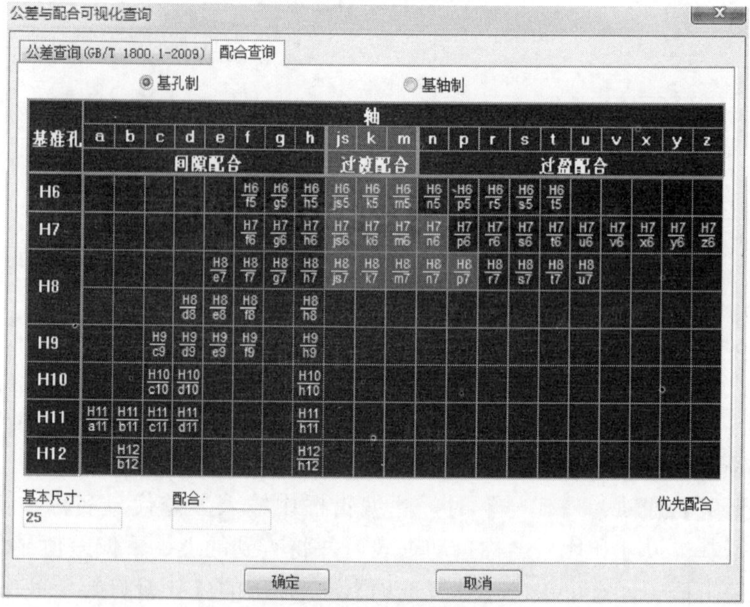

图 2.1.346　配合查询

　　【输入形式】：包括【代号】、【偏差】、【配合】和【对称】4 种。为【代号】时，系统根据在【代号】编辑框中输入的代号名称自动查询上、下偏差，并将查询结果分别显示在【上偏差】和【下偏差】编辑框中；为【偏差】时，由用户自己输入偏差值；为【配合】时，在【代号】编辑框中输入配合符号，如【H7/g6】。

　　【输出形式】：包括【代号】、【偏差】、【（偏差）】、【代号（偏差）】和【极限尺寸】5 种。【输入形式】为【偏差】和【对称】时，【输出形式】只有【偏差】和【（偏差）】。【输入形式】为【配合】时,【输出形式】只能是 2 个代号。

【输出形式】为【代号】时,标注代号如 $\phi 25\text{k}6$。

【输出形式】为【偏差】时,标注偏差如 $\phi 25^{+0.015}_{-0.002}$。

【输出形式】为【(偏差)】时,标注偏差如 $\phi 25 \binom{+0.015}{-0.002}$。

【输出形式】为【代号(偏差)】时,标注形式如 $\phi 25\text{k}6 \binom{+0.015}{-0.002}$。

【输出形式】为【极限尺寸】时,标注极限尺寸如 $\phi^{25.015}_{24.998}$。

 双击尺寸值同样可弹出【尺寸标注属性设置】对话框。

(3)角度尺寸的编辑。拾取一个角度尺寸,弹出如图 2.1.347 所示的立即菜单。包括以下两方面:

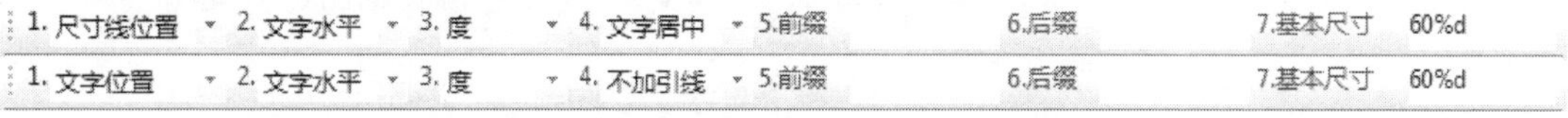

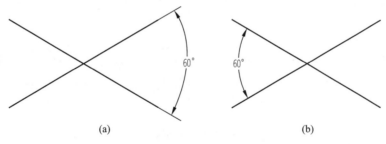

图 2.1.347 【角度尺寸编辑】立即菜单

1)【尺寸线位置】编辑,可修改尺寸值。输入新的尺寸线位置点后,即完成编辑操作,如图 2.1.348 所示。

图 2.1.348 角度尺寸位置编辑

(a)原位置;(b)编辑后

2)【文字位置】编辑。可选择是否加引线,修改文字的尺寸值,如图 2.1.349 所示。

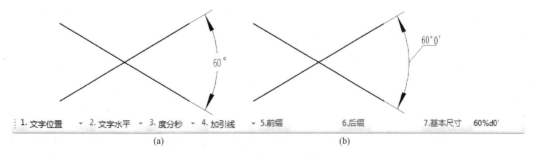

图 2.1.349 文字位置编辑

(a)原文字位置;(b)编辑文字后

注意事项:

在生成尺寸标注时按右键或单击标注编辑命令，选择角度尺寸后右键进入或双击角度尺寸，弹出如图 2.1.350 所示的【角度公差】对话框和立即菜单中的【度】、【度分秒】、【百分度】、【弧度】对话框。操作方法与线性尺寸的类似。

(a)   (b)
(c)   (d)

图 2.1.350   角度公差

(a)【度】角度公差；(b)【度分秒】角度公差；(c)【百分度】角度公差；(d)【弧度】角度公差

◆ 单击【菜单按钮】💠—【修改】📝—【标注间距】🔢，分为【手动】和【自动】两种。

◆ 单击【菜单按钮】💠—【修改】📝—【清除替代】✏。清除标注时替代的对象。使用特性覆盖机制后，被覆盖的特性将不再跟随对象引用风格的变化而变化。删除替代功能可取消特性覆盖的效果，让被覆盖的特性重新随风格改变，如图 2.1.351 所示。

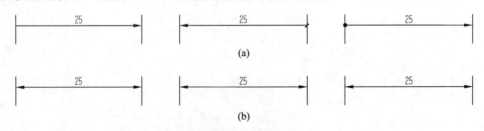

(a)

(b)

图 2.1.351   清除替代

(a) 清除替代前；(b) 清除替代后

◆ 单击【菜单按钮】⟨图标⟩—【修改】⟨图标⟩—【尺寸驱动】⟨图标⟩。根据提示选择驱动对象（用户想要修改的部分），系统将只分析选中部分的实体及尺寸；在此，除选择图形实体外，还须选择尺寸。

通常，某实体如无必要的尺寸标注，系统将会根据【正交】、【相切】等一般的默认准则判断实体之间的约束关系。

然后用户应指定一个合适的基准点。由于任何一个尺寸表示的均是两个（或两个以上）图形对象间的相关约束关系，如果驱动该尺寸，必然存在一端固定，另一端移动的问题，系统将根据被驱动尺寸与基准点的位置关系来判断哪一端该固定，从而驱动另一端。具体指定哪一点为基准，应选择一些特殊位置的点，如圆心、端点、中心点、交点等。

在前两步的基础上，最后是驱动某一尺寸。选择被驱动的尺寸，而后按提示输入新的尺寸值，则被选中的实体部分将被驱动，在不退出该状态（该部分驱动对象）的情况下，用户可连续驱动多个尺寸。

执行命令后，选择全部实体对象，根据提示输入基准点（圆心），选择需要驱动的线性尺寸 35 或直径尺寸 25，输入新尺寸值 40 或 30 后，如图 2.1.352 所示。

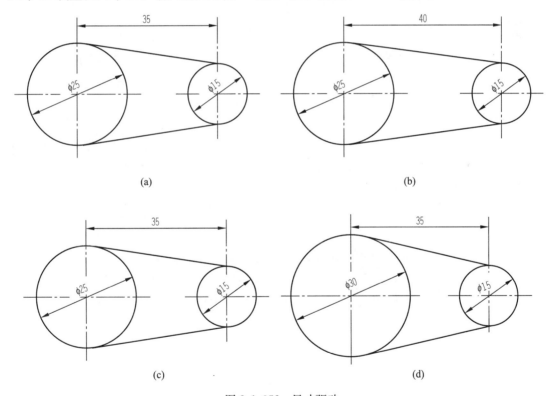

图 2.1.352　尺寸驱动

(a) 线性尺寸驱动前为 35；(b) 线性尺寸驱动后为 40；(c) 半径尺寸驱动 25；(d) 半径尺寸驱动 30

◆ 单击【菜单按钮】⟨图标⟩—【修改】⟨图标⟩—【特性匹配】⟨图标⟩，既可修改图层、颜色、线型、线宽等基本属性，也可修改对象的特有属性，如文字和标注等特有属性，如图 2.1.353 所示。

◆ 单击【菜单按钮】⟨图标⟩—【修改】⟨图标⟩—【切换尺寸风格】，选择一个标注尺寸，切换事先

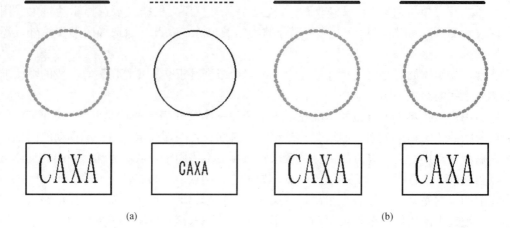

图 2.1.353　特性匹配

(a) 匹配前；(b) 匹配后

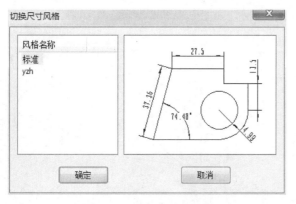

图 2.1.354　切换尺寸风格

定义好的标注尺寸风格，如图 2.1.354 所示。

◆ 单击【菜单按钮】 ⬡—【修改】 ✎—【文本参数编辑】，对所选文本进行相关参数的编辑，如图 2.1.355 所示。

◆ 单击【菜单按钮】 ⬡—【修改】 ✎—【文字查找替换】，查找关键字符并替换，可设置查找的范围和拾取范围，如图 2.1.356 所示。

图 2.1.355　文本参数编辑

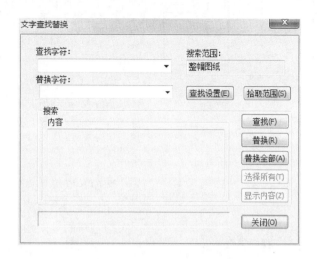

图 2.1.356　文字查找替换

9.【工具】菜单

单击【菜单按钮】—【工具】菜单，弹出如图 2.1.357 所示的工具功能按钮，包括【三视图导航】、【查询】、【快速选择】、【特性】、【设计中心】、【数据迁移】、【文件比较】、【显示顺序】、【新建坐标系】、【坐标系管理】、【捕捉设置】、【拾取设置】、【自定义界面】、【界面操作】和【选项】。

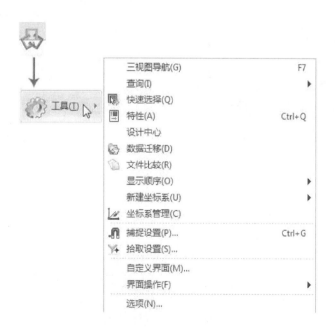

图 2.1.357　【工具】菜单

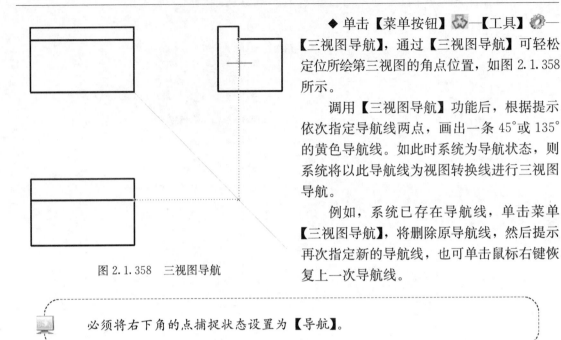

图 2.1.358　三视图导航

◆ 单击【菜单按钮】⚙—【工具】⚙—【三视图导航】,通过【三视图导航】可轻松定位所绘第三视图的角点位置,如图 2.1.358 所示。

调用【三视图导航】功能后,根据提示依次指定导航线两点,画出一条 45°或 135°的黄色导航线。如此时系统为导航状态,则系统将以此导航线为视图转换线进行三视图导航。

例如,系统已存在导航线,单击菜单【三视图导航】,将删除原导航线,然后提示再次指定新的导航线,也可单击鼠标右键恢复上一次导航线。

必须将右下角的点捕捉状态设置为【导航】。

◆ 单击【菜单按钮】⚙—【工具】⚙—【查询】,弹出子菜单,可进行以下操作:

(1)【坐标点】。根据提示,拾取【要查询的点】,单击鼠标右键确定,即依次显示所查点的坐标信息,如图 2.1.359 所示。单击【保存】可将查询结果存入文本文件中,如图 2.1.360 所示。

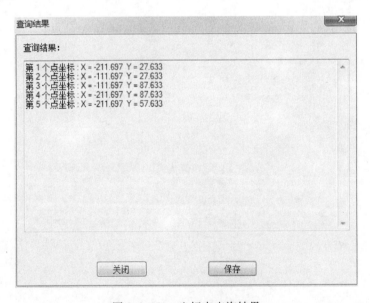

图 2.1.359　坐标点查询结果

(2)【两点距离】。根据提示,拾取【待查询的两点】,当选中第二点后,单击鼠标右键确定,即弹出【查询结果】对话框,如图 2.1.361 所示。

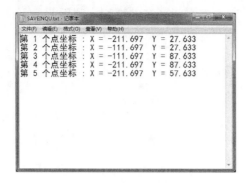

图 2.1.360 文本结果

图 2.1.361 两点距离查询结果

（3）【角度】。调用查询【角度】功能后，根据【立即菜单】的提示，可分别采用【圆心角】、【两直线夹角】或【三点夹角】的方式查询选择对象的角度。其查询结果如图 2.1.362～图 2.1.364 所示。

图 2.1.362 圆心角查询结果

图 2.1.363 两直线夹角查询结果

（4）【元素属性】。根据提示，查询所选对象的属性并显示查询结果。图 2.1.365 所示为一条圆弧的属性查询结果。

图 2.1.364 三点夹角查询结果

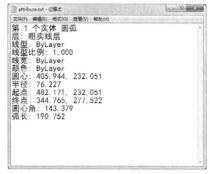

图 2.1.365 元素属性查询结果

（5）【周长】。根据提示查询所选对象的【周长】，并在对话框上依次显示查询结果，如图 2.1.366 所示。

（6）【面积】。根据提示，查询所选区域的【增加面积】或【减少面积】，并在对话框上依次显示查询结果，如图 2.1.367 所示。【增加面积】即将拾取封闭区域的面积与其他的面积进行累加,【减少面积】即从其他面积中减去该封闭区域的面积。利用此法可计算出较为复杂的图形面积。

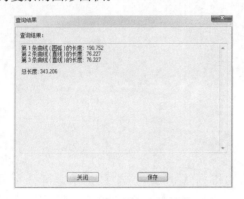

图 2.1.366　周长查询结果

图 2.1.367　面积查询结果

(7)【重心】。查询所选对象的【重心】,操作过程和结果显示与【面积】查询等类似,如图 2.1.368 所示。

(8)【惯性矩】。查询所选对象的【惯性矩】,如图 2.1.369 所示,为一扇形面相对于坐标原点的惯性矩。弹出的【立即菜单】如图 2.1.370 所示,分为【增加环】和【减少环】两种方式,使用方法与【重心】查询等类似。

图 2.1.368　重心查询结果

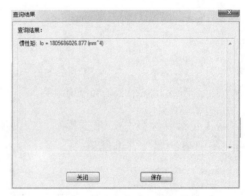

图 2.1.369　惯性矩查询结果

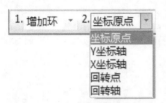

图 2.1.370　惯性矩查询立即菜单

可从【立即菜单】中选择【坐标原点】、【Y 坐标轴】、【X 坐标轴】、【回转点】、【回转轴】方式。其中,前三项分别为所选的分布区域相对坐标原点、Y 坐标轴、X 坐标轴的惯性矩,后两项【回转点】和【回转轴】方式,需用户首先根据提示设定【回转点】和【回转轴】。系统方可在【查询结果】对话框中显示结果。

(9)【重量】。调用【重量】查询功能后,弹出【重量计算器】对话框如图 2.1.371 所示。根据需要选择填写对话框内的各项,系统最终将以【密度】项目中填写的数值为准,结合模块填写数值,自动计算出零件的重量。单击【存储】按钮,就可将当前的计算结果累加到总的计算结果中。通过模块左侧的"＋"/"－"按钮可分别用于计算增料和除料。

◆ 单击【菜单按钮】 ⟳ —【工具】 ⚙ —【快速选择】 ⬚，快速选取指定的元素，如图 2.1.372 所示。

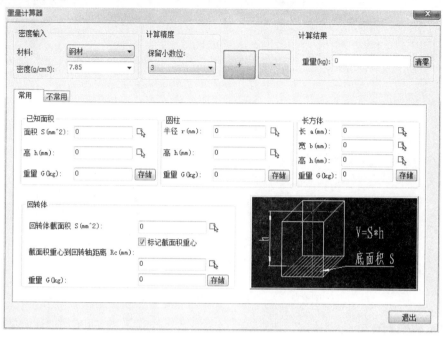

图 2.1.371　【重量计算器】对话框

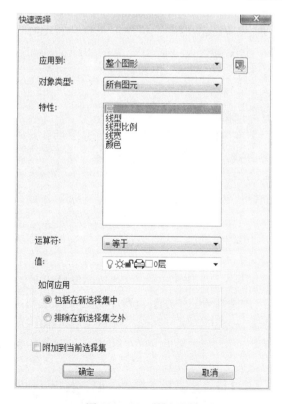

图 2.1.372　快速选择

◆ 单击【菜单按钮】 ⟳ —【工具】 ⚙ —【特性】 ▤，查看所选图素的特性，图 2.1.373 所示为某圆弧特性。

◆ 单击【菜单按钮】 ⟳ —【工具】 ⚙ —【设计中心】。功能开启后弹出【设计中心】工具选项板，包括【文件夹】、【打开的图形】和【历史记录】三个选项卡，如图 2.1.374 所示。

图 2.1.373　特性对话框

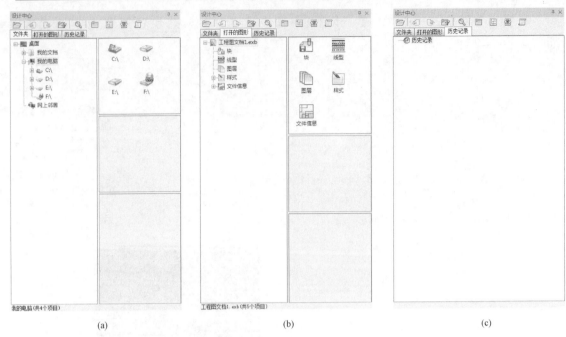

(a)	(b)	(c)

图2.1.374　　【设计中心】工具选项板

（1）【文件夹】选项卡：用于在硬盘和网络上查找已生成的图纸，并从中提取可借用到当前图纸中的元素，如图2.1.375所示。

界面的左侧是文件结构目录树，用于浏览本地硬盘和局域网的图纸资源。系统会自动筛选出exb、dwg等含有可借用资源的图纸文件，这些文件下会含有包含块、各种样式及图纸信息的子节点。

界面的右侧有三个窗口：

上方的陈列窗口用于显示所选图纸和元素的相关信息。可在窗口中直接将块、样式等元素拖拽到绘图区中，并添加到当前图纸内。只有所拖拽的样式在当前图纸中无重名样式时，才能在当前图纸中添加该样式；否则，无法添加。

中间的预览窗口用于预览当前选择的图纸和元素。

下方的窗口用于显示该图块的属性说明。

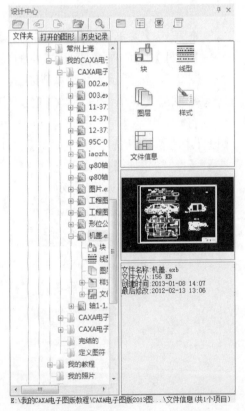

图2.1.375　　【文件夹】选项卡

（2）【打开的图形】选项卡：使用方法与【文件夹】选项卡类似，界面左侧的文件结构树用于显示当前打开的图纸，并对其相互间的借用关系加以处理，如图2.1.376所示。

（3）【历史记录】选项卡：用于查看设计中查看过的图纸的历史记录，如图2.1.377所示。双击某条记录即可跳转到【文件夹】选项卡中对应的文件。

　　图 2.1.376　　【打开的图形】选项卡　　　　　　图 2.1.377　　【历史记录】选项卡

　　◆ 单击【菜单按钮】 　—【工具】 　—【数据迁移】 　，将旧版本中的相关文件设置和系统设置转换为当前版本的文件设置。如果没有安装相关版本文件，系统将出现相关提示对话框，如图 2.1.378 所示。

　　　　迁移相关版本的数据，须安装相关的版本，如需要迁移 2011 版本的，必须安装 2011 版本。

　　系统中安装了 CAXA 电子图板 2007 R3 后，在进行【数据迁移】时，弹出如图 2.1.379所示的对话框。
　　选择需要迁移的项目后，进入【下一步】，如图 2.1.380 所示，如果模板文件重名时，可选择【重命名】或【覆盖】。
　　设置完成后，进入第三步，单击【完成】，即成功迁移数据，如图 2.1.381 所示。
　　新建工程文档时，可查看迁移的工程图模板数据文件，如图 2.1.382 所示。
　　◆ 单击【菜单按钮】 　—【工具】 　—【文件比较】 　。设置比对参数后单击【比较】按钮，可将所选的"新"、"旧"两文件的图层、线型、线型比例等参数的不同部分、修改部

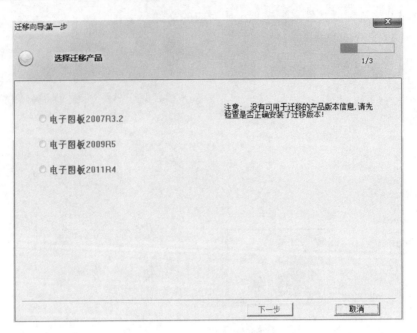

图 2.1.378 提示对话框

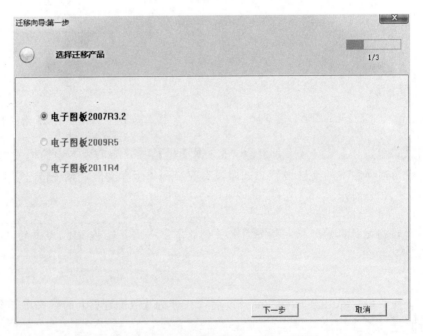

图 2.1.379 【迁移向导第一步】对话框

分和相同部分按不同颜色加以显示,如图 2.1.383 所示。

如果单位名称不一致,将以不同的颜色显示,如图 2.1.384 所示。

◆ 单击【菜单按钮】 ﹣【工具】 ﹣【显示顺序】,弹出子菜单,可进行以下操作:

(1)【置顶】,将选中的对象置于叠放顺序的最前端。如果选择了多个对象,则这些对象将在保持原相对顺序的同时被置顶。图 2.1.385 所示为将矩形置顶显示。

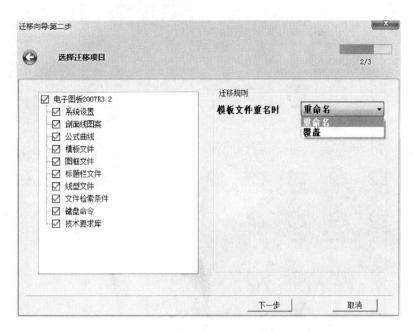

图 2.1.380 【迁移向导第二步】对话框

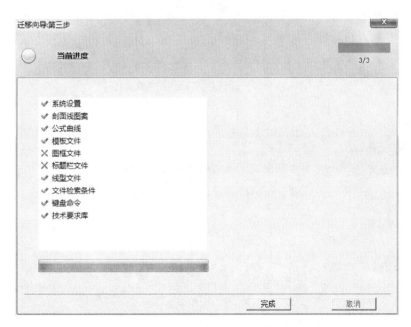

图 2.1.381 【迁移向导第三步】对话框

(2)【置底】，与【置顶】的操作类似，效果相反。

(3)【置前】，根据提示，依次选定【要置前的对象】和【参考对象】并确认。置前对象就会置前于叠加参考对象。如果选择了多个置前对象，则这些对象将在保持原相对顺序的同时被置前；如果选择了多个参考对象，则最前方的一个为有效参考对象。

(4)【置后】，与【置前】的操作类似，效果相反。

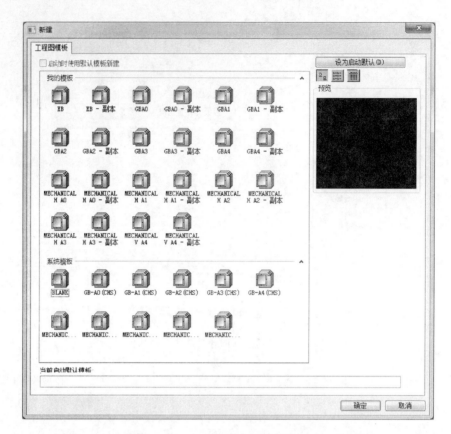

图 2.1.382 迁移后的工程图模板文件

图 2.1.383 【文件比较】对话框

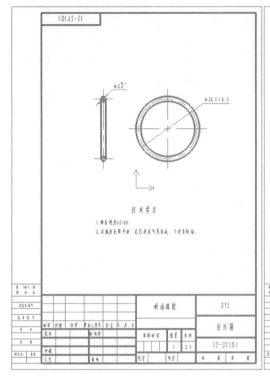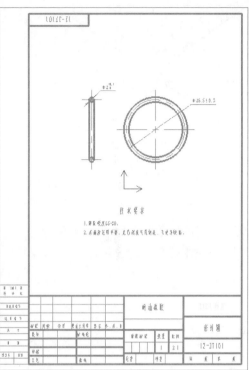

图 2.1.384 【文件比较】结果

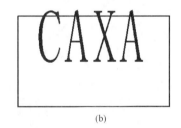

(a)　　　　　　　　　　　(b)

图 2.1.385 置顶显示

(a) 置顶前；(b) 置顶后

(5)【文字置顶】，使打开的图形中的文字全部置顶，如图 2.1.386 所示。

(6)【尺寸置顶】，使打开的图形中的尺寸全部置顶，如图 2.1.387 所示。

(7)【文字或尺寸置顶】，将文字或尺寸全部置顶。当尺寸和文字重叠时不起作用。

◆ 单击【菜单按钮】 ☁ —【工具】 ⚙ —【新建坐标系】，弹出子菜单，进行以下操作：

(1)【原点坐标系】 ∟。弹出【立即菜单】，输入【坐标系名称】，如图 2.1.388 所示。

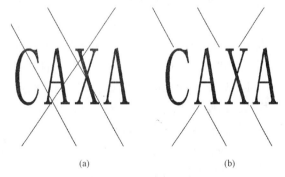

(a)　　　　　　　　　(b)

图 2.1.386 【文字置顶】显示

(a) 置顶前；(b) 置顶后

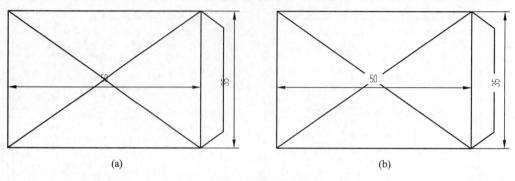

图 2.1.387 【尺寸置顶】显示
(a) 置顶前；(b) 置顶后

根据提示，输入【坐标系基点】和【旋转角】即完成操作并坐标系，如图 2.1.389 和图 2.1.390 所示。

1.坐标系名称:　　坐标系1

图 2.1.388　命名坐标系　　　　　　　　图 2.1.389　指定坐标系原点

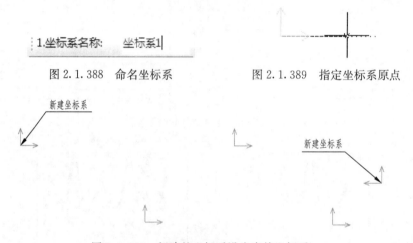

图 2.1.390　新建的坐标系设为当前坐标系

(2)【对象坐标系】。根据提示，选择【放置坐标系的对象】后，系统会根据拾取对象的特征建立新用户坐标系，并将其设为当前坐标系。注意：只能拾取基本曲线和块。

新建【对象坐标系】操作中，拾取不同曲线生成坐标系的准则，如图 2.1.391 所示。

点：以点本身为原点，以世界坐标系的 X 轴方向为 X 轴方向。

直线：以距离拾取点较近的一个端点为原点，以直线走向为 X 轴方向。

圆：以圆心为原点，以圆心到拾取点的方向为 X 轴方向。

圆弧：以圆心为原点，以圆心到距离拾取点较近的一个端点的方向为 X 轴方向。

样条：以距离拾取点较近的一个端点为原点，以原点到另一个端点的方向为 X 轴方向。

多段线：拾取多段线中的圆弧或直线时，按普通直线或圆弧生成。

块：以块的基点为原点，以世界坐标系的 X 轴方向为 X 轴方向。

射线及构造线：无效。

◆单击【菜单按钮】——【工具】——【坐标系管理】，可对坐标系进行重命名、删除等管理操作，如图 2.1.392 所示。

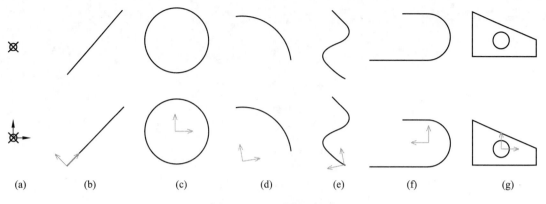

图 2.1.391　对象坐标系

（a）点；（b）直线；（c）圆；（d）圆弧；（e）样条；（f）多段线；（g）块

◆ 单击【菜单按钮】 ——【工具】 ——【捕捉设置】 ，对话框的界面选项卡包括【捕捉和栅格】、【极轴导航】和【对象捕捉】，如图 2.1.393～图 2.1.395 所示。

根据需要选择、填写选项卡中的各项，设置捕捉。其中【对象捕捉】选项卡中特征如下：

（1）【端点】：捕捉圆弧、直线、多段线线段、样条曲线最近的端点，如图 2.1.396 所示。

（2）【中点】：捕捉圆弧、椭圆、直线、多段线线段、样条曲线的中点，如图 2.1.397 所示。

图 2.1.392　坐标系管理

图 2.1.393　【捕捉和栅格】选项卡

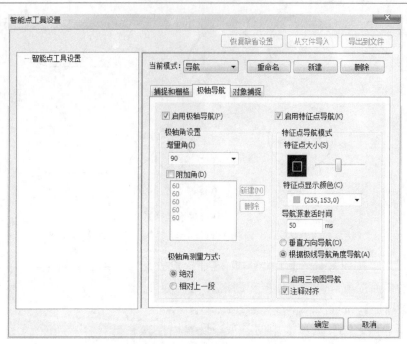

图 2.1.394   【极轴导航】选项卡

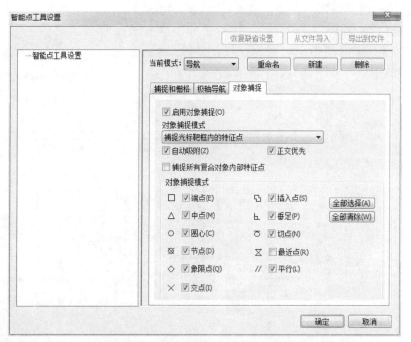

图 2.1.395   【对象捕捉】选项卡

（3）【圆心】：捕捉圆弧、圆、椭圆或椭圆弧的中心，如图 2.1.398 所示。

（4）【节点】：捕捉点、标注定义点或标注文字原点，如图 2.1.399 所示。

（5）【象限点】：捕捉圆弧、圆、椭圆或椭圆弧的象限点，如图 2.1.400 所示。

（6）【交点】：捕捉圆弧、圆、椭圆、直线、多段线、样条曲线的交点，如图 2.1.401 所示。

（7）【插入点】：捕捉属性、块、形或文字的插入点，如图 2.1.402 所示。

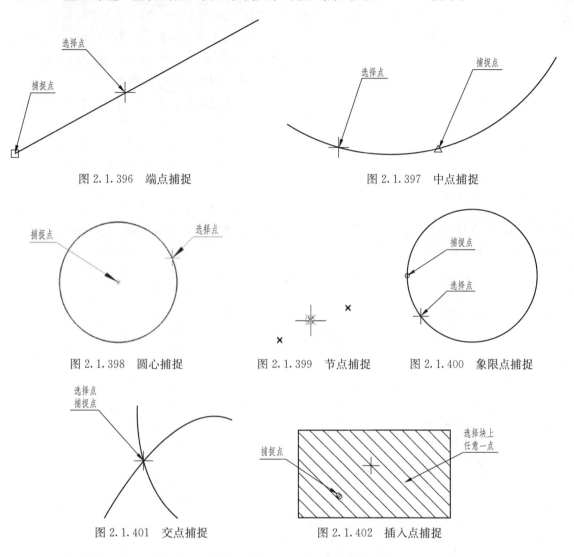

图 2.1.396   端点捕捉   图 2.1.397   中点捕捉

图 2.1.398   圆心捕捉   图 2.1.399   节点捕捉   图 2.1.400   象限点捕捉

图 2.1.401   交点捕捉   图 2.1.402   插入点捕捉

（8）【垂足】：捕捉圆弧、圆、椭圆、直线、多段线、样条曲线的垂足，如图 2.1.403 所示。

（9）【切点】：捕捉圆弧、圆、椭圆、样条曲线的切点，如图 2.1.404 所示。

（10）【最近点】：捕捉圆弧、圆、椭圆、椭圆弧、直线、多行、点、多段线、射线、样条曲线或参照线的最近点，如图 2.1.405 所示。

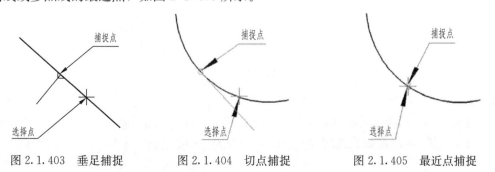

图 2.1.403   垂足捕捉   图 2.1.404   切点捕捉   图 2.1.405   最近点捕捉

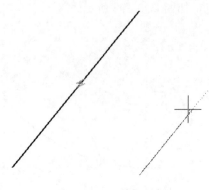

图 2.1.406　捕捉平行

（11）【平行】：将直线段、多段线线段、限制为与其他线性对象平行，如图 2.1.406 所示。

◆ 单击【菜单按钮】——【工具】——【拾取设置】，如图 2.1.407 所示，拾取的对象包括实体、尺寸、图层、颜色和线型。

◆ 单击【菜单按钮】——【工具】——【自定义界面】。自定义界面包括 6 个选项卡，分别对【命令】、【工具栏】、【工具】、【键盘】、【键盘命令】和【选项】中的各项进行自定义设置，如图 2.1.408 所示。

其中，【选项】选项卡中，勾选【大图标】后，工具条按钮将使用 32×32 像素大小显示，适合分辨率较高的显示器，但只适用于经典风格界面，如图 2.1.409 所示。

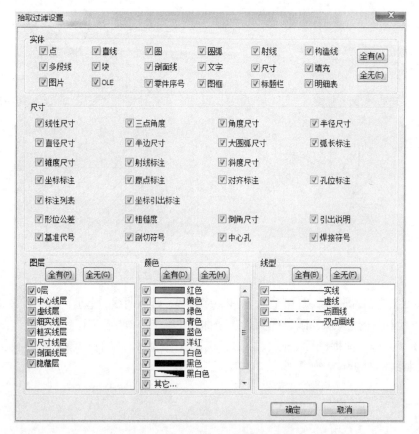

图 2.1.407　【拾取过滤设置】对话框

◆ 单击【菜单按钮】——【工具】——【界面操作】，弹出子菜单，可进行以下操作：

（1）【切换】，将 Fluent 风格界面和经典风格界面之间的相互切换，如图 2.1.410 所示。

（2）【重置】，将凌乱的界面或调整过的界面重置为初始界面，如图 2.1.411 所示。

图 2.1.408 自定义界面

(a)【命令】选项卡；(b)【工具栏】选项卡；(c)【工具】选项卡；

(d)【键盘】选项卡；(e)【键盘命令】选项卡；(f)【选项】选项卡

(3)【加载】，加载保存了的界面交互配置文件，如图 2.1.412 所示。

(4)【保存】，保存自定义过的界面交互配置文件，以备重装后加载使用，如图 2.1.413 所示。

◆ 单击【菜单按钮】 🐢—【工具】 ⚙—【选项】，弹出【选项】对话框，包括右上角的参

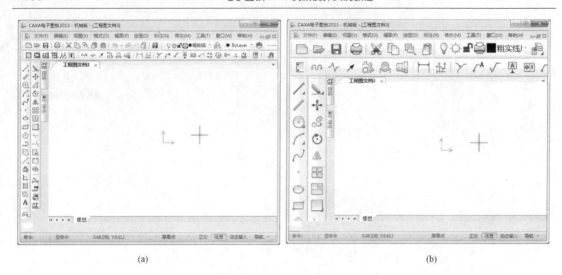

(a)　　　　　　　　　　　　　　　　(b)

图 2.1.409　经典界面【大图标】

(a) 经典界面小图标；(b) 经典界面大图标

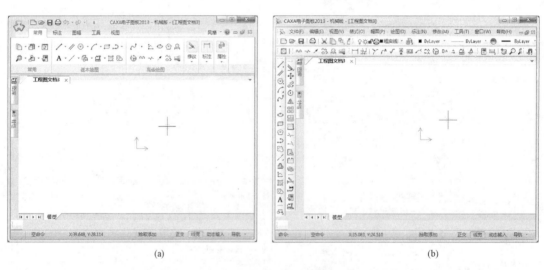

(a)　　　　　　　　　　　　　　　　(b)

图 2.1.410　切换界面风格

(a) Fluent 风格界面；(b) 经典风格界面

数设置按钮，左侧的参数列表，以及文件项设置和右侧对应的参数设置对话框，如图 2.1.414 所示。

选项功能：

(1)【恢复缺省设置】，单击可撤销参数修改，恢复为默认的设置，如图 2.1.415 所示。

(2)【从文件导入】，加载已保存的参数配置文件。

(3)【导出到文件】，将当前的系统设置参数保存到一个参数文件中。

(4)【路径】，可设置"模板路径"、"图库搜索路径"、"默认文件存放路径"、"自动保存文件路径"、"形文件路径"、"公式曲线文件路径"、"设计中心收藏夹路径"和"外部引用文件路径"。选择一个路径后，即可进行浏览、添加、删除、上移、下移等操作。其中，

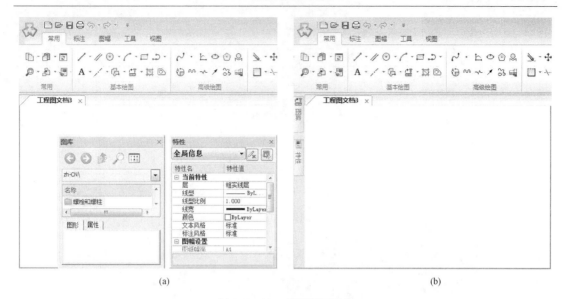

(a)   (b)

图 2.1.411 重置界面风格

（a）重置前；（b）重置后

图 2.1.412 加载交互配置文件

"用户"的相关路径既能打开，又能修改，"系统"的相关路径则只能打开，如图 2.1.416
所示。

（5）【显示】，【显示设置】对话框如图 2.1.417 所示。

选项功能：

1）颜色设置：单击对话框中的各项参数列表可修改其颜色设置。

其中拾取加亮如勾选【自动】复选框，则加亮时不会改变颜色。取消勾选后，则其颜色
在右侧下拉菜单中选择。若单击【恢复缺省设置】则可将颜色设置恢复为默认的设置。

2）十字光标大小：通过输入或拖动手柄指定十字光标的大小。

图 2.1.413 保存交互配置文件

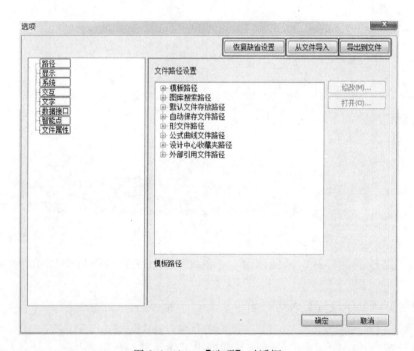

图 2.1.414 【选项】对话框

3）文字显示最小单位：指定文字对象最小的显示单位值。

4）大十字光标：勾选此项可设置光标为大十字方式。

5）显示视图边框：勾选此项可设置显示三维视图的边框。

6）Undo/Redo 显示操作：勾选此项后，对视图的显示操作会记录在 Undo 和 Redo 中。

7）保存显示操作：勾选此项后，对视图的显示操作会保存到文件中。

8）剖面线生成密度：设定填充剖面线的最大数值。

9）显示尺寸标识：尺寸标注时的基本尺寸值若非系统测量的实际尺寸，而是强行输入的尺寸值，则用该选项可标识出来。标识的方法如图 2.1.418 所示。箭头两端的符号标记，在尺寸强行输入

图 2.1.415 【恢复缺省设置】对话框

时，显示为绿色；在公差强行输入时，显示为黄色；在尺寸和公差都强行输入时，显示为红色。

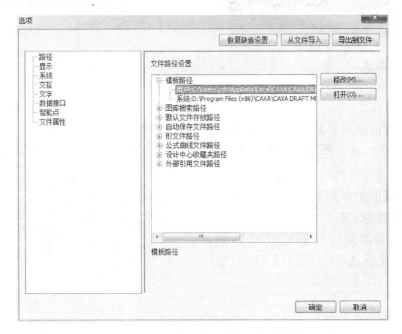

图 2.1.416 【文件路径设置】对话框

（6）【系统】，【系统设置】对话框如图 2.1.419 所示。

选项功能：

1）存盘间隔：存盘间隔以分钟为单位，达到所设置的值时，系统将自动把当前的图形保存到临时目录中，以免在系统非正常退出的情况下丢失信息。

2）最大实数：系统立即菜单中所允许输入的最大实数。

3）缺省存储格式：设置系统默认的存储格式。

4）实体自动分层：自动把中心线、剖面线、尺寸标注等放在各自对应的层。

5）生成备份文件：在每次修改保存后自动生成 *.bak 文件。

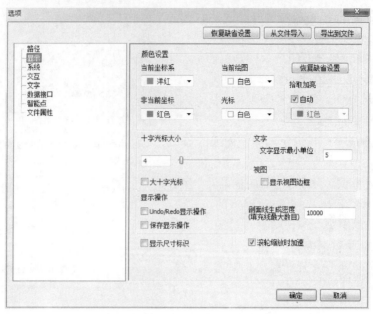

图 2.1.417　【显示设置】对话框

图 2.1.418　用户输入尺寸标识

（a）实际尺寸；（b）仅尺寸强行输入（绿色）；（c）仅公差强行输入（黄色）；（d）尺寸和公差都强行输入（红色）

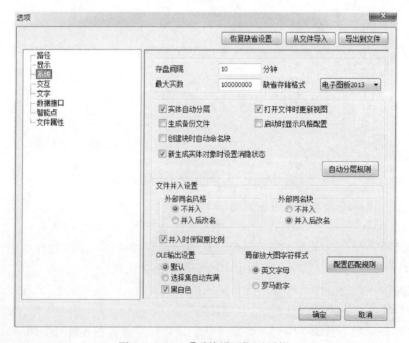

图 2.1.419　【系统设置】对话框

6）打开文件时更新视图：打开视图文件时，系统自动根据三维文件的变化对各视图进行更新。

7）启动时显示风格配置：设置启动软件时，是否显示风格配置对话框。

8）创建块时自动命名块：勾选此项后，系统在创建块时自动为将创建的块命名，否则会提示输入块的名称。

9）新生成实体对象时设置消隐状态：勾选此项后，创建新的可消隐对象时，默认为消隐状态。

10）文件并入设置：当并入文件或粘贴对象到当前图纸时，可设置同名的风格或块是否被并入，以及并入后是否保持原比例。

11）OLE 输出设置：按【选择集自动充满】或【默认】输出的 OLE 图形。

12）局部放大图字符样式：将局部放大图符号设置为【英文字母】或【罗马数字】。

（7）【交互】，【交互设置】对话框如图 2.1.420 所示。

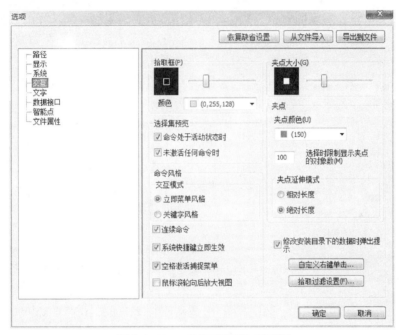

图 2.1.420　【交互设置】对话框

选项功能：

1）拾取框：拖动滚动条设置拾取状态下光标框的大小，同时可修改颜色。

2）夹点大小：拖动滚动条设置拾取对象后夹点的大小。

3）夹点延伸模式：编辑夹点时，可用【相对长度】或【绝对长度】输入的数值。

4）选择集预览：拾取框接近可选对象时，对象将会显示加亮以供预览。控制【命令处于激活状态时】或【未激活任何命令时】两种状态下，"显示选择集预览"功能的打开和关闭。

5）命令风格：设置了【立即菜单风格】和【关键字风格】两种交互风格。前者是电子图板经典的交互风格，后者是一种依靠命令行输入关键字指令绘图的交互风格。除在交互选项卡中切换外，也可用 F11 键切换。如图 2.1.421 为【关键字风格】。

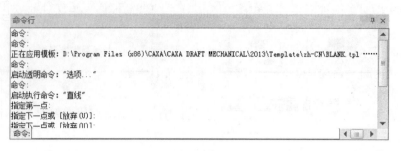

图 2.1.421 【关键字风格】

6)【连续命令】，勾选该项后，绘制圆和基本标注时，可在调用命令后保持当前命令执行状态，重复使用直到操作退出为止。

7)【系统快捷键立即生效】，勾选此项后，若在【界面自定义对话框】内定义系统快捷键，则直接生效。

8) 夹点设置，设置夹点的大小、颜色，以及显示夹点时限制对象选择的数量。

图 2.1.422 【自定义右键单击】对话框

9) 自定义右键菜单，在如图 2.1.422 所示的对话框中，对【默认模式】、【编辑模式】、【命令模式】和【注释命令模式】下的各项，设置单击鼠标右键的行为。

10) 拾取过滤设置，弹出对话框，功能用法如图 2.1.407 所示。

(8)【文字】，【文字设置】对话框如图 2.1.423 所示。

选项功能：

1)【文字缺省设置】：可设置系统默认的中、西文缺省字体。当文件中文字字体为当前系统中未安装的字体时，系统将使用默认的字体。

2)【老文件代码页设置】：可指定打开、输出老文件的代码页。由于 CAXA 电子图板 2007 以前的版本中图纸未使用 Unicode 统一字符编码集，因此在读入繁体、日文等版本生成的图纸时要进行编码转换。读入电子图板 2009 以后版本的 EXB 文件无须设置此项。

3)【文字镜像方式】可采用【位置镜像】、【镜面镜像】对文字进行镜像操作。

4)【只允许单选打散】，勾选此项后，如果同时选择多个对象并进行【分解】操作，则其中的文字不会被打散。只有单独选中一个文字时，才会被分解打散。

(9)【数据接口】，【数据接口设置】对话框如图 2.1.424 所示。

选项功能：

1)【默认线宽】：按 DWG 文件中默认的线宽读入。

2)【线型匹配方式】：设置按原对象线宽或按颜色匹配线宽方式读入 DWG 文件。默认

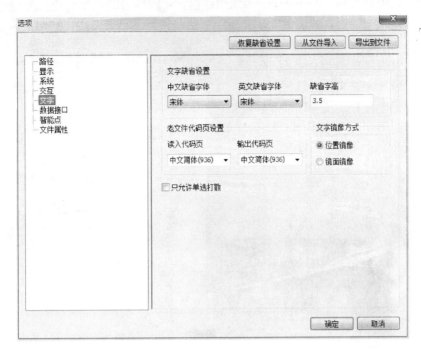

图 2.1.423 【文字设置】对话框

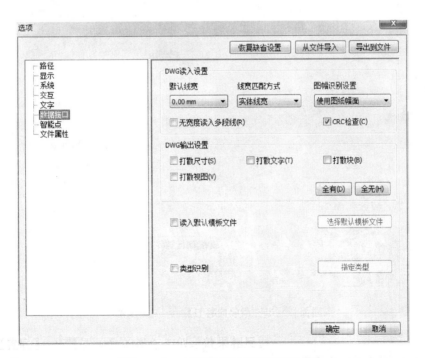

图 2.1.424 【数据接口设置】对话框

为按实体线宽读入。

单击下拉菜单中的【颜色】，弹出如图 2.1.425 所示的对话框。

在此对话框中可按照 AutoCAD 中的线型颜色，指定线型的宽度。用户可使用【系统线宽】下拉菜单提供的线宽，如图 2.1.426 所示；也可使用【自定义线宽】选项，指定线宽数值，如图 2.1.427 所示。

用户可将设置好的参数进行保存，下次打印时可直接载入配置文件进行使用。

单击【加载配置】或【保存配置】按钮，可以读入或输出如图 2.1.425 所示对话框的参数设置。

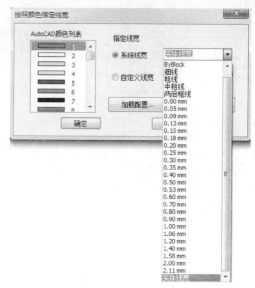

图 2.1.426　系统线宽

图 2.1.425　【按颜色指定线型】对话框

图 2.1.427　自定义线宽

3）【图幅识别设置】：下拉菜单中，若选【使用图纸幅面】，则读入 DWG 图纸时自动识别图纸幅面信息；若选【使用图纸幅面】，则幅面将按图纸中的幅面信息设置，如果图纸中无幅面信息，则使用系统默认幅面设置；若选【使用图纸边界】，则将计算图纸中全部对象所占用的边界来识别读入 DWG 文件的幅面大小。也可选【不读入】，即不识别 DWG 文件的图幅大小。

4）【无宽度读入多段线】：若选此项，则读入 DWG 多段线时按 0 线宽读入；否则，将按 DWG 文件中多段线默认的线宽读入。

5）【CRC 检查】：若选此项，打开错误的 DWG 文件时会给出错误提示并停止 DWG 文件读入；否则，将会忽略错误，继续读入 DWG 文件。

6）【DWG 输出设置】：设置输出的 DWG 是否打散，打散的对象包括尺寸、文字和块。将电子图板文件保存为 DWG/DXF 格式文件时，系统将默认文字、尺寸、块保存为块的形式。

7）【读入默认模板文件】：勾选此项并单击【选择默认模板文件】按钮，系统在启动时就不会弹出【新建文件】对话框，而直接用选定的默认模板新建当前图纸。如果不选择，将使用系统内置模板为默认模板。

8）【类型识别】：勾选此选项并单击【指定类型】，打开对 DWG 文件的特殊对象识别设置文件，指定好识别参数后，读入 DWG，其中的对象直接识别为电子图板对应的对象，并且可直接编辑。

（10）【智能点】，【智能点设置】对话框如图 2.1.428 所示。设置详见【捕捉设置】。

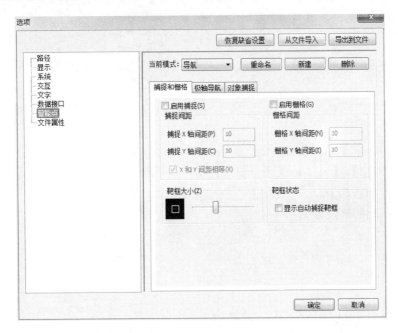

图 2.1.428　　【智能点设置】对话框

（11）【文件属性】，【文件属性设置】对话框如图 2.1.429 所示。

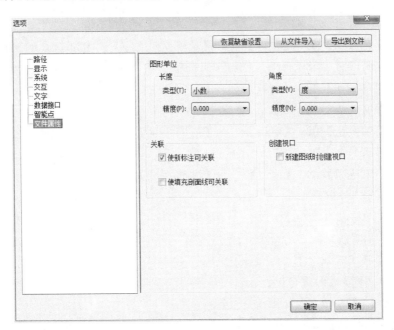

图 2.1.429　　【文件属性设置】对话框

选项功能：

1)【图形单位】：设置界面显示的图形单位，包括长度和角度的类型和精度。

2)【使新标注可关联】：勾选此项，则拾取对象生成的标注会关联到对象。

> 如希望启动标注关联，则在【选项】对话框的【文件属性设置】界面中勾选【使新标注可关联】复选框。

3)【新建图纸时创建视口】：勾选此项，则图纸新建布局空间时，在布局内会生成一个默认的视口。

4)【使填充剖面线可关联】：勾选此项，则填充剖面线时，系统将默认与边界保持关联。

10.【窗口】菜单

单击【菜单按钮】 —【窗口】 菜单，弹出如图 2.1.430 所示的功能按钮，包括【关闭】、【全部关闭】、【层叠】、【横向平铺】、【纵向平铺】和【排列图标】。

◆ 单击【菜单按钮】 —【窗口】 —【关闭】，直接关闭保存的文件，对于未保存的文件，弹出提示对话框，如图 2.1.431 所示。

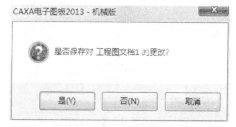

图 2.1.430 　【窗口】菜单　　　　　　图 2.1.431 　保存提示对话框

◆ 单击【菜单按钮】 —【窗口】 —【全部关闭】，关闭全部打开的窗口，对于保存的文件，直接关闭；对于未保存的文件，弹出提示对话框。

◆ 单击【菜单按钮】 —【窗口】 —【层叠】，将多个打开的文件以层叠的方式显示，如图 2.1.432 所示。

◆ 单击【菜单按钮】 —【窗口】 —【横向平铺】，将多个打开的文件以横向平铺的形式显示，如图 2.1.433 所示。

◆ 单击【菜单按钮】 —【窗口】 —【纵向平铺】，将多个打开的文件以纵向平铺的形式显示，如图 2.1.434 所示。

◆ 单击【菜单按钮】 —【窗口】 —【排列图标】，将多个打开的文件排列在一个窗口内，如图 2.1.435 所示。

11.【帮助】菜单

单击【菜单按钮】 —【帮助】 菜单，弹出如图 2.1.436 所示的功能按钮，包括【日积月累】、【帮助】、【新增功能】和【关于】。

◆ 单击【菜单按钮】 —【帮助】 —【日积月累】，弹出的对话框中会提供很多电子图板的使用技巧，如图 2.1.437 所示。

◆ 单击【菜单按钮】 —【帮助】 —【帮助】 ，调出系统帮助文件，如图 2.1.438 所示。

◆ 单击【菜单按钮】 —【帮助】 —【新增功能】，调出关于当前版本的新增功能。

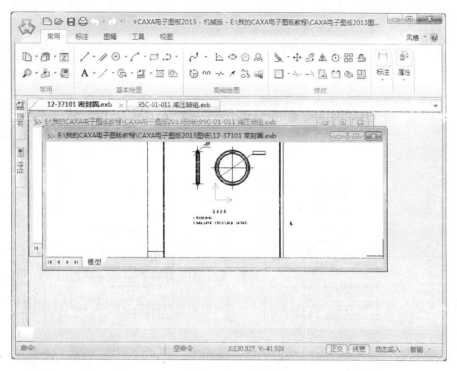

图 2.1.432 层叠窗口

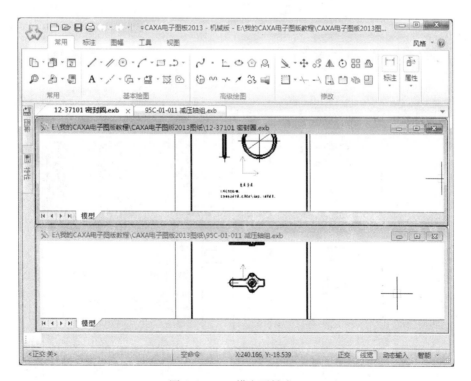

图 2.1.433 横向平铺窗口

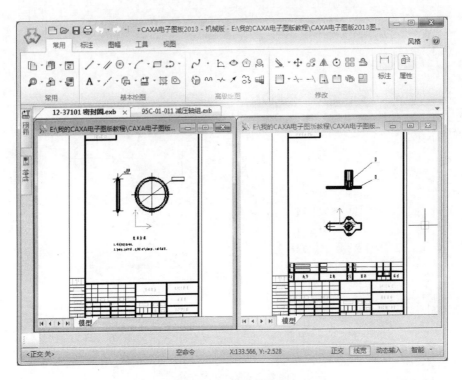

图 2.1.434　纵向平铺窗口

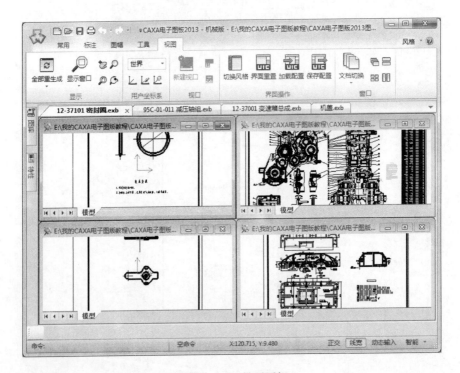

图 2.1.435　排列图标

◆ 单击【菜单按钮】 —【帮助】 —【关于】，调出关于 CAXA 电子图板的版本信息，如图 2.1.439 所示。

12.【最近文档】列表

单击【菜单按钮】 ，弹出如图 2.1.440 所示的主菜单，显示最近打开的文档，可直接单击打开。

图 2.1.436 【帮助】菜单

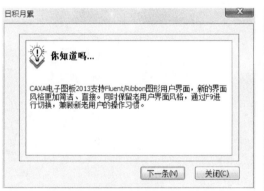

图 2.1.437 【日积月累】对话框

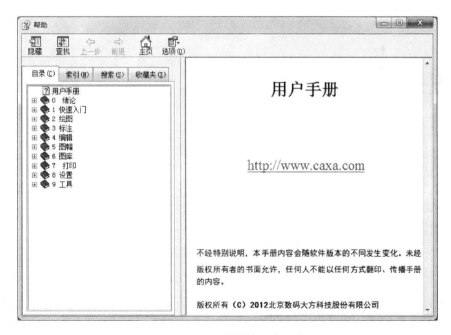

图 2.1.438 系统【帮助】文件

13.【选项】按钮

【选项】 按钮的功能同【菜单按钮】 —【工具】 —【选项】。

图 2.1.439　【关于 CAXA】对话框

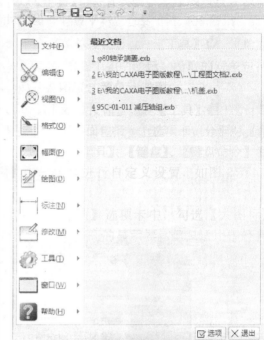

图 2.1.440　【最近文档】列表

14.【退出】按钮

单击【退出】按钮✕即退出 CAXA 电子图板软件。

> 【退出】是直接退出 CAXA 电子图板软件，而【关闭】则是关闭相关的文件窗口。

2.1.2　快速启动工具栏

在 Fluent/Ribbon 风格界面下，位于【菜单按钮】 的右边。如图 2.1.441 所示。由【新建】 、【打开】 、【保存】 、【打印】 、【撤销】 、【恢复】 和下拉三角 等组成。

图 2.1.441　【快速启动工具栏】

【快速启动工具栏】的使用方法如下：

（1）用鼠标左键单击图标按钮即可执行相应的命令。

（2）用鼠标左键单击快速启动工具栏右边的下拉三角图标 ，弹出菜单，如图 2.1.442 所示。

（3）用鼠标右键单击快速启动工具栏上的图标按钮，如图 2.1.443 所示。选择【从快速启动工具栏移除】或【在功能区下方显示快速启动工具栏】，或单击【自定义快速启动工具栏】下拉三角 ，在弹出的【自定义】对话框中进行自定义，则该图标按钮即被移除或重新定义。另外，在该弹出菜单中还可打开或关闭其他界面元素，如主菜单、工具条、状态栏等。

（4）在功能区面板或主菜单上，单击鼠标右键并在弹出的菜单中选择【添加到快速启动工具栏】。如图 2.1.444 所示，将明细表的【删除表项】添加到快速工具栏上。

图 2.1.442　【快速启动工具栏】下拉菜单

（5）如图 2.1.445 所示，利用【快速启动工具栏自定义】对话框可对【快速启动工具栏】进行配置。单击【快速启动工具栏】右边的▼按钮也可自定义【快速启动工具栏】。

图 2.1.443　【自定义快速启动工具栏】

2.1.3　标题栏

标题栏位于界面的正上方，用于显示打开的 CAXA 电子图板的版本信息和文档的名称与路径，如图 2.1.446 所示。

2.1.4　功能区

功能区是 Fluent 风格界面中最重要的界面元素，包括多个选项卡，每个选项卡由功能区面板组成，如图 2.1.447 所示。使用功能区时无需显示工具条，单一紧凑的界面使各种命令组织得简洁有序，同时使绘图工作区最大化。

功能区的使用方法如下：

（1）在不同的选项卡间切换时，既可用鼠标点选进行操作，也可将光标停留在功能区上，利用鼠标滚轮进行选择切换。

（2）双击当前功能区选项卡的标题，或选择如图 2.1.444 所示的【最小化功能区】。单击最小化的功能区选项卡标题时，功能区向下扩展；光标移出时，功能区选项卡则自动收起。

（3）用鼠标右键单击界面上的任意元素，即可在弹出的菜单中【打开/关闭】功能区。

（4）功能区面板上的各功能命令和控件，使用方法与通常的主菜单或工具条上的相同，且已在主菜单中介绍，不再重复。

2.1.5　界面颜色

如图 2.1.448 所示，单击界面右上角的【风格】的下拉菜单，可修改界面的整体配色风格。用户可以根据需要修改。

(a)

(b)

图 2.1.444　右击添加至【快速启动工具栏】

(a) 主菜单；(b) 功能区

图 2.1.445　快速启动工具栏【自定义】对话框

CAXA电子图板2013 - 机械版 - [E:\我的CAXA电子图版教程\CAXA电子图版2013图纸\12-37101 密封圈.exb]

图 2.1.446   标题栏

图 2.1.447   功能区

2.1.6   工具选项板

工具选项板用来组织和放置图库、属性修改等工具，由【图库】、【特性】组成。

默认时，工具选项板会隐藏在界面左侧的工具选项板工具条内，将鼠标移动到该工具条的工具选项板按钮上，对应的工具选项板就会自动弹出，如图 2.1.449 所示。

【工具选项板】的使用方法如下：

（1）在图 2.1.444（a）所示的菜单中可打开/关闭【特性】和【图库】。

（2）用鼠标左键按住工具选项板标题栏后，可根据需要进行拖动，变换位置，如图 2.1.450 所示。

图 2.1.448   界面【配色风格】下拉菜单

图 2.1.449   【特性】和【图库】工具选项板

（3）如图 2.1.449 所示，单击右上角的【图钉】按钮 ，可使其自动隐藏/显示。

2.1.7   绘图区

绘图区是用户进行绘图设计的工作区域。它位于屏幕的中心，并占据了屏幕的大部分面积。广阔的绘图区为显示全图提供了清晰的空间。

在选择对象或无命令执行状态下，均可单击鼠标右键调出【绘图区右键】菜单，如图 2.1.451 所示。

> 　　【绘图区右键】菜单在空命令情况下显示的前提是，必须在如图 2.1.422 所示的【自定义右键单击】对话框中选择【快捷菜单】。而且，命令或拾取状态不同时，该菜单中的内容也会有所不同。

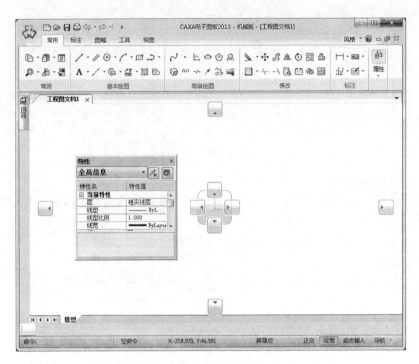

图 2.1.450　移动【特性】工具栏

2.1.8　坐标系

CAXA 电子图板坐标系位于绘图区中心。用户可根据需要建立【自定义坐标系】或【对象坐标系】。

2.1.9　立即菜单

立即菜单描述了该项命令执行的详细信息和使用条件，选择需要的选项或输入命令即可得到准确的响应。图 2.1.452 所示为绘制直线的立即菜单。

立即菜单中，鼠标单击下拉箭头或用组合键 Alt＋数字键进行激活，如下拉菜单中有很多可选项时，可用组合键 Alt＋连续数字键进行选项的循环切换，如图 2.1.453 所示。

图 2.1.451　空命令状态下的
【绘图区右键】菜单

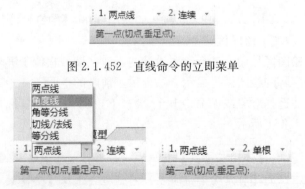

图 2.1.452　直线命令的立即菜单

图 2.1.453　立即菜单的切换

除使用立即菜单外，还可像 AutoCAD 一样，输入命令行进行命令交互绘图，并按 F11 键进行切换。

2.1.10 状态栏

状态栏用于显示屏幕状态、操作信息提示、当前工具点设置、拾取状态等，如图 2.1.454 所示。

图 2.1.454　状态栏

2.1.11 十字光标

用于显示鼠标的位置。状态不同时，光标的显示也有所不同。图 2.1.455 所示分别为空命令、执行绘制命令和执行修改命令时的十字光标。

2.1.12 【帮助索引】按钮、【最小化】按钮、【最大化/还原】按钮

【帮助】、【最小化】、【最大化/还原】按钮位于界面右上角，如图 2.1.456 所示。

<table>
<tr><td>图 2.1.455　十字光标</td><td>图 2.1.456　【帮助】、【最小化】和【最大化/还原】按钮</td></tr>
</table>

2.2 基 本 操 作

2.2.1 夹点编辑

夹点编辑即拖动夹点对图形进行移动、拉伸、旋转、缩放等编辑操作。不同图形的夹点具有不同的含义：

(1) 方形夹点，用于移动对象和拉伸封闭曲线的特征尺寸，选中对象后即加亮显示。例如拾取新位置即可将当前对象置于新位置上，如图 2.2.1 所示。

单击圆/椭圆的象限夹点并拾取新位置，即可改其半径/轴长，如图 2.2.2 所示。此外，方形夹点还用于编辑文字、图片、OLE 对象等的显示范围。

(2) 三角形夹点，用于延伸非封闭的曲线，与【单个拾取】模式下的拉伸功能类似，如图 2.2.3 所示。

2.2.2 对象拾取

在 CAXA 电子图板中，绘制在绘图区的各种曲线、文字、块等绘图元素实体，称为图形元素对象，简称对象。一个能够单独拾取的实体就是一个对象，块一类的对象还可包含若干子对象。绘图过程中，除编辑环境参数外，实际上就是生成和编辑对象的过程。

电子图板中的对象类型包括基本曲线、标注类、文字类、块类、图幅元素类、图片及 OLE 对象和引用对象。

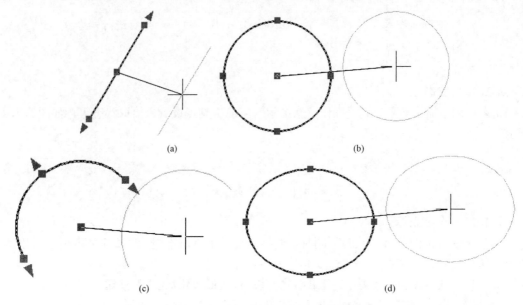

图 2.2.1　"方形夹点"用于移动位置

（a）直线中点方形夹点；（b）圆点方形夹点；（c）圆弧中心方形夹点；（d）椭圆中心方形夹点

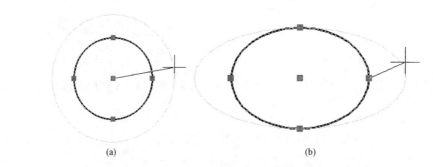

图 2.2.2　"方形夹点"用于改变长度

（a）圆象限方形夹点；（b）椭圆象限方形夹点

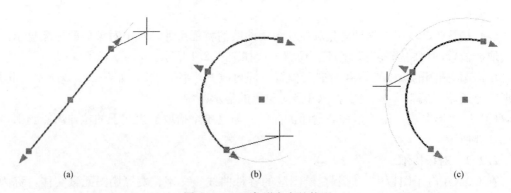

图 2.2.3　三角形夹点的使用

（a）直线三角形夹点；（b）圆弧两端三角形夹点；（c）圆弧弦上三角形夹点

拾取后的加亮状态如图 2.2.4 所示，图中虚线显示的实体为被拾取加亮的对象。
拾取的操作方式包括点选和框选。

（1）点选：将光标移动到对象的线条或实体上单击鼠标左键，该实体会直接处于被选中的状态。

（2）框选：在绘图区选择两个对角点形成选择框拾取对象。框选不仅可用于单个对象的拾取，还可用于一次拾取多个对象。框选可分为【正选】和【反选】两种形式。

【正选】时，对象上的点都在选择框内时，才会被选中，如图 2.2.5 所示。

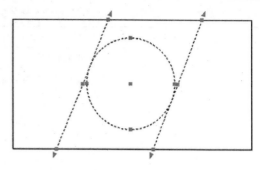

图 2.2.4　拾取加亮对象

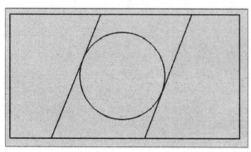

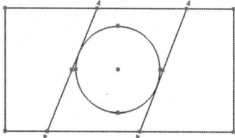

图 2.2.5　【正选】选择框

【反选】时，对象上只要有一点在选择框内，就会被选中，如图 2.2.6 所示。

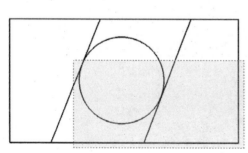

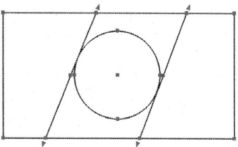

图 2.2.6　【反选】选择框

（3）全选：将绘图区能够选中的对象一次全部拾取，快捷键为 Ctrl＋A。

> 　　拾取过滤设置对全选的对象均有影响。此外，在已选择对象的状态下，仍可利用上述方法，继续选择拾取添加。

（4）取消选择：使用常规命令结束操作后，被选择的对象将自动取消选择状态。也可使用【绘图区右键菜单】中的【全部不选】功能或按 Esc 键，手工取消当前的全部选择。如果要取消当前选择集中某个或某些对象的选择状态，则可按 Shift 键，选择需要剔除的对象。

2.2.3　常用功能键

CAXA 电子图板指定的常用功能键见表 2.2.1。

表 2.2.1 　　　　　　　　　　　　　　CAXA 电子图板常用功能键

功能键	功能
F1	系统帮助
F2	拖画时切换动态拖动值和坐标值
F3	显示全部
F4	指定一个当前点作为参考点，用于相对坐标点的输入
F5	当前坐标系切换开关
F6	点捕捉方式切换开关
F7	三视图导航开关
F8	正交与非正交切换开关
F9	新老界面切换
F11	立即菜单风格与命令行输入风格切换
Esc	终止或退出当前命令
Page Up	显示放大
Page Down	显示缩小
Home	在输入框中将光标移至行前
End	在输入框中将光标移至行尾
Delete	删除拾取元素
空格键	执行命令时，调出【点捕捉】菜单
Shift＋鼠标右键，鼠标滚轮	动态缩放
Shift＋鼠标左键，鼠标中键	动态平移
方向键（↑↓→←）	输入框中移动光标的位置，其他情况下用于显示平移图形

快捷键和输入命令功能详见附录 1。

3　企业标准规范的制定

本章导读

　　根据企业自身要求，规定本企业或本单位对图纸的命名方式、制定符合本企业或单位规范的标题栏。

3.1　制定标准规范的意义

　　无论是企业还是设计院所，都有自己的企业 Logo，自己的企业标题栏等标准规范文件，以及对图纸的命名方式。统一标准化规范的推广使用，既避免了工作中的杂乱不符合规定，又提高了效率，对于使用单位具有重要意义。

　　通常情况下，使用单位在命名文件和自定义标题栏时都有自己的标准规范。例如，"图号＋名称"命名的方式按照图纸查找的原则，先查图号，再查名称，如图 3.1.1 所示。

名称	修改日期	类型	大小
7-39011 骨架橡胶油封.exb	2012/8/5 16:05	Caxa工程图文档	107 KB
7-39014 骨架橡胶组合体.exb	2012/8/5 16:59	Caxa工程图文档	121 KB
7-39118 油封骨架.exb	2012/4/19 10:16	Caxa工程图文档	95 KB
7-39120 油封骨架.exb	2012/4/19 10:17	Caxa工程图文档	95 KB
11-37013 骨架自紧油封.exb	2012/8/5 18:35	Caxa工程图文档	156 KB
11-37014 骨架橡胶组合体.exb	2012/8/5 18:25	Caxa工程图文档	174 KB
11-37128 油封弹簧.exb	2012/4/19 10:19	Caxa工程图文档	103 KB
11-37129 油封骨架.exb	2012/4/19 10:17	Caxa工程图文档	95 KB
12-37001 变速箱总成.exb	2012/8/20 17:37	Caxa工程图文档	430 KB
12-37011 倒挡中间齿轮.exb	2012/8/17 9:39	Caxa工程图文档	125 KB
12-37014B 副变速转臂.exb	2012/5/16 20:56	Caxa工程图文档	129 KB
12-37015 主变速杆组合件.exb	2012/5/16 17:51	Caxa工程图文档	124 KB
12-37016 副变速连接套组合件.exb	2012/5/16 17:36	Caxa工程图文档	118 KB
12-37017 副变速拨叉转臂组合件.exb	2012/5/16 17:24	Caxa工程图文档	119 KB
12-37018 副变速拉杆组合件.exb	2012/5/16 17:11	Caxa工程图文档	117 KB
12-37019 骨架自紧油封.exb	2012/8/5 17:23	Caxa工程图文档	133 KB

图 3.1.1　图纸文件命名【图号＋名称】

　　图 3.1.2 所示为根据最新 GB/T 10609.1—2008《技术制图　标题栏》制定的 GB-A 标题栏。

　　使用企业单位可以根据自己的企业标准制定标题栏及其尺寸，如图 3.1.3 所示。

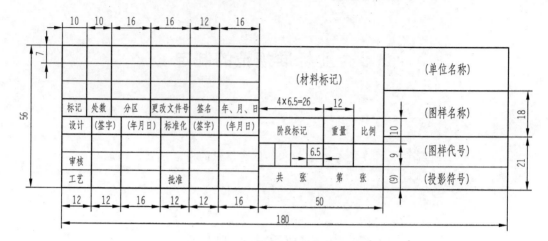

图 3.1.2　国家标准标题栏

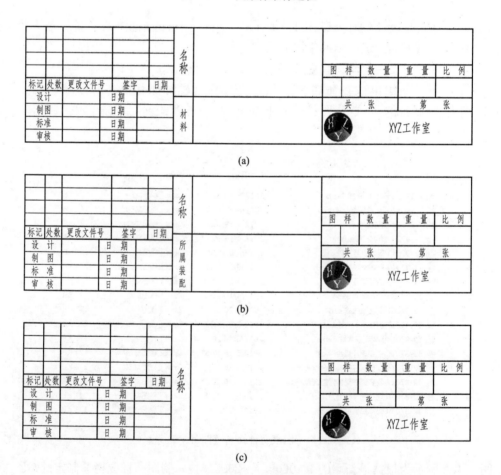

图 3.1.3　自定义标题栏（一）
（a）零件标题栏；（b）部件标题栏；（c）总装标题栏

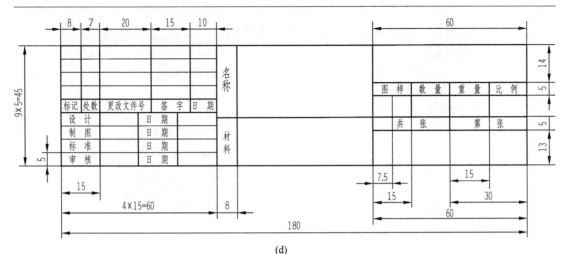

(d)

图 3.1.3 自定义标题栏（二）

（d）标题栏尺寸

3.2 自定义标题栏的制作

通常情况下，用户都是在国家标准标题栏的基础上，根据自己的需要制作自定义标题栏，如图 3.2.1 所示。如果长期使用，可将单位名称和 Logo 完全固定在标题栏上。

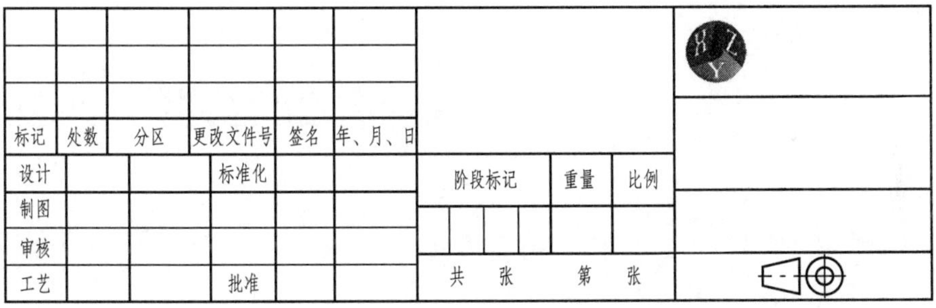

图 3.2.1 企业标题栏

在我国，如非特殊说明，多数制图标准都是按照第一视角制图。

 设计步骤

◇**步骤 1**：新建空白【BLANK】文档。

有以下 4 种方法新建文档：

方法 1：单击【快速启动工具栏】—【新建】，如图 3.2.2 所示。在弹出的工程图模板中选择【BLANK】，如图 3.2.3 所示。

方法 2：单击【功能区】—【新建】，如图 3.2.4

图 3.2.2 【快速启动工具栏】

图 3.2.3　选择工程图模板

所示。其余操作同上。

方法 3：单击【菜单按钮】—【文件】 —【新建】 ，如图 3.2.5 所示。其余操作同上。

图 3.2.4　【功能区】新建　　　　　　　图 3.2.5　【主菜单】新建

方法 4：使用键盘命令 Ctrl＋N。其余操作同上。

◇**步骤 2**：修改当前绘图界面颜色。

通常，"黑色"为系统默认的界面颜色。如需更改，有以下 3 种方法：

方法 1：单击【菜单按钮】 —【选项】 —【显示】—【颜色设置】—【当前绘图】，单击下拉三角修改颜色，如图 3.2.6 所示。

方法 2：单击【菜单按钮】 —【工具】 —【选项】，其余操作同上。

方法 3：单击【功能区】—【工具】选项卡—【选项】面板—【选项】 ，其余操作同上。

◇**步骤 3**：切换图层。

单击【功能区】—【常用】选项卡—【属性】面板，在【图层】模块上单击选择【粗实线层】作为绘制图层。默认为此图层。若非该图层，单击选择即可。

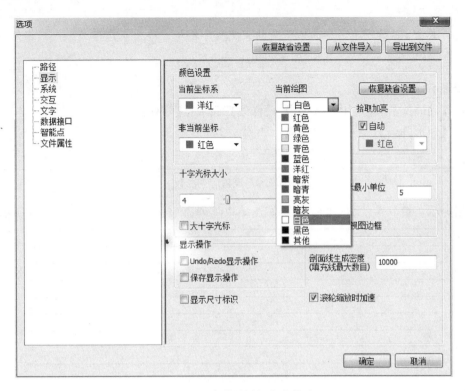

图 3.2.6 当前绘图颜色的修改

> 若非特殊说明，本教程的全部绘图按钮均优先使用【功能区】上的按钮。

图 3.2.7 选择【粗实线层】

◇**步骤 4**：绘制长度 180 的水平直线。

单击【功能区】—【常用】选项卡—【基本绘图】面板—【直线】，选用【两点线】，开启正交模式，并根据提示，在绘图区中任意单击一点作为起点，输入长度 180，单击鼠标右键，结束直线命令。

图 3.2.8 长度 180 的水平直线

单击 F8 键或单击界面右下角的正交文字图标，开启正交模式。

◇**步骤 5**：阵列直线。

单击【功能区】—【常用】选项卡—【修改】面板—【阵列】 ⊞ 。

选择【矩形阵列】，输入各项数值，如图 3.2.9 所示。

1. 矩形阵列 ▾	2. 行数 9	3. 行间距 7	4. 列数 1	5. 列间距 0	6. 旋转角 0

图 3.2.9   设置阵列参数

根据提示，拾取长度 180 的直线，右击结束阵列命令，绘制结果如图 3.2.10 所示。

图 3.2.10   阵列结果

◇**步骤 6**：绘制直线，封闭两端。

绘制两直线，将两端封闭，如图 3.2.11 所示。

图 3.2.11   绘制结果

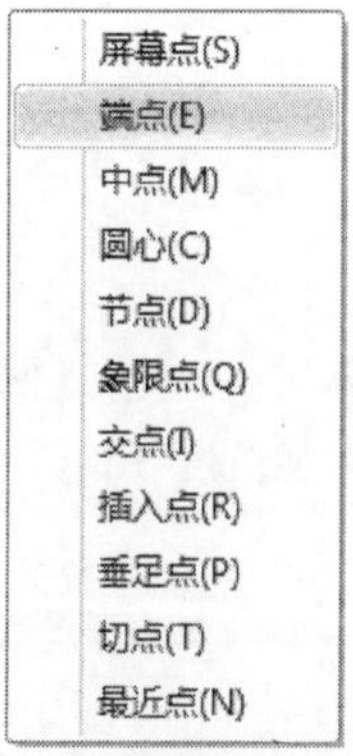

屏幕点(S)

端点(E)

中点(M)

圆心(C)

节点(D)

象限点(Q)

交点(I)

插入点(R)

垂足点(P)

切点(T)

最近点(N)

图 3.2.12   快捷捕捉菜单选择【端点】

捕捉端点绘制直线时，可用空格键调出【点快捷捕捉】菜单，如图 3.2.12 所示，选择【端点】。

◇**步骤 7**：偏移直线。

（1）单击【功能区】—【常用】选项卡—【基本绘图】面板—【平行线】 ∥ 。

立即菜单中选择【1. 偏移方式】和【2. 单向】。

根据提示，选择最左边的竖直线，向右移动鼠标，预览显示如图 3.2.13 所示。

根据【状态栏】提示，在键盘上输入距离尺寸 10，单击鼠标右键或按 Enter 键确定输入。依次输入

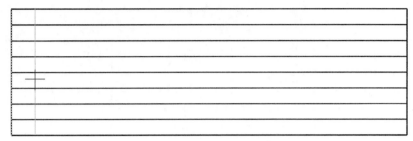

图 3.2.13　偏移直线预显

尺寸：12、20、24、36、40、52、64、80、86.5、93、99.5、106、118、130。

　　单击鼠标右键或按 Esc 键，结束平行线命令。绘制结果如图 3.2.14 所示。

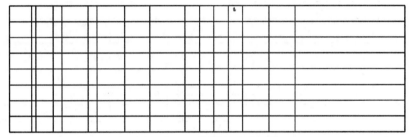

图 3.2.14　绘制竖直平行线

　　（2）单击鼠标右键，重复【平行线】╱╱操作，按上述操作方法绘制最下端水平直线的平行线，输入尺寸分别为 9、18 和 39。绘制结果如图 3.2.15 所示。

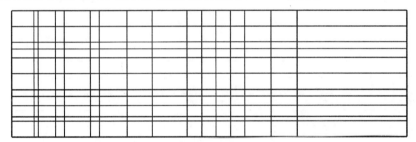

图 3.2.15　绘制水平平行线

　　绘制过程中应及时【保存】文件，以免数据丢失。

　　◇**步骤 8**：延伸线段。

　　（1）【功能区】—【常用】选项卡—【修改】面板—【延伸】╌╲。立即菜单中选择【1. 单剪刀线延伸】，状态栏提示"拾取剪刀线"，选择边界直线为水平线从下向上第 7 条直线。状态栏提示"拾取要编辑的直线"，在剪刀线的上端，选择竖直直线从左到右的第 3、5、7、11、12、13、14、15 条直线，如图 3.2.16（a）所示，单击鼠标右键，结束延伸直线命令，结果如图 3.2.16（b）所示。

　　（2）再次单击鼠标右键，重复【延伸】╌╲，状态栏提示"拾取剪刀线"同样选择水平线从下向上第 7 条直线。状态栏提示"拾取要编辑的直线"，在剪刀线的下端选择竖直直线

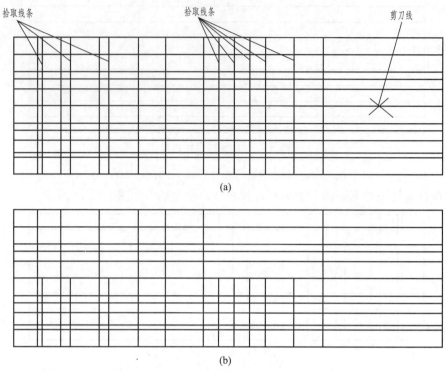

图 3.2.16　延伸直线结果 I

从左到右的第 2、4、6 条直线的，如图 3.2.17（a）所示，单击鼠标右键结束命令。结果如图 3.2.17（b）所示。

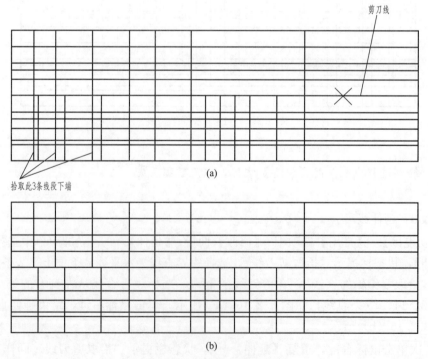

图 3.2.17　延伸直线结果 II

（3）再次单击鼠标右键，重复【延伸】-⋅⋅⋅\，"剪刀线"选择右端竖直直线从右向左第2条直线，"拾取要编辑的直线"选择在剪刀线的右端水平直线从下向上的第2、4、5、7、8、10、11条直线，如图3.2.18（a）所示，单击鼠标右键结束命令。结果如图3.2.18（b）所示。

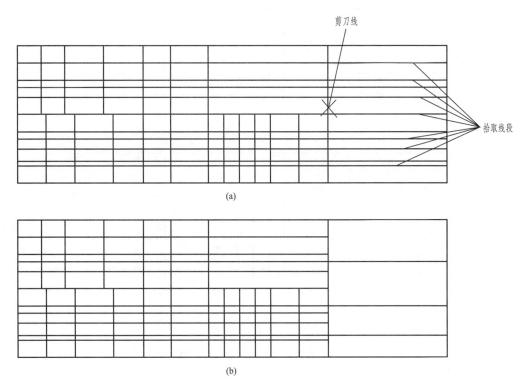

图3.2.18   延伸直线结果Ⅲ

（4）再次单击鼠标右键，重复【延伸】-⋅⋅⋅\，"剪刀线"选择右端竖直直线从右向左第8条直线，"拾取要编辑的直线"选择水平直线从下向上的第3、5、9条直线的剪刀线的左端直线，以及剪刀线右边的第2、4、8、10、11条水平直线，如图3.2.19（a）所示，单击鼠标右键结束命令。结果如图3.2.19（b）所示。

◇**步骤9**：裁剪线段。

单击【功能区】—【常用】选项卡—【修改】面板—【裁剪】 -\⋅⋅ 。

立即菜单中选择【快速修剪】。

根据提示，从右向左依次拾取第3、4、5、6、7条竖直直线的最下端作为裁剪曲线，结果如图3.2.20所示。注意：不要结束命令。

拾取第3条水平直线的中间部分作为裁剪曲线，结果如图3.2.21所示。

从右向左依次拾取第5、6、7条直线的最上端作为裁剪曲线，最终裁剪结果如图3.2.22所示。

◇**步骤10**：打断线段。

单击【功能区】—【常用】选项卡—【修改】面板—【打断】 🗋 。

立即菜单中选择【一点打断】。

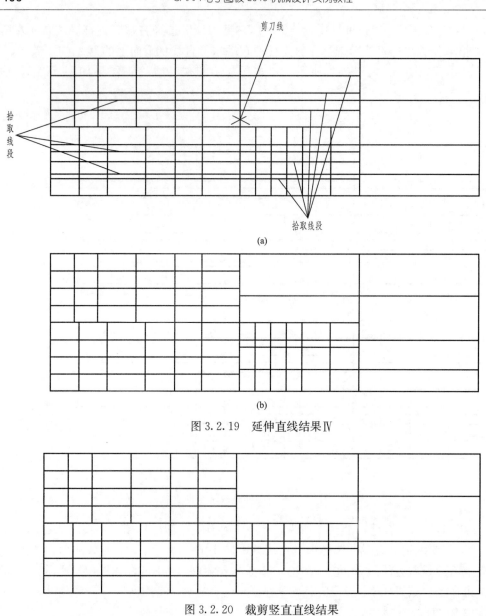

图 3.2.19 延伸直线结果Ⅳ

图 3.2.20 裁剪竖直直线结果

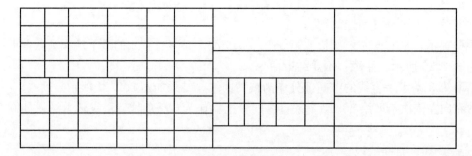

图 3.2.21 裁剪水平直线结果

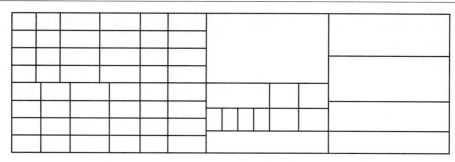

图 3.2.22　最终裁剪直线结果

根据提示，选择右端从下向上第 2 条水平直线上的中间标识点为打断点，如图 3.2.23 所示。单击打断，单击鼠标右键，结束命令。

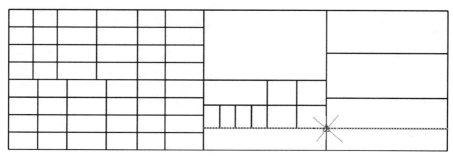

图 3.2.23　打断直线

◇**步骤 11**：图层切换。

连续单击鼠标左键，选择如图 3.2.24 所示的直线。

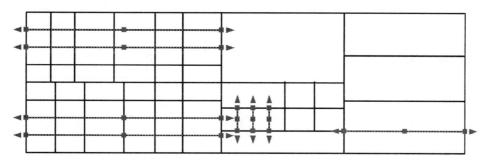

图 3.2.24　选择直线

选择【功能区】—【常用】选项卡—【属性】面板—【图层】—【细实线层】，如图 3.2.25 所示。将其切换为【细实线】，如图 3.2.26 所示。

◇**步骤 12**：填写文字。

（1）【功能区】—【常用】选项卡—【基本绘图】面板—【文字】 **A**。

立即菜单中选择【搜索边界】，输入【边界缩进系数】为 0.1。

根据提示，单击第 1 行第 4 列的方框，拾取环内的

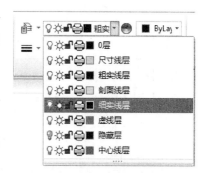

图 3.2.25　切换图层

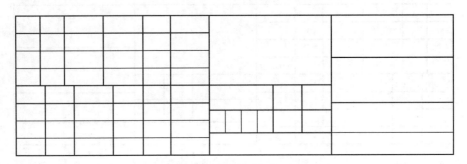

图 3.2.26　切换图层结果

点，在弹出的【文本编辑器-多行文字】对话框中，设置上下和左右都是【中对齐】，设置文字大小 3.5，如图 3.2.27 所示。

图 3.2.27　文字格式设置

填写"设计"，如图 3.2.28 所示。

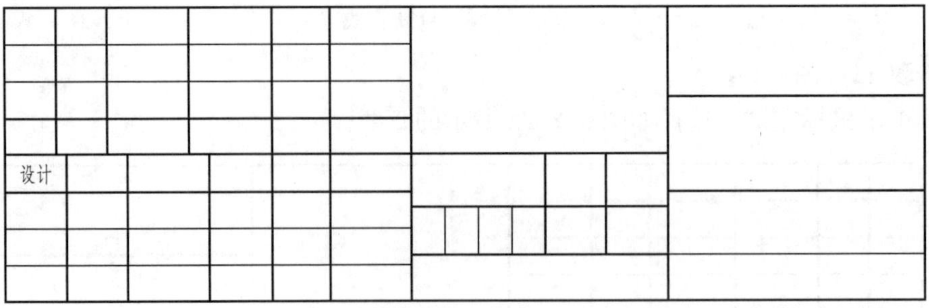

图 3.2.28　填写文字"设计"

（2）单击鼠标右键，重复文字填写命令，填写其他文字，最终效果如图 3.2.29 所示。

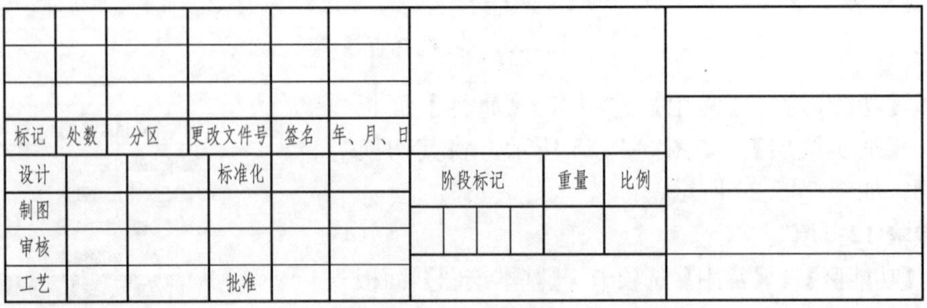

标记	处数	分区	更改文件号	签名	年、月、日
设计			标准化		
制图					
审核					
工艺			批准		

阶段标记　重量　比例

图 3.2.29　填写其他文字

（3）再次调用文字命令，并在立即菜单中输入【边界缩进系数】为 0。填写"共　张"如图 3.2.30 所示。

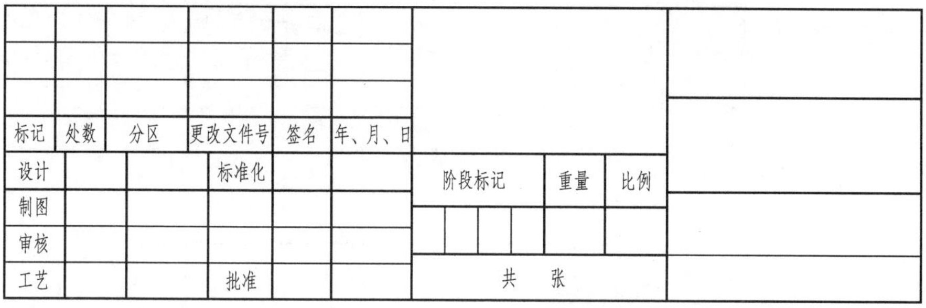

图 3.2.30　填写文字最终效果

"共　　张" 文字中间添加 3 到 5 个空格。

（4）单击【直线】 ╱ ，首先捕捉方框两角点端点绘制一条斜线，如图 3.2.31 所示。

图 3.2.31　绘制斜线

捕捉斜线的【中点】，如图 3.2.32 所示。注意：不能捕捉时，按空格键选择【中点】。

图 3.2.32　捕捉中点

以中点为起点，绘制第二条垂直的辅助线，如图 3.2.33 所示。

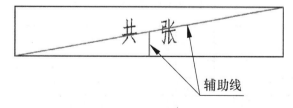

辅助线

图 3.2.33　辅助线最终效果

选择文字"共　　张"，利用夹点将其右下角点移动至如图 3.2.34 所示的位置。按 Esc 键取消夹点选择模式。

删除辅助直线，如图 3.2.35 所示。

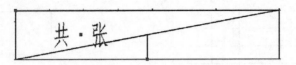

图 3.2.34　完成夹点移动

图 3.2.35　删除辅助直线

使用辅助直线主要目的是精确文字的位置，已达到协调美观的作用。

　　（5）如图 3.2.36 和图 3.2.37 所示，用同样的方法填写文字"第　张"，并绘制辅助线，精确其位置。

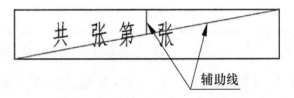

图 3.2.36　填写文字"第 张"，并绘制辅助线

图 3.2.37　夹点移动后的效果

删除辅助直线，完成文字填写，如图 3.2.38 所示。

标记	处数	分区	更改文件号	签名	年、月、日			
设计			标准化			阶段标记	重量	比例
制图								
审核								
工艺			批准			共　张　　第　张		

图 3.2.38　完成填写文字

◇步骤 **13**：添加投影符号。

（1）根据最新 GB/T 14692—2008
《技术制图 投影法》的规定，标准投影
符号的尺寸如图 3.2.39 所示。

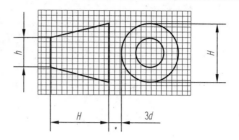

若文字高度为 3.5mm，线宽取
0.5mm，则 $h=3.5$mm；$H=3.5\times2=7$mm；$d=0.5$mm，$3d=1.5$mm。

图 3.2.39 标准投影法符号尺寸

h—图中尺寸字体高度（$H=2h$）；
d—图中粗实线宽度

（2）依照标准绘制投影符号，并放至
标题栏中的合适位置，如图 3.2.40
所示。

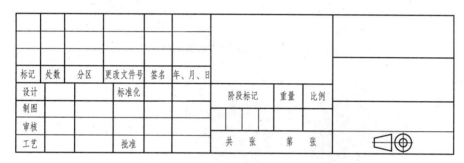

图 3.2.40 添加"投影法符号"的标题栏

 若用第三视角制图，则绘制并添加第三视角投影符号。

◇步骤 **14**：添加企业或单位 logo 图标。

（1）单击【功能区】—【常用】选项卡—【常用】面
板—【插入图片】，如图 3.2.41 所示。

在弹出的对话框中选择 logo 图像后，选择【插入
点】并【确定】，如图 3.2.42 所示。

屏幕上指定一点作为放置点，放置后的图片有可能
很大，如图 3.2.43 所示。

（2）采用类似上述的方法，通过绘制辅助线，将图
片置于一正方形内，再进一步调整使其大小和位置以达
到最佳状态，如图 3.2.44 所示。在图片所在矩形框内，
绘制左端竖直边线的【平行线】，偏移距离为 17，即形
成一辅助的正方形，再绘制辅助的斜直线。选择图片，
使用四角夹点缩放图形至合适大小，夹点中点移至斜线
的【中点】，完成此操作后，删除辅助线，即完成图片添
加。绘制结果如图 3.2.45 所示。

图 3.2.41 插入图片

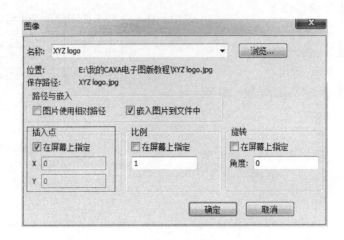

图 3.2.42　选择【插入图片】的插入点

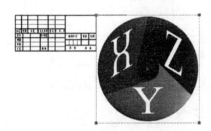

图 3.2.43　插入后的图片

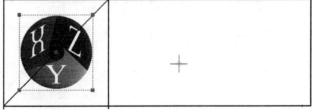

图 3.2.44　辅助线和夹点编辑

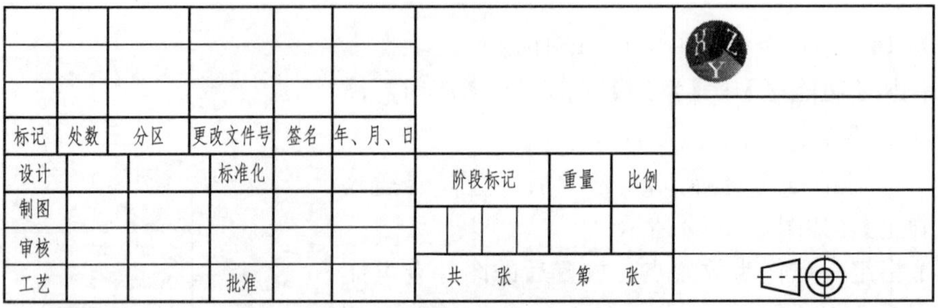

标记	处数	分区	更改文件号	签名	年、月、日				
设计			标准化			阶段标记	重量	比例	
制图									
审核									
工艺			批准			共　　张	第　　张		

图 3.2.45　调整大小和位置后的 logo 图片

> 移动图像或实体时，选择图形后按住鼠标左键并拖拽至新位置，释放鼠标即可完成操作。

◇**步骤 15**：定义标题栏。

单击【功能区】—【图幅】选项卡—【标题栏】面板—【定义标题栏】。选择全部元素，单击鼠标右键确认，如图 3.2.46 所示。

根据提示，选择投影符号的右下角点为基准点，如图 3.2.47 所示。

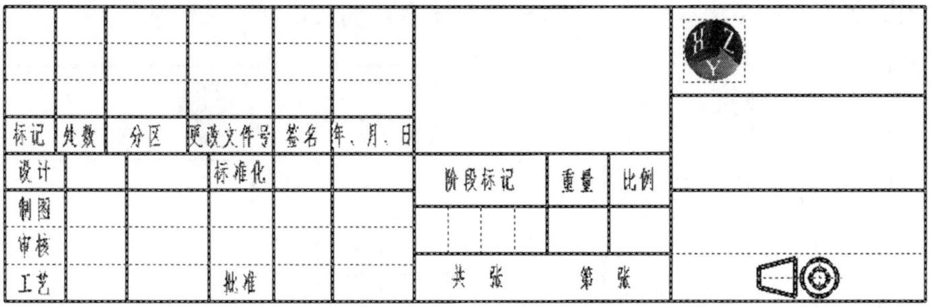

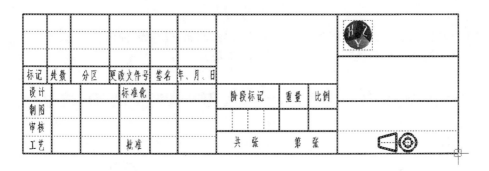

图 3.2.46 选择全部元素

图 3.2.47 选择基准点

在弹出的【保存】对话框中输入标题栏名称，如图 3.2.48 所示。

图 3.2.48 保存标题栏

◇**步骤16：**定义标题栏属性。

(1) 单击选择如图 3.2.49 所示的标题栏。注意，标题栏此时为“块”。

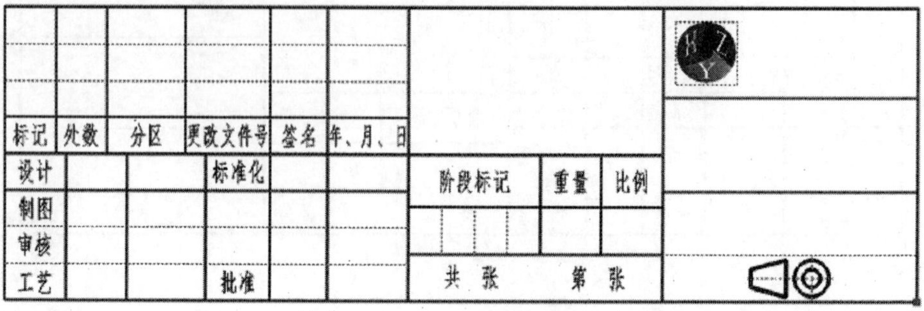

标记
处数
分区
更改文件号
签名
年、月、日
设计
标准化
阶段标记
重量
比例
制图
审核
工艺
批准
共 张
第 张

图 3.2.49　标题栏

单击【功能区】—【图幅】选项卡—【标题栏】面板—【编辑标题栏】，或双击标题栏，弹出【块编辑器】属性面板，如图 3.2.50 所示。

标记
处数
分区
更改文件号
签名
年、月、日
设计
标准化
阶段标记
重量
比例
制图
审核
工艺
批准
共 张
第 张

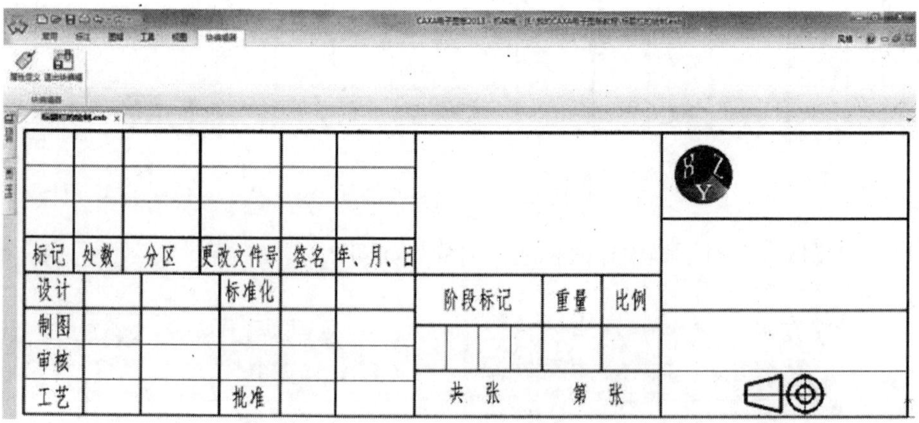

图 3.2.50　块编辑器

只有在【拾取过滤】设置中勾选【标题栏】复选框，双击标题栏才有效。

(2) 单击【属性定义】，弹出对话框，输入“图纸名称”和字高并单击【确定】，如图 3.2.51 所示。

拾取环内一点为【图纸名称】的区域，如图 3.2.52 所示。绘制结果如图 3.2.53 所示。

选择【图纸名称】文字，单击如图 3.2.54 所示【图层】上的颜色，更改文字颜色为黑色。其中，ByLayer 为随层，ByBlock 为随块，其他为显示颜色。

(3) 重复上述操作，依次定义“图纸编号”和“材料名称”，如图 3.2.55 所示。其中，图纸编号描述栏输入“图纸代号”。

图 3.2.51 "图纸名称"的属性定义

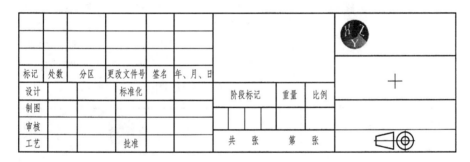

图 3.2.52 拾取位置

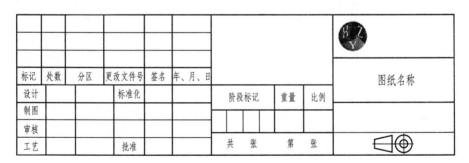

图 3.2.53 添加"图纸名称"后的效果图

 为了清晰显示文字，通常将其颜色更改为"黑色"。

（4）添加"单位名称"属性时，绘制一条偏移 17（17 是此行高）的辅助平行线，作为封闭搜索区域，如图 3.2.56 所示。

（5）添加"单位名称"属性定义，基准点选择单位名称的封闭搜索区域，删除辅助线后结果如图3.2.57所示。

> 设置"单位名称"属性时，用户可在对话框的【缺省值】栏中填写本单位名称或自定义的企业名称。

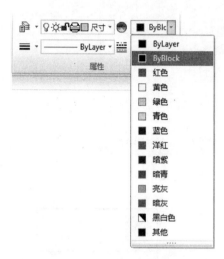

图3.2.54　文字颜色更改

（6）重复上述操作，添加属性"重量"和"图纸比例"，如图3.2.58所示。其中，设定"字高"为3.5。

（7）在添加"共　张"和"第　张"属性时，需采用辅助线方法定位，如图3.2.59和图3.2.60所示。

重复上述【属性定义】操作，分别设置"共　张"和"第　张"的属性，如图3.2.61和图3.2.62所示，并依次输入，如图3.2.63所示。其基准点分别选择"共　张"和"第　张"的封闭区域，

（8）重复上述操作，添加属性"设计"和"设计日期"，属性如图3.2.64和图3.2.65所示。效果图如图3.2.66所示。

标记	处数	分区	更改文件号	签名	年、月、日	材料名称			
设计			标准化			阶段标记	重量	比例	图纸名称
制图									
审核									图纸编号
工艺			批准			共　张		第　张	

图3.2.55　添加"图纸编号"和"材料名称"后的效果图

标记	处数	分区	更改文件号	签名	年、月、日	材料名称			
设计			标准化			阶段标记	重量	比例	图纸名称
制图									
审核									图纸编号
工艺			批准			共　张		第　张	

图3.2.56　绘制辅助平行线

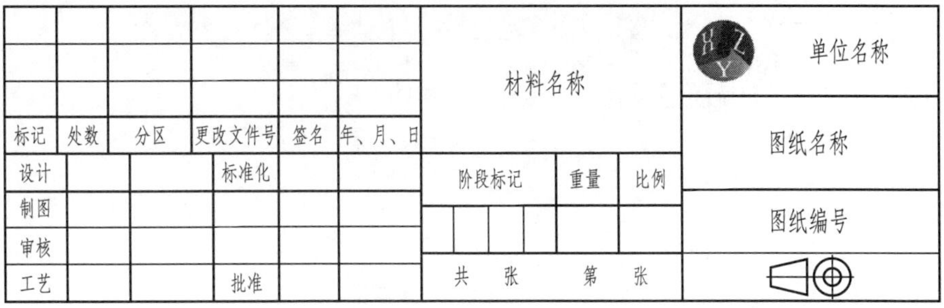

材料名称
单位名称
图纸名称
图纸编号
标记 处数 分区 更改文件号 签名 年、月、日
设计 标准化
制图
审核
工艺 批准
阶段标记 重量 比例
共　张　第　张

图 3.2.57　添加“单位名称“后的效果图

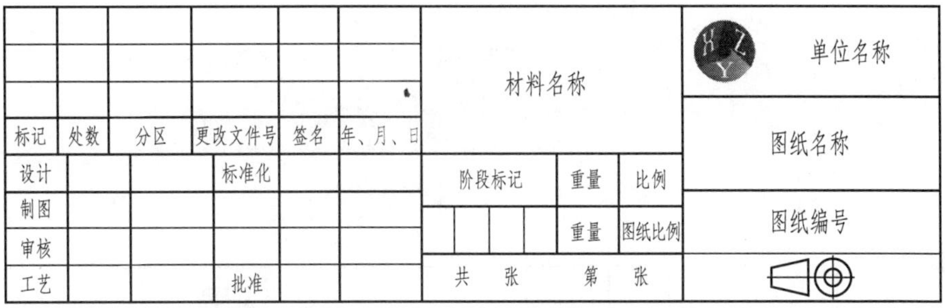

材料名称
单位名称
图纸名称
图纸编号
标记 处数 分区 更改文件号 签名 年、月、日
设计 标准化
制图
审核
工艺 批准
阶段标记 重量 比例
重量 图纸比例
共　张　第　张

图 3.2.58　添加“重量”和“图纸比例”后的效果图

共　张
第　张

图 3.2.59　绘制辅助线

共　张
第　张

图 3.2.60　创建封闭区域

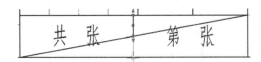

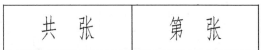

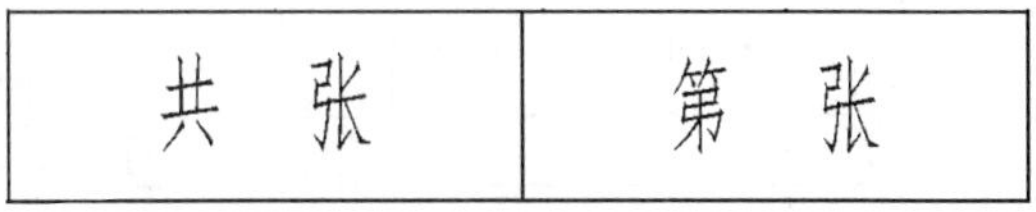

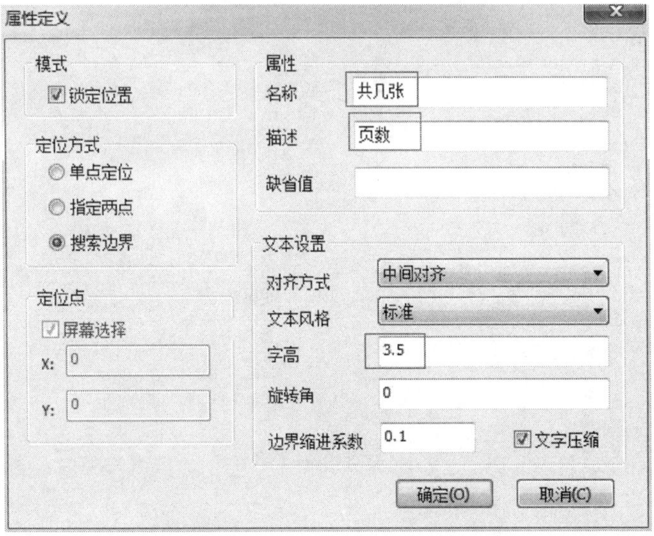

属性定义
模式
锁定位置
定位方式
单点定位
指定两点
搜索边界
定位点
屏幕选择
X: 0
Y: 0
属性
名称 共几张
描述 页数
缺省值
文本设置
对齐方式 中间对齐
文本风格 标准
字高 3.5
旋转角 0
边界缩进系数 0.1
文字压缩
确定(O)
取消(C)

图 3.2.61　“共　张”属性定义

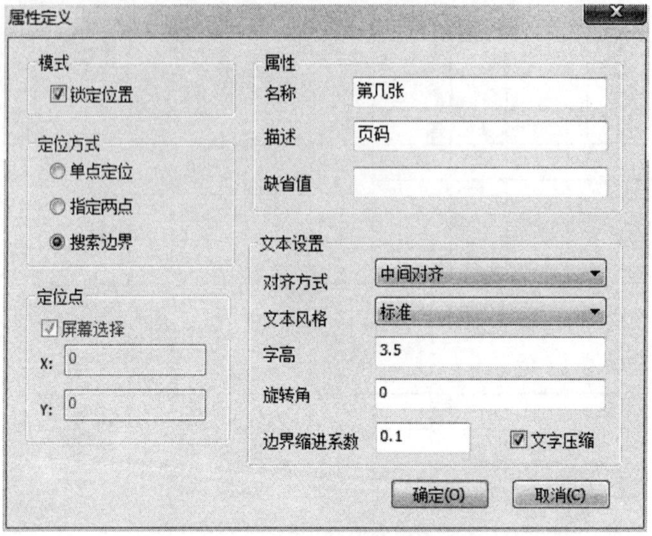

图 3.2.62 "第　张"属性定义

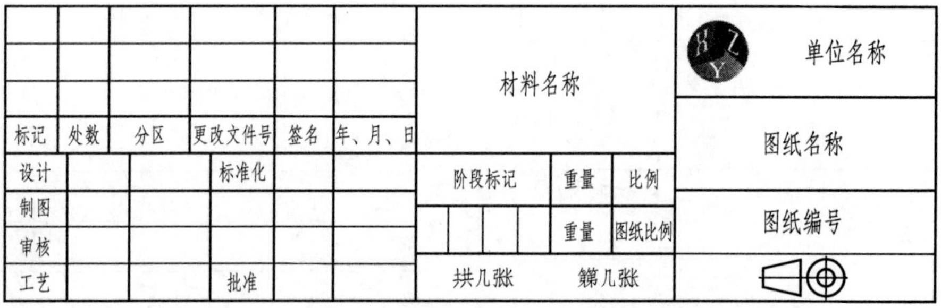

标记	处数	分区	更改文件号	签名	年、月、日		
						材料名称	单位名称
							图纸名称
设计			标准化			阶段标记	重量	比例
制图								图纸编号
审核							重量	图纸比例
工艺			批准			拱几张	第几张	

图 3.2.63 添加"共　张"和"第　张"后的效果图

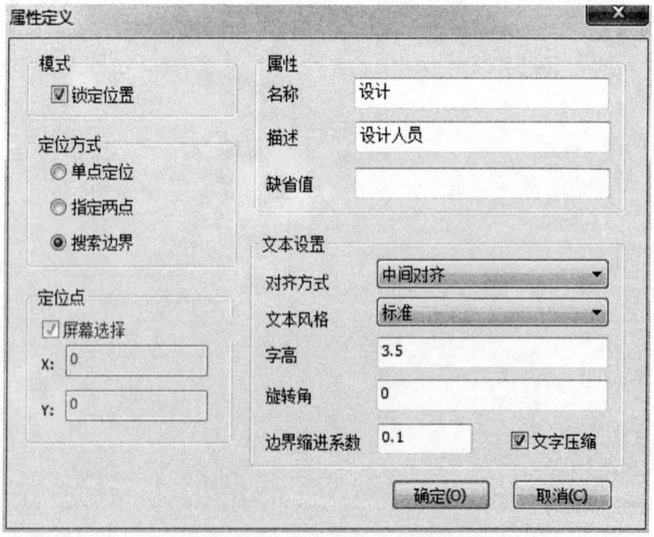

图 3.2.64 "设计"属性定义

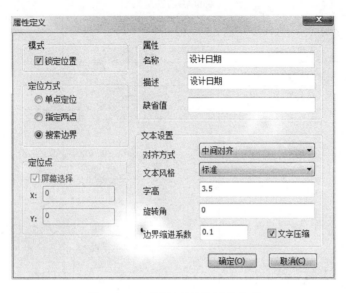

属性定义
模式
锁定位置
定位方式
单点定位
指定两点
搜索边界
定位点
屏幕选择
X: 0
Y: 0
属性
名称 设计日期
描述 设计日期
缺省值
文本设置
对齐方式 中间对齐
文本风格 标准
字高 3.5
旋转角 0
边界缩进系数 0.1
文字压缩
确定(O)
取消(C)

图 3.2.65 “设计日期”属性定义

材料名称
单位名称
标记 处数 分区 更改文件号 签名 年、月、日
图纸名称
设计 设计 设计日期 标准化
阶段标记 重量 比例
制图
重量 图纸比例
图纸编号
审核
工艺 批准
共几张 第几张

图 3.2.66 添加“设计”和“设计日期”的效果图

(9) 用类似的方法分别添加“制图”、“审核”、“工艺”、“标准化”、“批准”等项，如图 3.2.67 所示。其中【属性定义】时，“描述”栏填写的内容与图 3.2.64 所示的相同，均为“××人员”，如制图人员等。

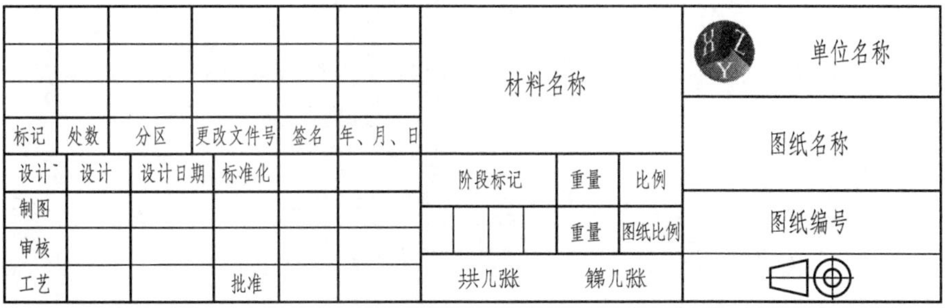

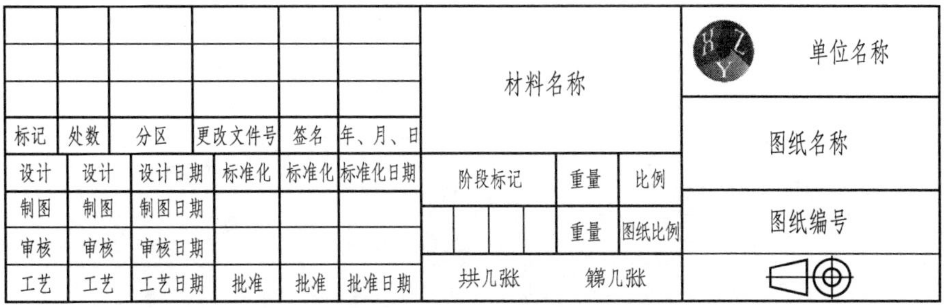

材料名称
单位名称
标记 处数 分区 更改文件号 签名 年、月、日
图纸名称
设计 设计 设计日期 标准化 标准化 标准化日期
阶段标记 重量 比例
制图 制图 制图日期
重量 图纸比例
图纸编号
审核 审核 审核日期
工艺 工艺 工艺日期 批准 批准 批准日期
共几张 第几张

图 3.2.67 最终效果图

(10) 设置相关的属性定义见表 3.2.1。

表 3. 2. 1　　　　　　　　　　标题栏属性定义

序号	属性名称	属性描述	字体高度
1	图纸名称	图纸名称	5
2	图纸编号	图纸代号	5
3	材料名称	材料名称	5
4	单位名称	单位名称	5
5	重量	重量	3.5
6	图纸比例	图纸比例	3.5
7	共几张	页数	3.5
8	第几张	页码	3.5
9	设计	设计人员	3.5
10	设计日期	设计日期	3.5
11	制图	制图人员	3.5
12	制图日期	制图日期	3.5
13	审核	审核人员	3.5
14	审核日期	审核日期	3.5
15	工艺	工艺人员	3.5
16	工艺日期	工艺日期	3.5
17	标准化	标准化人员	3.5
18	标准化日期	标准化日期	3.5
19	批准	批准人员	3.5
20	批准日期	批准日期	3.5
21	阶段标记 S	试制标记	3.5
22	阶段标记 A	小批量标记	3.5
23	阶段标记 B	中批量标记	3.5
24	阶段标记 C	大批量标记	3.5
25	标记 A	标记 A	3.5
26	处数 A	处数 A	3.5
27	分区 A	分区 A	3.5
28	更改文件号 A	更改文件号 A	3.5
29	更改签名 A	更改签名 A	3.5
30	更改日期 A	更改日期 A	3.5
31	标记 B	标记 B	3.5
32	处数 B	处数 B	3.5
33	分区 B	分区 B	3.5

续表

序号	属性名称	属性描述	字体高度
34	更改文件号 B	更改文件号 B	3.5
35	更改签名 B	更改签名 B	3.5
36	更改日期 B	更改日期 B	3.5
37	标记 C	标记 C	3.5
38	处数 C	处数 C	3.5
39	分区 C	分区 C	3.5
40	更改文件号 C	更改文件号 C	3.5
41	更改签名 C	更改签名 C	3.5
42	更改日期 C	更改日期 C	3.5

定义完成所有属性后，标题栏如图 3.2.68 所示。

图 3.2.68　全部属性定义

　　如果填写错误，双击文字即可直接修改块的属性。

　　（11）完成标题栏全部属性定义后，单击块编辑器上的【退出块编辑】按钮，弹出如图 3.2.69 所示对话框；单击【是】，弹出如图 3.2.70 所示的更新块对话框，单击【是】。

图 3.2.69　【保存】提示对话框　　　　图 3.2.70　【更新】提示对话框

◇**步骤 17：**存储标题栏。

单击【功能区】—【图幅】选项卡—【标题栏】面板—【存储标题栏】，保存标题栏，如图 3.2.71 所示。

图 3.2.71　保存标题栏

◇**步骤 18：**验证标题栏。

（1）单击【功能区】—【图幅】选项卡—【标题栏】面板—【填写标题栏】，弹出如图 3.2.72 所示的对话框。

（2）如果用户不习惯填写标题栏的顺序，直接点选该项，按住鼠标拖至新的位置释放。如图 3.2.73 所示，移动【单位名称】项至顶端。

填写标题栏，如图 3.2.74 所示。

（3）打开一张图纸，单击【功能区】—【图幅】选项卡—【图幅】面板—【图幅设置】，弹出如图 3.2.75 所示的对话框。

设置幅面为"A4"，图框为"A4E－C－Mechanical（CHS）"，标题栏即为刚绘制的标题栏。

添加完成的图纸效果如图 3.2.76 所示。

至此，完成"自定义标题栏"的制作。

CAXA 电子图板 2013-机械版已将 GB－A 型和 GB－B 型机械标题栏置于系统中，如图 3.2.77 所示。

图 3.2.72 【填写标题栏】对话框

(a)　　　　　　　　　　　　　　(b)

图 3.2.73　移动表项

（a）移动前；（b）移动后

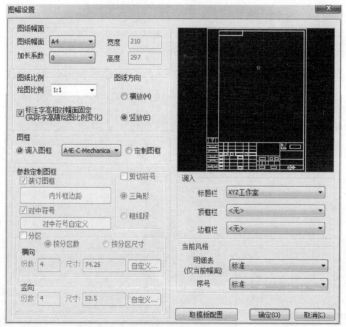

图 3.2.74　填写后的标题栏

图 3.2.75　填写的标题栏

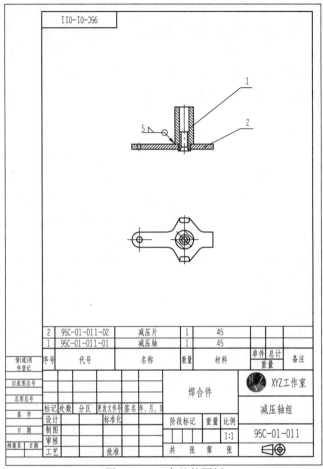

95C-01-011
1
2
5
2 95C-01-011-02 减压片 1 45
1 95C-01-011-01 减压轴 1 45
序号 代号 名称 数量 材料 单件 总计 重量 备注
借(通)用件登记
旧底图总号
总图总号
签字
日期
档案员 日期
标记 处数 分区 更改文件号 签名 年、月、日
设计 标准化
制图
审核
工艺 批准
焊合件
阶段标记 重量 比例
1:1
共 张 第 张
XYZ工作室
减压轴组
95C-01-011

图 3.2.76 完整的图纸

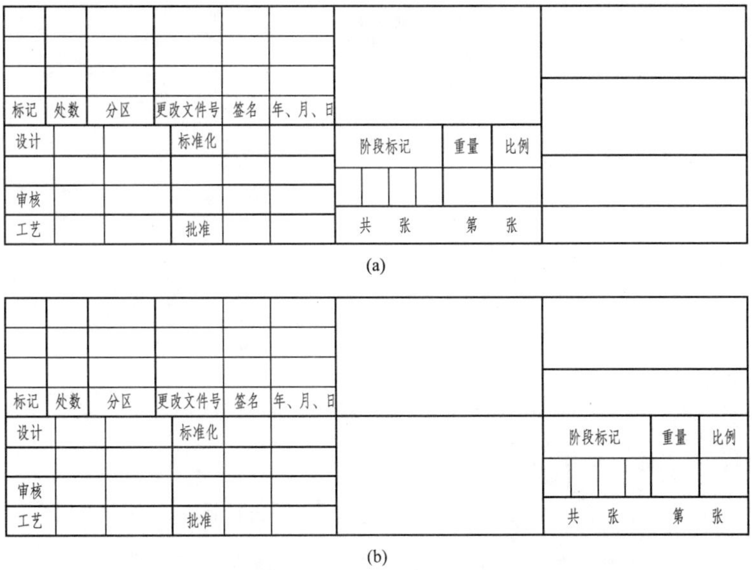

标记 处数 分区 更改文件号 签名 年、月、日
设计 标准化
审核
工艺 批准
阶段标记 重量 比例
共 张 第 张
(a)
标记 处数 分区 更改文件号 签名 年、月、日
设计 标准化
审核
工艺 批准
阶段标记 重量 比例
共 张 第 张
(b)

图 3.2.77 系统标题栏

(a) GB-A 型标题栏；(b) GB-B 型标题栏

3.3 自定义标题栏的备份与还原

（1）通常情况下，系统默认的自定义制作标题栏的存放路径是：C：\Users\【用户名】\ AppData \ Local \ CAXA \ CAXA DRAFT MECHANICAL 2013\12.5\zh - CN\Template 目录下（这里是 Win7 系统目录）。不同系统的计算机存放的位置有所不同。

（2）单击【功能区】—【图幅】选项卡—【标题栏】面板—【调入标题栏】。在弹出的对话框中单击所需标题栏，即打开存放路径，如图 3.3.1 所示。

图 3.3.1　自定义标题栏路径

将其复制至非系统目录下，以备日后还原使用。当重装系统或其他原因导致标题栏丢失时，可将备份的标题栏复制至上述存放路径下，或在系统选项中更改模板路径位置为标题栏存放路径，如图 3.3.2 所示。

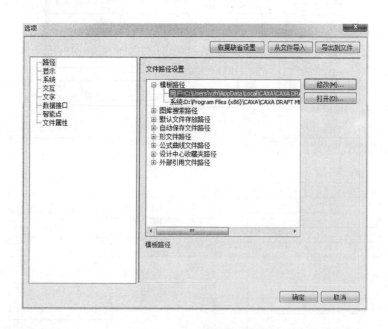

图 3.3.2　修改标题栏路径

3.4 自定义模板的制作

新建文件时，系统自带的模板通常包括 1 个空模板、5 个 GB 模板和 5 个机械模板，分别为 A0、A1、A2、A3、和 A4 的 5 个幅面，如图 3.4.1 所示。

图 3.4.1 系统自带模板

设计步骤

◇**步骤 1**：新建空白模板工程图文件。单击【图幅设置】 ⬜，弹出【图幅设置】对话框，如图 3.4.2 所示。

图 3.4.2 图幅设置

◇**步骤 2**：单击【菜单按钮】 ✳—【文件】 ▢—【另存为】或按 Ctrl＋Shift＋S 键，弹出如图 3.4.3 所示的对话框，选择模板格式"∗.tpl 格式"。

◇**步骤 3**：选择模板存放路径并输入模板名称，如 A0 -×××（×××为用户自定义名称），单击保存，如图 3.4.4 所示。

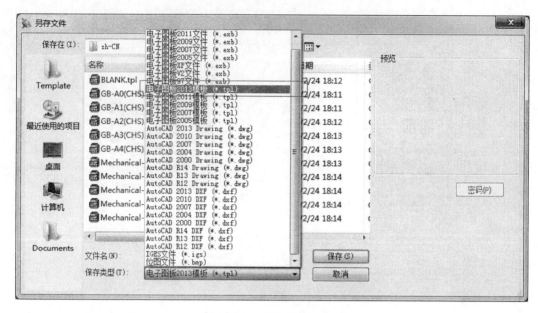

图 3.4.3　选择模板格式

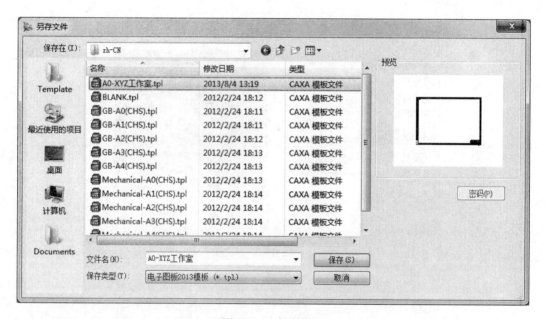

图 3.4.4　保存模板

◇**步骤 4**：将图幅大小分别设为 A1、A2、A3 和 A4 幅面，分别保存，如图 3.4.5 所示。其中，A4 的图纸方向为【竖放】，其余全部横放。

◇**步骤 5**：关闭文档，再次新建文档时，在工程图模板中可以看见用户自定义的模板，如图 3.4.6 所示。选择相应模板的文件即可进入绘图模式。

至此，完成"自定义用户模板"的制作。

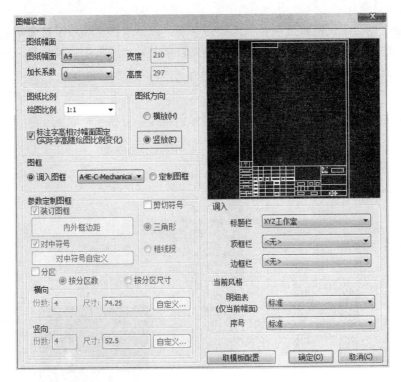

图 3.4.5　A4 图纸幅面设置

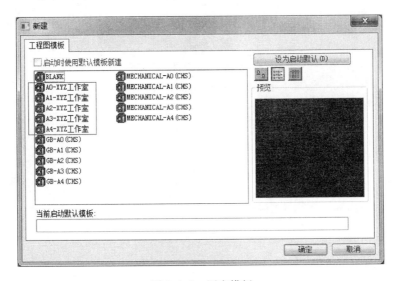

图 3.4.6　用户模板

3.5　自定义模板的备份与还原

Win 7 系统系统默认的模板目录：

X：\Program Files\CAXA\CAXA DRAFT MECHANICAL\2013\Template\zh - CN

（X 为安装软件目录）

  将此命令下的自定义模板复制至非系统目录下，以备软件重装或系统重装后还原。

  恢复或还原时再将这些模板文件拷贝至以上目录下，也可将用户模板目录更改为用户定义的路径，设置方法与标题栏路径设置相同。

    如用户确定暂不使用系统模板，则可删除或备份至其他目录。

  如图 3.5.1 所示，暂时将系统模板即后缀为 ＊.tpl 格式的文件转移至其他目录，留下自定义模板和空模板。

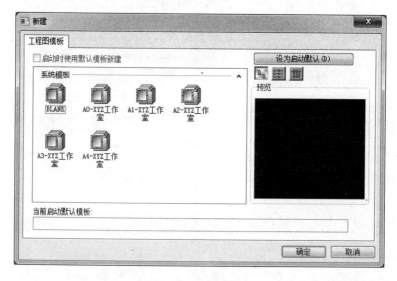

图 3.5.1 用户模板

4　二 维 图 设 计 流 程

 本章导读

　　零件、部件和总装二维工程图的设计流程。

4.1　零 件 设 计 流 程

　　每个用户绘制二维图的流程，千差万别。

　　二维零件图纸设计一般所遵循的流程如下：

　　△第一步：新建空白文档（或模板文档）。

　　△第二步：绘制主视图。

　　△第三步：绘制辅助视图（包括其他投影视图、剖面视图及其剖面符号、局部放大视图和向视图及其向视符号等）。

　　△第四步：添加图框和标题栏（模板文档跳过）。

　　△第五步：标注相关尺寸（线性、半/直径、角度、中心孔、倒角和圆角及锥度和斜度）及其尺寸/角度公差。

　　△第六步：标注基准代号、形位公差和引出说明。

　　△第七步：标注粗糙度。

　　△第八步：填写技术要求。

　　△第九步：填写标题栏。

　　△第十步：保存或输出文档（其他格式如 PDF、JPG 等）。

　　注意：

　　（1）绘制主视图和其他辅助视图的顺序不一定先绘制这个或那个，许多情况下是两个视图或多个视图同时进行协调绘制。

　　（2）遵循以上的流程操作可以减少遗漏和差错，提高效率。

　　（3）以上的步骤不是绝对的，用户可以根据自身的使用习惯自行调整。

4.2　部装和总装设计流程

　　二维部件和总装配体图纸设计一般所遵循的流程：

　　△第一步：新建空白文档（或模板文档）。

　　△第二步：调入零部件视图并修改。

　　△第三步：绘制运动视图。

　　△第四步：添加序号。

　　△第五步：填写明细表。

△第六步：标注尺寸及其配合。

△第七步：标注基准代号、形位公差、粗糙度、剖切符号、焊接符号、引出说明等。

△第八步：填写技术要求。

△第九步：空白文档填写标题栏（模板文档跳过）。

△第十步：保存或输出文档（其他格式如 PDF、JPG 等）。

注意：

（1）遵循以上的流程操作可以减少遗漏和差错，提高效率。

（2）以上的步骤不是绝对的，用户可以根据自身的使用习惯自行调整。

5　工 程 图 设 计 实 例

本章导读

　　本章实例将从机械典型的四大类（轴类、盘套类、支架类和箱体类）及部装和总装配体进行工程图的设计。
　　轴类零件的工程图设计包括输入轴、螺杆轴和曲柄轴。
　　盘套类零件的工程图设计包括法兰套、分度盘和花键齿轮。
　　支架类零件的工程图设计包括踏脚板、十字架和换挡叉。

5.1　输入轴的工程图设计

设计如图 5.1.1 所示的输入轴。

(a)

图 5.1.1　输入轴
（a）输入轴三维模型；（b）输入轴二维工程图

设计步骤

◇**步骤 1**：新建文档。

新建文档，选择模板。如图 5.1.2 所示，选择【A3 - XYZ 工作室】的模板文件作为绘图模板。

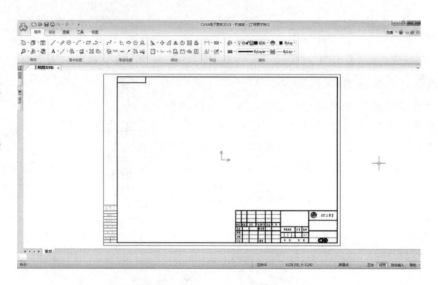

图 5.1.2　新建带有模板的文档

　模板文件一开始可不必调入，使用【空模块】绘制完成后再添加图框和标题栏也是常用的方法。

◇**步骤 2**：保存文件。

单击【快速启动工具栏】—【保存】，选择保存目录并输入图纸代号和名称"JSJ - 1 - 001 输入轴 . exb"，保存文件。

　养成绘制过程中及时保存文件的好习惯，以免数据丢失。

◇**步骤 3**：绘制输入轴主视图。

（1）单击【孔/轴】。在绘图区合适位置任意指定一点作为插入点，设置如图 5.1.3 所示的第一段轴参数。

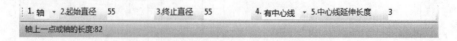

图 5.1.3　第一段轴参数

若用户输入了【直径】后，无法切换至"长度输入"，则按 Enter 键即可。此外，在绘制过程中，鼠标始终置于右边，这样绘制的轴才能向右延伸。

单击鼠标右键或按 Enter 键，确定第一段轴，如图 5.1.4 所示。注意不要退出命令。

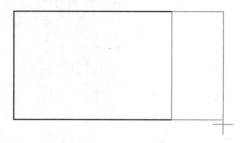

图 5.1.4 第一段轴的绘制

参照表 5.1.1 数据，依次输入。

表 5.1.1 轴 的 参 数

段数	直径	长度	段数	直径	长度
第一段	55	82	第五段	86	12
第二段	60	54	第六段	70	93
第三段	65	60	第七段	65	58
第四段	75	66			

完成后单击鼠标右键结束轴的绘制，结果如图 5.1.5 所示。

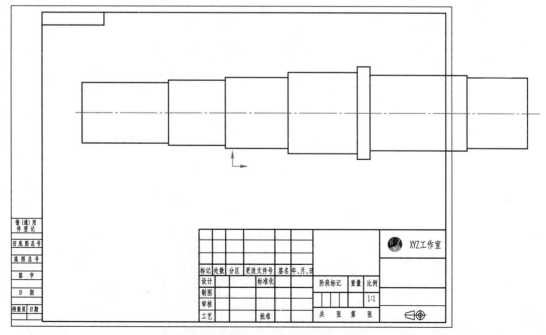

图 5.1.5 轴的绘制

（2）所绘制的轴超出了图框，需调整绘图比例，单击【图幅设置】 ，将绘图比例调整为 1∶1.5，单击【确定】，如图 5.1.6 所示。

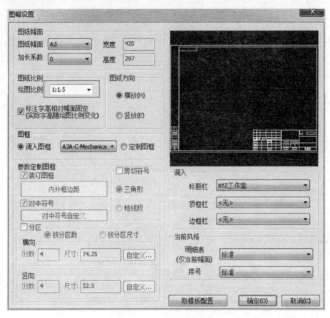

图 5.1.6　绘制比例

图纸预览如图 5.1.7 所示。

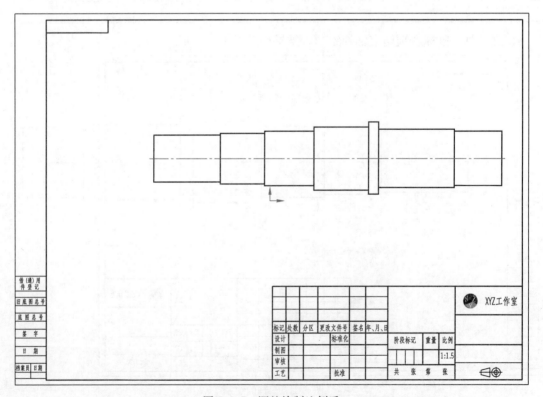

图 5.1.7　调整绘制比例后

使用【移动】✛将图形移至图框中心合适位置，最后的效果如图 5.1.8 所示。

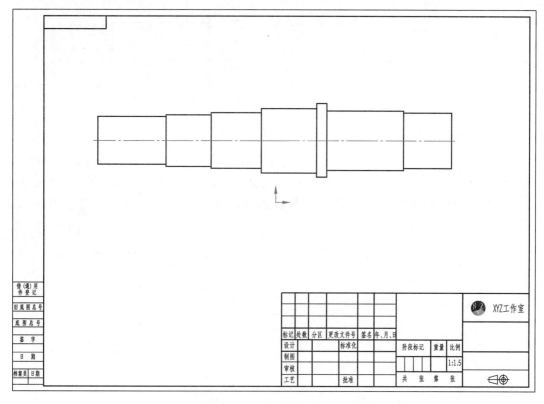

图 5.1.8　调整位置后的图形

为使绘图过程中不拾取图框和标题栏，可在【拾取设置】中，取消【图框】和【标题栏】的复选框，如图 5.1.9 所示。

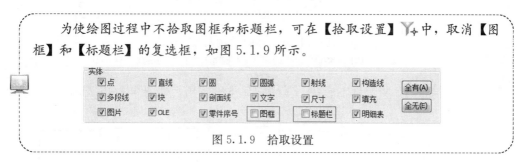

图 5.1.9　拾取设置

◇**步骤 4**：绘制倒圆角。

（1）单击【外倒角】，设置如图 5.1.10 所示的参数。

如图 5.1.11 所示，拾取轴左端的 3 条直线，绘制倒角。

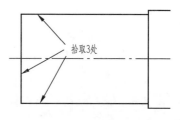

图 5.1.11　拾取直线

图 5.1.10　设置倒角参数

同理，绘制另一端【外倒角】2×45°，最终如图 5.1.12 所示。

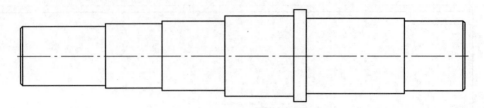

图 5.1.12　绘制倒角

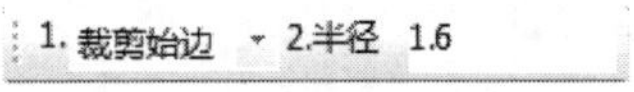

1. 裁剪始边 ▾ 2.半径 1.6

图 5.1.13　设置圆角参数

（2）单击【圆角】，设置如图 5.1.13 所示的圆角参数。拾取第一条边线即起始边必须选择水平线，第二条边选择竖直边的最上端，否则圆角会反向。结果如图 5.1.14 所示。

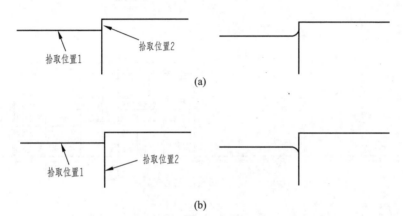

（a）

（b）

图 5.1.14　倒 $R1.6$ 的圆角
（a）选择圆角位置（上端）；（b）选择圆角位置（下端）

选择【裁剪始边】，将全部轴肩共 12 处倒 $R1.6$ 的圆角，如图 5.1.15 所示。

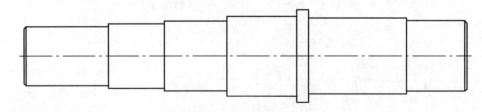

图 5.1.15　倒轴肩圆角

◇**步骤 5**：绘制键槽。

（1）切换图层为【中心线层】，如图 5.1.16 所示。

（2）单击【平行线】，立即菜单中选择【1. 偏移方式】和【2. 单向】。拾取轴端竖直直线，向右移动鼠标，输入偏移距离，14 右击，66 右击。绘制的偏移直线如图 5.1.17 所示。

图 5.1.16　切换图层

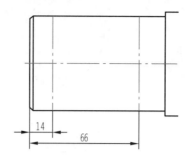

图 5.1.17　偏移直线

1. 图层切换最好在空命令时进行，以免将对象转换为当前图层。
2. 这里的尺寸标注只是说明距离。

（3）切换图层为【粗实线层】，单击【圆】⊙，设置如图 5.1.18 所示的参数。

1. 圆心_半径　▾　2. 直径　▾　3. 无中心线　▾

图 5.1.18　设置圆参数

拾取中心线十字"交点"或竖直线"中点"为圆心点，输入直径 16，绘制圆，单击鼠标右键结束命令。

重复上述操作，绘制另一个【圆】⊙直径 16，如图 5.1.19 所示。

单击【直线】／，绘制两条直线连接两圆的象限点，如图 5.1.20 所示。

单击【裁剪】⊣\⋯，裁剪圆弧，并使用夹点将两条中心线移至合适位置，完成左边键槽的绘制，如图 5.1.21 所示。

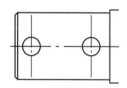

图 5.1.19　绘制两圆

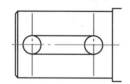

图 5.1.20　绘制两直线

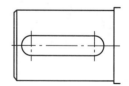

图 5.1.21　左边键槽

用同样的方法绘制右边的键槽，键槽宽度尺寸为 20。绘制结果如图 5.1.22 所示。

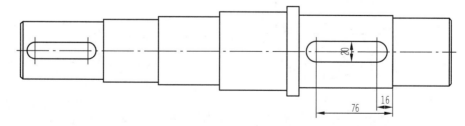

图 5.1.22　右边键槽

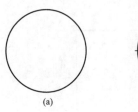 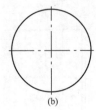

(a)   (b)

图 5.1.23 绘制圆中心线

(a) 添加中心线前；(b) 添加中心线后

◇**步骤 6**：绘制键槽剖面视图。

（1）单击【圆】 ⊙，绘图区中，在左边键槽下方的合适位置上单击一点为圆心，绘制 $\phi55$ 的圆，单击鼠标右键，结束圆绘制命令。

绘制圆中心线。单击【中心线】 ╱，选择圆，单击鼠标右键确认，如图 5.1.23 所示。

或在绘制圆时，在立即菜单中选择【3. 有中心线】。

（2）绘制左边键槽剖面。单击【平行线】 ╱，将水平中心线【双向】偏移 8，如图 5.1.24 所示。用类似的方法，将竖直中心线单向右偏移 21.5，如图 5.1.25 所示。

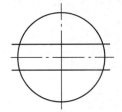   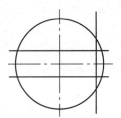

图 5.1.24 双向偏移水平中心线   图 5.1.25 竖直中心线单向右偏移 21.5

（3）单击【裁剪】 ╲╌╌，如图 5.1.26 所示。拾取时必须从远离线段位置开始拾取，否则剩余的线段只能删除，单独的线段无法裁剪，需要多操作一步。

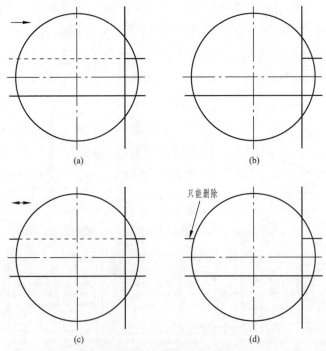

图 5.1.26 修剪顺序的影响

（a）"从左到右"的裁剪顺序；（b）"从左到右"的裁剪结果；

（c）"从中间到两边"的裁剪顺序；（d）"从中间到两边"的裁剪结果

最终裁剪结果如图 5.1.27 所示。

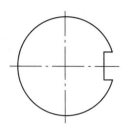

图 5.1.27 最终修剪结果

（4）单击【剖面线】，设置如图 5.1.28 所示的参数。

1. 拾取点　▼　2. 不选择剖面图案　▼　3. 非独立　▼　4. 比例　4　　　5. 角度　45　　　6. 间距错开：　0　　　7. 允许的间隙公差　0.0035

图 5.1.28 设置剖面线参数

如图 5.1.29 所示，拾取 4 个封闭区域，填充剖面线，完成键槽剖面的绘制，如图 5.1.30 所示。

◇**步骤 7**：绘制另一剖面视图。

用同样的方法在右边键槽下面的合适位置绘制 φ70 的【圆】，并带有【中心线】，水平中心线【双向】偏移距离 10，竖直中心线向右偏移 27.5，【裁剪】多余线段，填充【剖面线】，如图 5.1.31 所示。

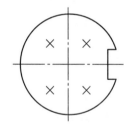

图 5.1.29 剖面线拾取位置

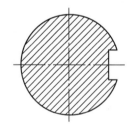

图 5.1.30 填充键槽剖面图

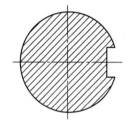

图 5.1.31 另一边键槽剖面图

◇**步骤 8**：添加剖切线。

新标准规定，剖切线可以直接连接到剖切位置，并使用【细点划线】相连，如图 5.1.32 所示。直接将圆竖直中心线拉上至键槽位置上。

同样的方法，添加另一端剖切线，最终如图 5.1.33 所示。

◇**步骤 9**：标注尺寸。

（1）单击【尺寸标注】，标注如图 5.1.34 所示的水平尺寸，选择时应尽量捕捉特殊点和关键点。

（2）标注直径尺寸，如图 5.1.35 所示，单击立即菜单的【直径】。

单击鼠标右键弹出如图【尺寸标注属性设置】对话框，选择【公差与配合】的输入形式为"偏差"，输入上偏差 +0.030，下偏差 +0.011，如图 5.1.36 所示。

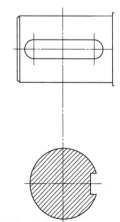

图 5.1.32 添加剖切符号

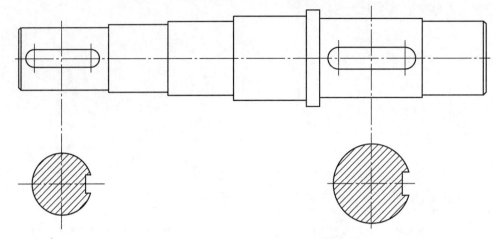

图 5.1.33 添加"剖切线"后的图形

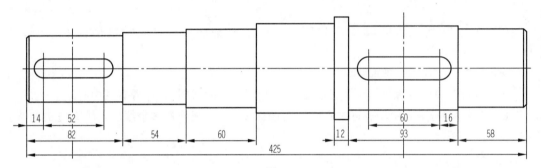

图 5.1.34 标注水平尺寸

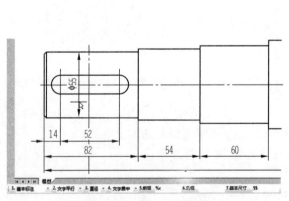

图 5.1.35 标注直径尺寸

图 5.1.36 标注偏差尺寸

  若无尺寸公差，则不需右击编辑【尺寸标注属性设置】。

（3）用同样的方式，标注其他直径尺寸和偏差及剖面视图的尺寸，如图 5.1.37 所示。

◇**步骤 10**：标注基准代号尺寸。

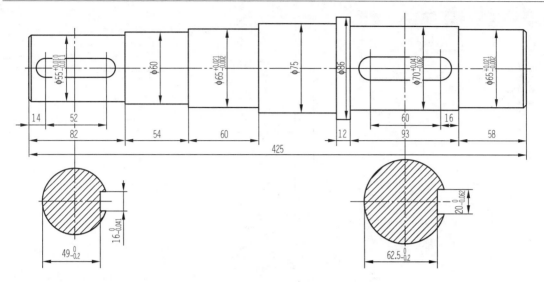

图 5.1.37　标注尺寸

新标准规定，基准代号为实心三角或空心三角组成的方框组成。

单击【基准代号】 ，在弹出的立即菜单中设置基准代号参数，如图 5.1.38 所示。

1. 基准标注　▼　2. 给定基准　▼　3. 默认方式　▼　4.基准名称　A

图 5.1.38　设置基准代号参数

基准代号 A、B、C、D，标注如图 5.1.39 所示。尽量不要选择与尺寸干涉的位置。

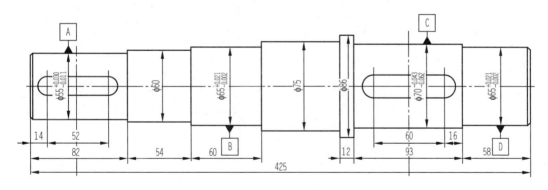

图 5.1.39　基准代号标注

◇**步骤 11**：标注形位公差。

（1）单击【形位公差】 ，设置如图 5.1.40 所示的参数。水平形位公差标注如图 5.1.41 所示。

（2）单击【增加行】添加多组形位公差的标注，两组形位公差标注的设置如图 5.1.42 所示。

由于单元格对齐不符合常规样式，单击【菜单按钮】 —【格式】 —【形位公差】 。设置形位公差风格样式，如图 5.1.43 所示。绘制结果如图 5.1.44 所示。

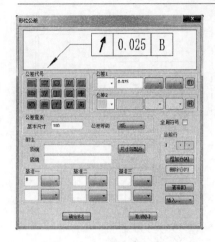

图 5.1.40　设置形位公差

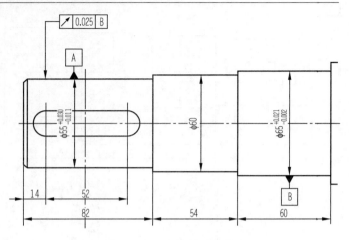

图 5.1.41　标注的形位公差

图 5.1.42　两组形位公差的设置

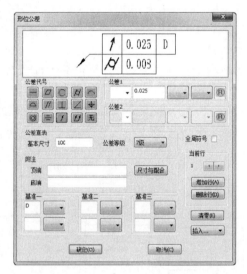

图 5.1.43　设置形位公差风格样式

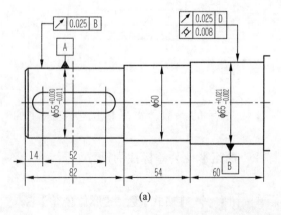

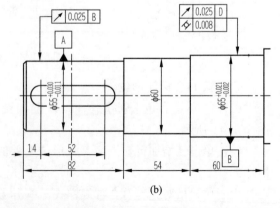

(a)　　　　　　　　　　　　　　　　　　　　(b)

图 5.1.44　更改前后形位公差风格样式

（a）设置形位公差风格样式前；（b）设置形位公差风格样式后

（3）标注键槽的对称公差时，单击形位公差按钮后，按空格键，捕捉从尺寸线与箭头处【交点】，引出公差引线【交点】，如图 5.1.45 所示。

（4）依照上述方式，标注其他形位公差，最终如图 5.1.46 所示。

◇**步骤 12**：标注粗糙度符号。

（1）单击【粗糙度】✓。按照新标准规定的符号，设置立即菜单【1. 标准标注】，如图 5.1.47 所示的粗糙度参数，直接选择标注位置即可。

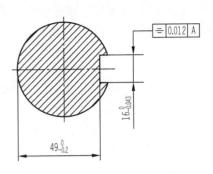

图 5.1.45　键槽形位公差的标注

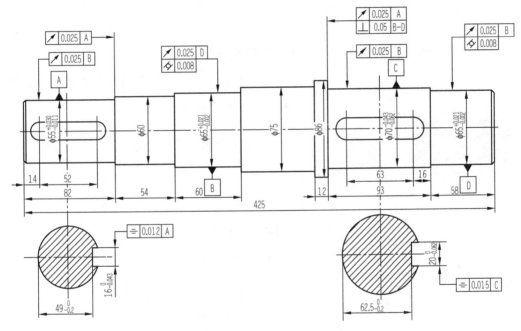

图 5.1.46　完整的形位公差标注

图 5.1.47　设置粗糙度参数

由于新标准规定了粗糙度符号不能反转，在斜侧面标注时采用引出方式。也可将粗糙度添加到形位公差框栏上，如图5.1.48（a）、（b）所示。

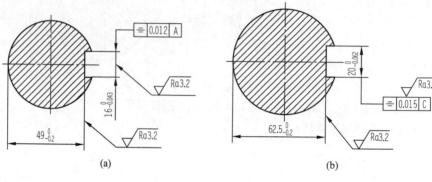

图5.1.48　引出标注粗糙度

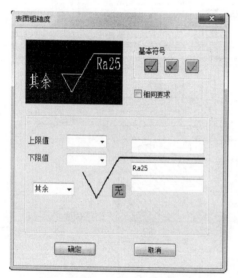

图5.1.49　【标准粗糙度标注设置】对话框

（2）标注"其余$\sqrt{\vphantom{Ra25}}^{\,Ra\,25}$"时，立即菜单中切换至【1.标准标注】，在弹出的对话框中选取"其余"，输入值$Ra25$，如图5.1.49所示。

完成粗糙度标注，如图5.1.50所示。

◇**步骤13**：标注中心孔。

（1）单击【中心孔标注】🔧，单击切换立即菜单为【1.标准标注】，弹出如图5.1.51所示的对话框，选择第二种形式。

标注文本上框中输入：{ \ R \ H0.707x；0^0^7~ ~Ra3.2~；}，即$\sqrt{\vphantom{Ra3.2}}^{\,Ra\,3.2}$

下框输入：$2\times B4/12.5$。

（2）为了获得粗糙度$\sqrt{\vphantom{Ra3.2}}^{\,Ra\,3.2}$，单击【引出说明】🔧，插入"粗糙度"，如图5.1.52所示，在弹出的【表面粗糙度】对话框中输入值3.2，如图5.1.53所示，单击【确定】，完成插入，选择"上说明"中的{ \ R \ H0.707x；0^0^7~ ~Ra3.2~；}。再将该数值代码全部【复制】至中心孔标注文本的【上方框】中，如图5.1.54所示，单击确定。拾取右端面中心点，标注如图5.1.55所示。

◇**步骤14**：填写技术要求。

单击【技术要求】📝。弹出如图5.1.56所示的对话框，输入文字：

1.调制处理至220～240HBS。

2.未注倒角C2。

3.未注圆角R1.6。

4.未注尺寸公差为IT12。

单击【生成】，在绘图区的合适位置指定两点放置文字。

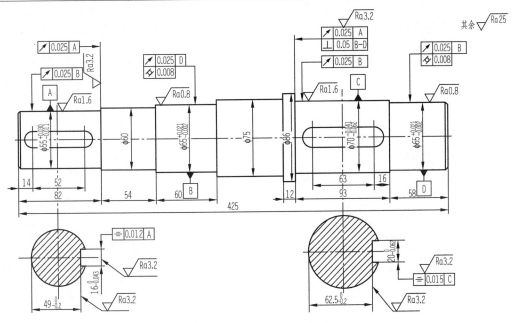

图 5.1.50 完成粗糙度标注

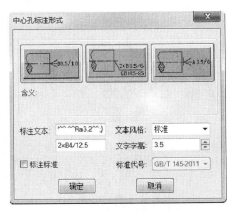

图 5.1.51 中心孔标注形式

图 5.1.52 插入粗糙度

图 5.1.53 选择粗糙度值

图 5.1.54 完成插入

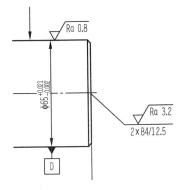

图 5.1.55 完整的中心孔标注

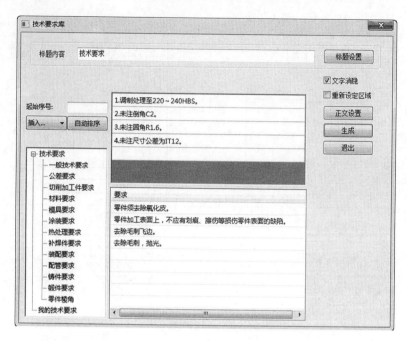

图 5.1.56　填写技术要求

◇**步骤 15**：填写标题栏。

单击【填写标题栏】▣。填写如图 5.1.57 所示的内容，单击【确定】。

图 5.1.57　填写标题栏

单击保存，将文件保存。至此，完成输入轴的工程图的设计。

5.2 螺杆轴的工程图设计

绘制如图 5.2.1 所示的螺杆轴工程图。

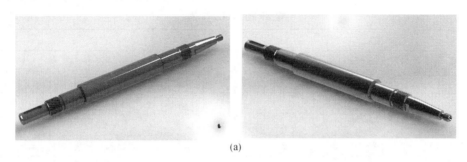

(a)

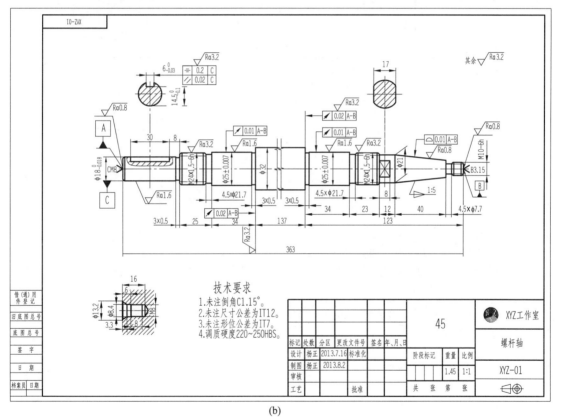

(b)

图 5.2.1 螺杆轴

（a）螺杆轴三维模型；（b）螺杆轴二维工程图

◆ 设计步骤

◇**步骤 1**：新建空模板【BLANK】文档。

◇**步骤 2**：保存文件。

单击【保存】，选择保存目录并输入图纸代号和名称 XYZ‐01 螺杆轴 .exb，保存文件。

◇**步骤 3**：绘制螺杆轴主视图。

单击【孔/轴】🔲。在绘图区合适位置任意指定一点作为插入点，按表 5.2.1 的数据绘制轴。绘制结果如图 5.2.2 所示。

表 5.2.1　　　　　　　　　　　**螺 杆 轴 绘 制 参 数**

段数	直径	长度	段数	直径	长度
第 1 段	18	41	第 9 段	25	31
第 2 段	17	3	第 10 段	21.7	4.5
第 3 段	24	20.5	第 11 段	24	18.5
第 4 段	21.7	4.5	第 12 段	21	12
第 5 段	25	31	第 13 段	起始 21，终止 13	40
第 6 段	24	3	第 14 段	7.7	4.5
第 7 段	32	137	第 15 段	10	9.5
第 8 段	24	3			

注　除第 13 段为锥轴外，其余均为等径。

图 5.2.2　绘制主轴

　　　绘制时，注意图层的选择，确保在【粗实线层】上绘制。

◇**步骤 4**：打断并缩短长轴。

工程中，当一段轴无其他元素且偏长时，通常将其打断以缩短距离，但仍按原长度标注。

（1）单击【双折线】～√～，设置如图 5.2.3 所示，在长为 137 的轴段上，绘制如图 5.2.4 所示的折线。

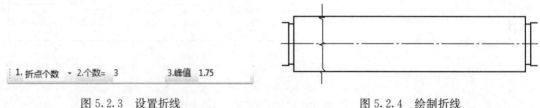

| 1. 折点个数 ▾ | 2. 个数= 3 | 3. 峰值　1.75 |

图 5.2.3　设置折线　　　　　　　　　　　图 5.2.4　绘制折线

（2）单击【平移复制】🔾，设置如图 5.2.5 所示，单击拾取整个折线（可使用框选），单击一点为复制基点，如图 5.2.6 所示，单击一点放置复制的折线，单击鼠标右键，结束命令，绘制结果如图 5.2.7 所示。

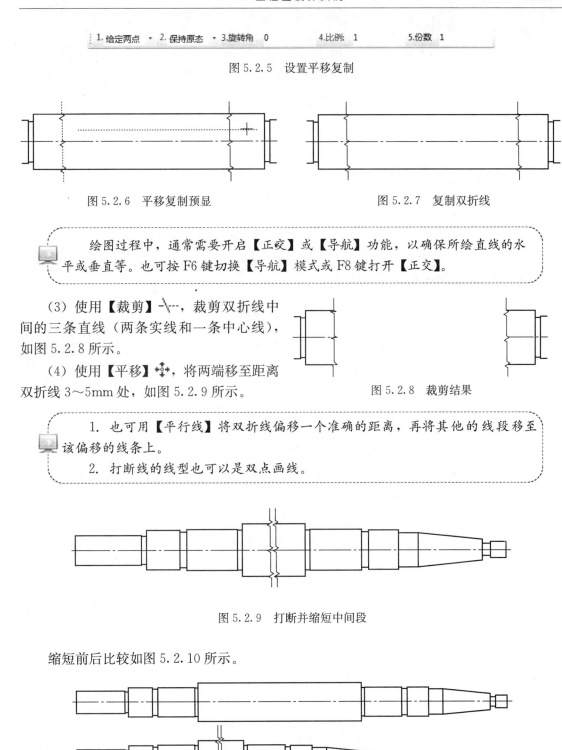

图 5.2.5 设置平移复制

图 5.2.6 平移复制预显   图 5.2.7 复制双折线

> 绘图过程中，通常需要开启【正交】或【导航】功能，以确保所绘直线的水平或垂直等。也可按 F6 键切换【导航】模式或 F8 键打开【正交】。

（3）使用【裁剪】，裁剪双折线中间的三条直线（两条实线和一条中心线），如图 5.2.8 所示。

（4）使用【平移】，将两端移至距离双折线 3～5mm 处，如图 5.2.9 所示。

图 5.2.8 裁剪结果

> 1. 也可用【平行线】将双折线偏移一个准确的距离，再将其他的线段移至该偏移的线条上。
> 2. 打断线的线型也可以是双点画线。

图 5.2.9 打断并缩短中间段

缩短前后比较如图 5.2.10 所示。

图 5.2.10 缩短前后比较

◇**步骤 5**：绘制键槽剖视图。

（1）单击【平行线】✐，偏移距离 8、38 和 14.5（水平线偏移），如图 5.2.11 所示。

（2）单击【裁剪】✄，裁剪线段，如图 5.2.12 所示，键槽侧边本来有两段圆弧和一条直线，因尺寸太小而忽略。

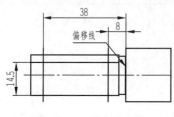

图 5.2.11　绘制平行线

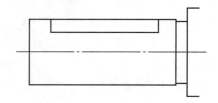

图 5.2.12　裁剪结果

1. 直接作图 ▼	2. 缺省切矢 ▼	3. 开曲线 ▼

图 5.2.13　设置样条线

（3）绘制局部剖面视图的边界线，单击【样条】⌒，将图层切换至【细实线层】，设置如图 5.2.13 所示。

如图 5.2.14 所示，图（a）中绘制的样条超出了水平线，还需加以裁剪；而图（b）则一次成形。因此，绘制时，必须捕捉【最近点】一次成形，否则影响后续的【剖面线】填充。

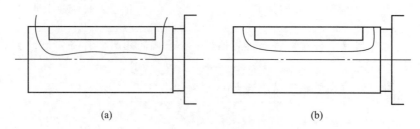

　　　　　　（a）　　　　　　　　　　　　　　　（b）

图 5.2.14　绘制的样条

（a）样条超出线；（b）样条在线上

（4）单击【剖面线】▨，设置比例为 3，填充剖面线，如图 5.2.15 所示。

◇**步骤 6**：倒角。

（1）切换图层为【粗实线层】，单击【外倒角】⬠，依次拾取左端轴头三条线段，倒角 1.15×45°，如图 5.2.16 所示。

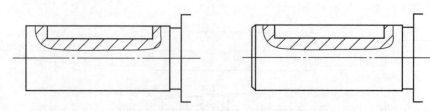

图 5.2.15　填充剖面线

图 5.2.16　左端轴头倒角

其余 6 处倒角均为 1.15×45°，如图 5.2.17 所示。

◇**步骤 7**：绘制螺纹线。

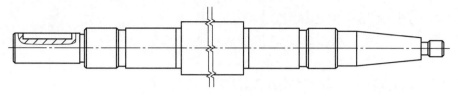

图 5.2.17　完成倒角

（1）螺纹线为标准数值，所以，通常按简化画法绘制，一般将外径线偏移 1mm 作为螺纹线即可。

（2）切换图层为【细实线层】，单击【平行线】 ⁄⁄，将外径线向里偏移 1mm，如图 5.2.18 所示。

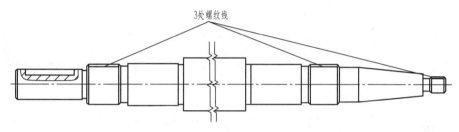

图 5.2.18　偏移外径线

（3）由于偏移后的外径线与倒角不相交，故使用【延伸】 --⤵ 将其延伸至倒角线上，完成上半部分螺纹线的绘制，如图 5.2.19 所示。

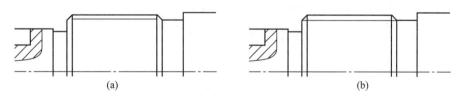

图 5.2.19　上半部分螺纹线

（a）延伸前；（b）延伸后

（4）单击【镜像】 ⚟，设置如图 5.2.20 所示，拾取三条螺纹线，以中心线为镜像轴线，单击鼠标右键，确定完成镜像，如图 5.2.21 所示。

1. 选择轴线　▾　2. 拷贝　▾

图 5.2.20　镜像设置

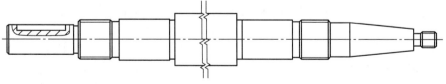

图 5.2.21　完整的螺纹线

◇**步骤 8**：绘制键槽断面图。

（1）单击【圆】 ◉，在左边键槽上方的合适位置上单击一点作为圆心，绘制 $\phi18$ 的圆，图层为【粗实线层】。

（2）单击【中心线】／，添加圆的中心线。

（3）单击【平行线】∥，单向偏移水平中心线 5.5，双向偏移竖直中心线 3，如图 5.2.22 所示。

（4）单击【裁剪】⌐，裁减多余线段，如图 5.2.23 所示。

（5）单击【剖面线】▨，填充键槽断面，比例为 3，如图 5.2.24 所示。

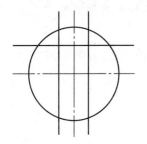 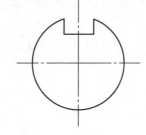 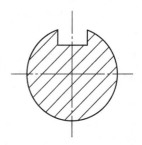

图 5.2.22　绘制偏移线　　　图 5.2.23　裁剪线段　　　图 5.2.24　填充剖面线

◇**步骤 9**：绘制削平轴段断面图。

（1）单击【圆】⊙，使用【导航】模式捕捉，在右端平齐的轴中心线上合适位置单击一点为圆心点，绘制 $\phi21$ 的圆，图层为【粗实线层】。

（2）单击【中心线】／，添加圆的中心线。

（3）单击【平行线】∥，双向偏移竖直中心线 8.5，如图 5.2.25 所示。

（4）单击【裁剪】⌐，裁剪多余线段，如图 5.2.26 所示。

（5）单击【剖面线】▨，填充断面，如图 5.2.27 所示。

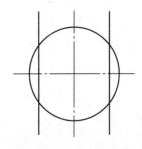 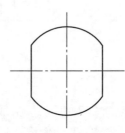 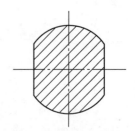

图 5.2.25　绘制平行线　　　图 5.2.26　裁剪线段　　　图 5.2.27　填充剖面线

（6）若绘制图形不与轴中心线在一条线的位置上，可【平移】至中心线上，如图 5.2.28 所示。

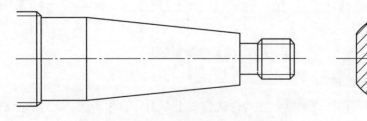

图 5.2.28　削平断面图

◇**步骤 10**：补充绘制削平轴段断面主视图。

（1）单击【直线】✐，第一点拾取剖面图的"交点"，开启【正交】绘制如图 5.2.29 所示的直线。

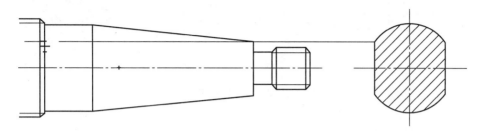

图 5.2.29　绘制第一条水平直线

（2）同样的方法绘制第二条水平线，如图 5.2.30 所示。

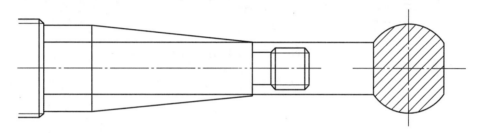

图 5.2.30　绘制第二条水平直线

（3）单击【平行线】✐，单向偏移距离为 8，如图 5.2.31 所示。

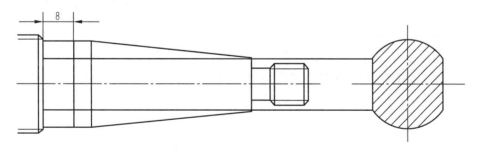

图 5.2.31　偏移直线距离 8

（4）单击【延伸】╌╲，如图 5.2.32 所示拾取剪刀线，延伸后如图 5.2.33 所示。

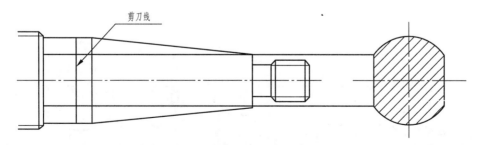

图 5.2.32　选择剪刀线

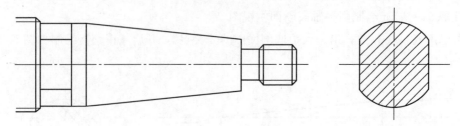

图 5.2.33　延伸后的效果

（5）单击【裁剪】-\‥，裁剪多余直线后的效果如图 5.2.34 所示。

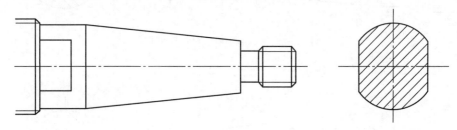

图 5.2.34　裁剪后的效果

（6）单击【直线】╱，切换图层为【细实线层】，绘制如图 5.2.35 所示的交叉直线。

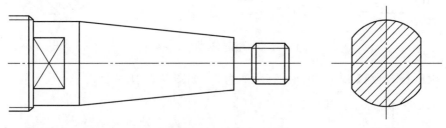

图 5.2.35　绘制交叉直线

（7）单击【平移】✛，将断面视图移至削平段的上端，如图 5.2.36 所示。

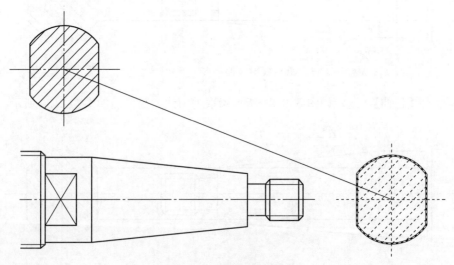

图 5.2.36　平移断面视图

◇**步骤 11**：标注尺寸及其公差。

（1）单击【尺寸标注】，标注尺寸，标注螺纹尺寸 M24×1.5 - 6h 时，添加前缀为 M，后缀为％×1.5 - 6h，如图 5.2.37 所示。

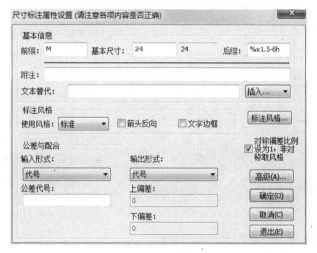

图 5.2.37　标注螺纹尺寸

（2）标注 3×0.5 时，添加后缀％×0.5，如图 5.2.38 所示。

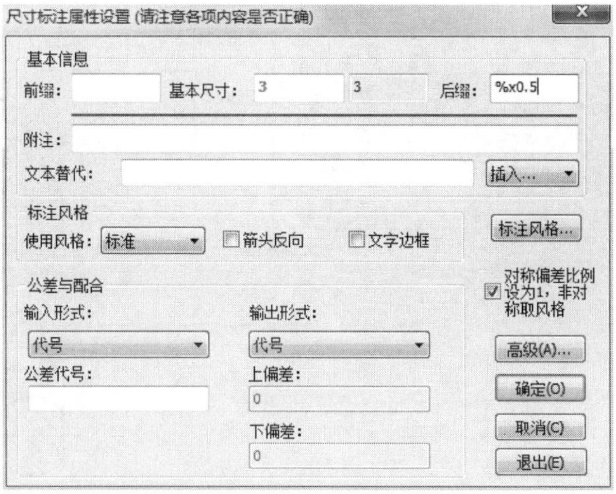

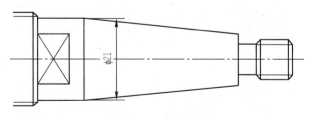

图 5.2.38　标注尺寸

（3）标注直径尺寸 $\phi21$，如图 5.2.39 所示，单击【标注编辑】，选择尺寸；如图 5.2.40 所示，修改界限角度为 215，修改后的效果如图 5.2.41 所示。

图 5.2.39　标注尺寸

| 1. 尺寸线位置 ▼ | 2. 文字平行 ▼ | 3. 文字居中 ▼ | 4. 界限角度 215 | 5. 前缀 %c | 6. 后缀 | 7. 基本尺寸 21 |

图 5.2.40　修改界限角度

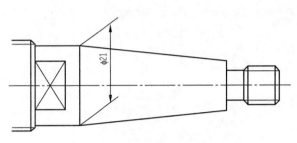

图 5.2.41　修改界限角度后

（4）标注尺寸 137 时，单击鼠标右键修改尺寸，将文本替代为 137，如图 5.2.42 所示，同样的方法修改总长尺寸为 363。

（5）标注锥度，单击【锥度/斜度】，选择锥度，如图 5.2.43 所示，依次拾取线段，设置【符号反向】。至此，完成尺寸标注，如图 5.2.44 所示。

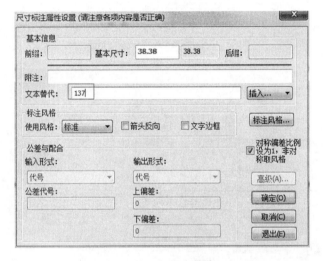

图 5.2.42　文本替代

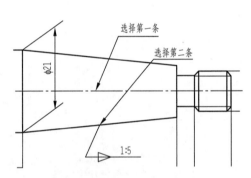

图 5.2.43　标注锥度

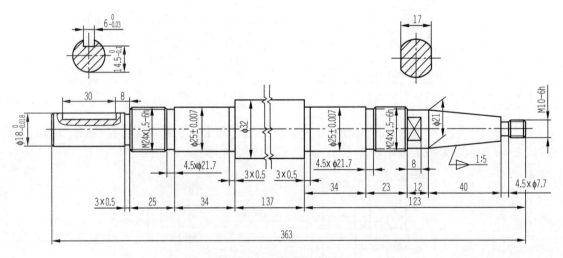

图 5.2.44　完成尺寸标注

◇**步骤 12**：标注剖切线。

直接将竖直中心线拉长并贯通剖切轴段，并将右端的中心线连同剖视图平移至十字线交叉点上，完成后如图 5.2.45 所示。

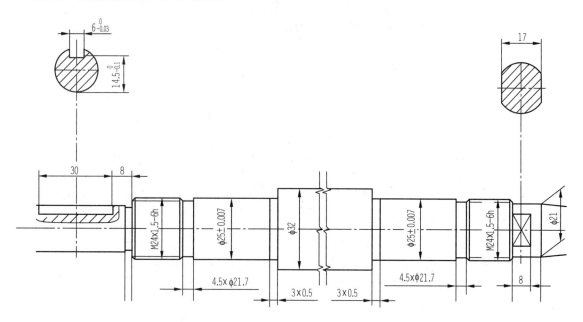

图 5.2.45　标注剖切线

◇**步骤 13**：标注中心孔。

单击【标注中心孔】 [图标]，单击立即菜单选择【标准标注】，在弹出的对话框上选择第一个标注形式"在零件上要求保留中心孔"，右端标注文本为"B3.15"，如图 5.2.46 所示。左端中心孔标注文本为"CM8"，如图 5.2.47 所示。

注：B3.15 是 B 型中心孔直径为 3.15；CM8 是 C 型中心孔，滚螺纹 M8。

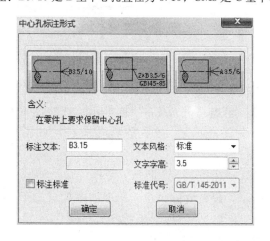

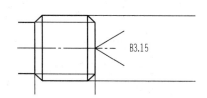

图 5.2.46　右端中心孔标注

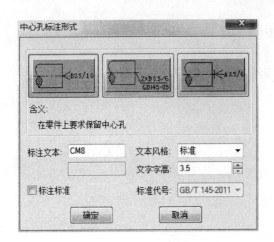

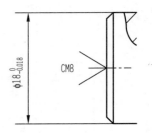

图 5.2.47　左端中心孔标注

◇**步骤 14**：补充和修改中心孔。

（1）单击【提取图符】，如图 5.2.48 所示；或单击【工具选项板】上的【图库】选择【常用图形】—【中心孔】—【C 型中心孔】，如图 5.2.49 所示。

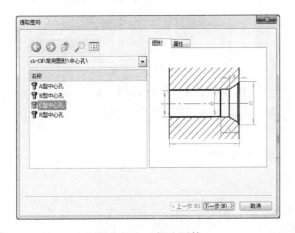

图 5.2.48　提取图符

图 5.2.49　图库

选择如图 5.2.50 所示，勾选【尺寸值】，单击【完成】。根据提示，在绘图区拾取一放置点，选择立即菜单中的【打散】，输入旋转角 180，放置中心孔图符，如图 5.2.51 所示。

（2）单击【平行线】，单向偏移距离 8，如图 5.2.52 所示。

（3）单击【角度线】，如图 5.2.53 所示，设置立即菜单。拾取如图 5.2.54 所示的两端点，绘制角度线。

（4）单击【镜像】，镜像角度线，如图 5.2.55 所示。

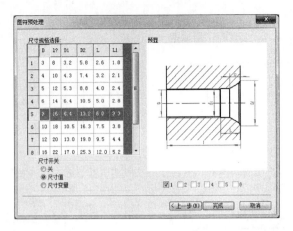

图 5.2.50　选择规格

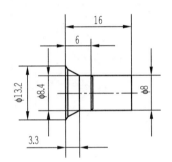

图 5.2.51　调入的中心孔

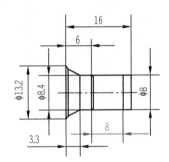

图 5.2.52　偏移距离 8

图 5.2.53　设置角度线参数

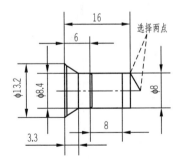

图 5.2.54　绘制角度线

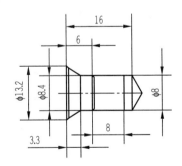

图 5.2.55　镜像角度线

(5) 单击【裁剪】 ，裁剪后如图 5.2.56 所示。

(6) 单击【矩形】 ，绘制一通过中心孔前端面竖直线的矩形框，如图 5.2.57 所示。

(7) 单击【剖面线】 ，设置比例为 2，填充剖面线如图 5.2.58 所示。

(8) 删除矩形框，并双击直径尺寸 $\phi 8$，修改为 M8，如图 5.2.59 所示。

图 5.2.56　裁剪

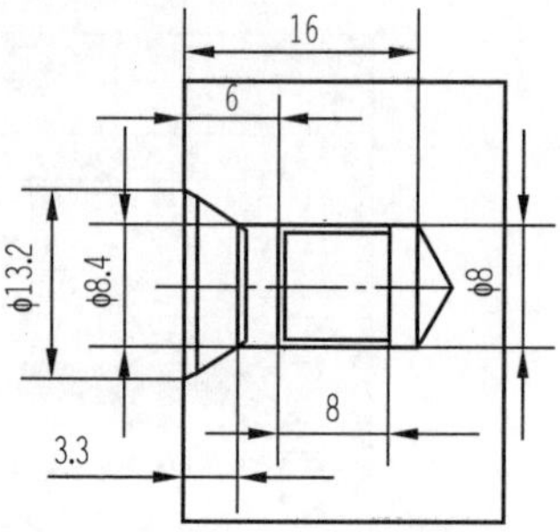

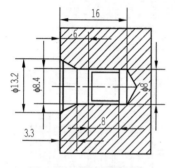

图 5.2.58　填空剖面线

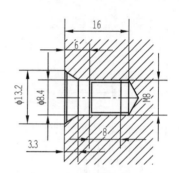

图 5.2.57　绘制矩形框

图 5.2.59　删除矩形框和修改尺寸

◇**步骤 15**：标注基准代号。

单击【基准代号】📇，标注基准代号 A、B 和 C，立即菜单设置基准 A、B 为【3. 引出方式】，选择两轴端中心点，基准 C 为【3. 默认方式】，选择左端尺寸值 18，确保为实心三角或空心三角组成，完成如图 5.2.60 所示。

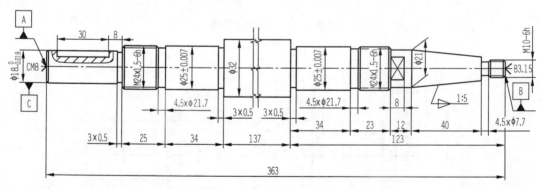

图 5.2.60　标注基准代号

◇**步骤 16**：标注形位公差符号。

单击【形位公差】⊕⊥，标注形位公差符号，如图 5.2.61 所示。

◇**步骤 17**：标注粗糙度符号。

单击【粗糙度】✓，标注粗糙度。标注两端轴中心线上的粗糙度时，立即菜单采用【1. 标准标注】，【2. 引出方式】，其余全部为【2. 默认方式】。标注完成两轴端如图 5.2.62 （a）、（b）所示。

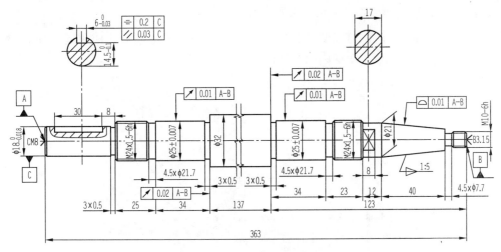

图 5.2.61　标注形位公差代号

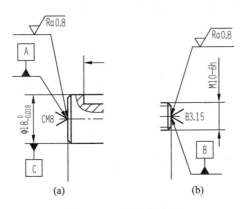

图 5.2.62　添加粗糙度

(a) 左轴端；(b) 右轴端

至此，完成全部标注，如图 5.2.63 所示。

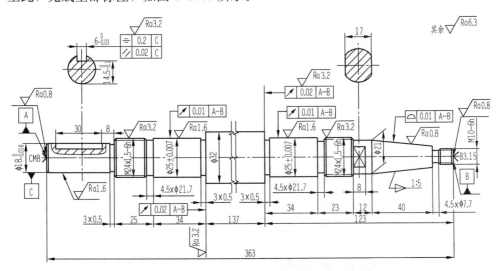

图 5.2.63　完整的图形标注

◇**步骤 18**：添加图框和标题栏并填写标题栏。

（1）单击【图幅设置】，设置如图 5.2.64 所示，设置图框后，使用【平移】调整绘制图形的位置，将其放于图框内的合适位置。

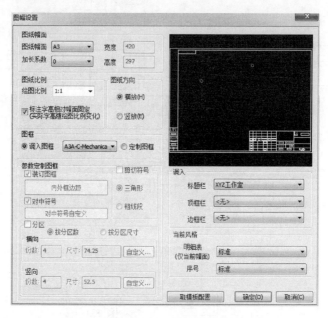

图 5.2.64　图幅设置

（2）单击【填写标题栏】，填写标题栏如图 5.2.65 所示，单击【确定】。

◇**步骤 19**：填写技术要求。

单击【技术要求】，输入内容如图 5.2.66 所示，单击【生成】，拾取合适位置放置技术要求。

技术要求

1.未注倒角C1.15°。

2.未注尺寸公差为IT12。

3.未注形位公差为IT7。

4.调质硬度220~250HBS。

图 5.2.65　填写标题栏　　　　　　图 5.2.66　填写技术要求

将文件保存。至此，完成螺杆轴工程图的设计。

5.3　曲柄轴的工程图设计

绘制如图 5.3.1 所示的曲柄轴工程图。

(a)

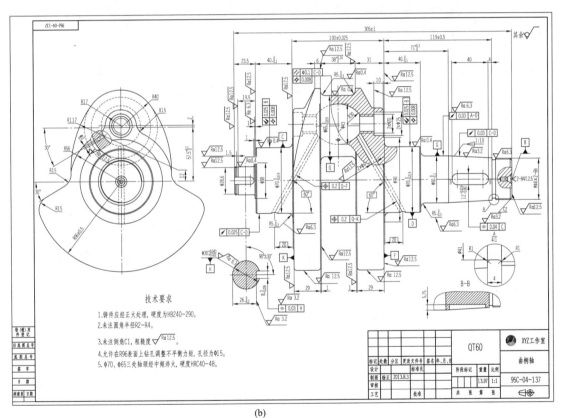

(b)

图 5.3.1　曲柄轴

(a) 曲柄轴三维模型；(b) 曲柄轴二维工程图

🏠 设计步骤

◇**步骤 1**：新建空模板【BLANK】文档。

◇**步骤 2**：保存文件。

单击【保存】🖫，选择保存目录并输入图纸代号和名称 95C－04－137 曲柄轴.exb，保存文件。

◇**步骤3**：绘制主视图。

（1）单击【孔/轴】🖳，图层为【粗实线层】，在绘图区合适位置任意指定一点作为插入点，按表5.3.1的数据绘制前一段轴，如图5.3.2所示。

表 5.3.1　　　　　　　　　　　　曲 柄 轴 绘 制 数 据

段数	直径	长度	段数	直径	长度
第1段	30	2.5	第4段	38	1
第2段	28.6	1.5	第5段	70	40
第3段	30	18.5	第6段	90	1

（2）单击【平行线】⫽，将 φ90 的右侧竖直直线偏移距离 49。

（3）单击【镜像】🔺，拾取左侧 φ90 和 φ70 的所有线段，将偏移 49 的直线作为镜像轴线，绘制结果如图5.3.3所示。

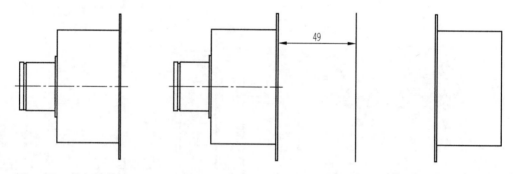

图5.3.2　曲柄轴前端　　　　　　　　图5.3.3　镜像实体对象

（4）单击【孔/轴】🖳，拾取镜像实体最右端直线的【中点】（可用空格键选择捕捉中点）为起点，按表5.3.2的数据绘制后一段轴，如图5.3.4所示。

表 5.3.2　　　　　　　　　　　　曲 柄 轴 绘 制 数 据

段数	直径	长度	段数	直径	长度
第1段	50	31	第3段	41	4
第2段	起始50，终止45.2	48	第4段	44	18.5

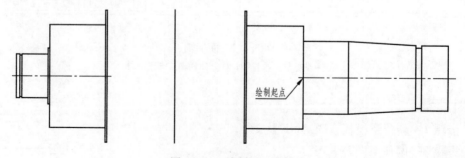

图5.3.4　绘制后一段轴

（5）单击【删除重线】✎，拾取全部元素，右击弹出重线删除结果对话框，如图 5.3.5 所示。这是因为绘制【孔/轴】的起始边线和已有边线成为重线而造成的。

（6）删除一边中心线并将另一端中心线使用夹点延长，如图 5.3.6 所示。

（7）单击【平行线】∥，将连接后的中心线向上偏移距离 57.5，如图 5.3.6 所示。

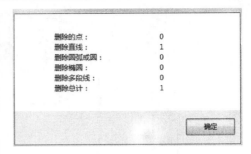

图 5.3.5　重线删除结果

（8）使用夹点，将镜像轴线延伸至图 5.3.6 所示的位置，使两线相交。

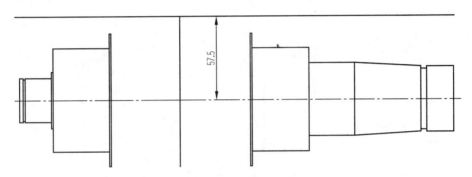

图 5.3.6　两条直线相交

（9）单击【孔/轴】🗔，拾取两线交点起点，按表 5.3.3 的数据绘制轴，如图 5.3.7 所示。

表 5.3.3　　　　　　　　　　　　曲柄轴绘制数据

段数	直径	长度	段数	直径	长度
第 1 段	65	19	第 2 段	80	1

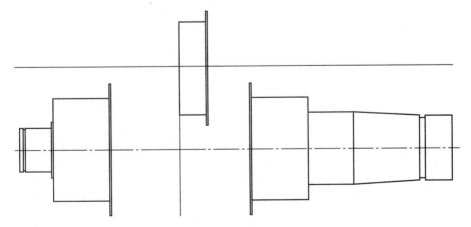

图 5.3.7　绘制轴段

（10）单击【镜像】⚏，镜像绘制的轴段，删除辅助线并延长中心线，如图 5.3.8 所示。

（11）单击【平行线】∥，将中心线向下偏移距离 96，如图 5.3.9 所示。

（12）单击【延伸】--↖，将四条竖直线延伸至图 5.3.10 所示的位置，与水平线相交。

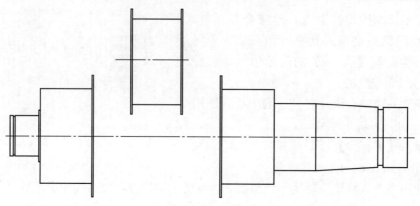

图 5.3.8　镜像效果图

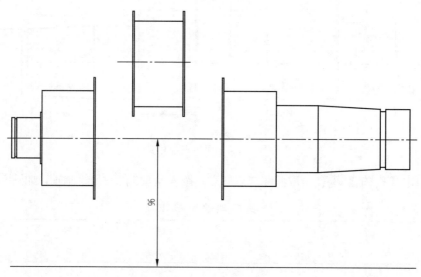

图 5.3.9　偏移中心线距离 96

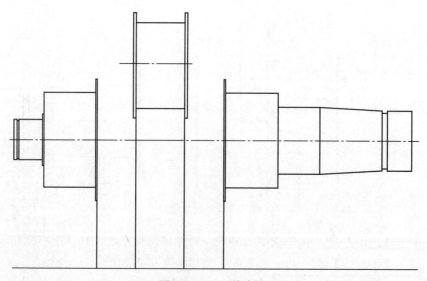

图 5.3.10　延伸直线

(13) 单击【延伸】 --\，选择图 5.3.11 所示的最上端水平线为【剪刀线】，绘制结果如图 5.3.12 所示。

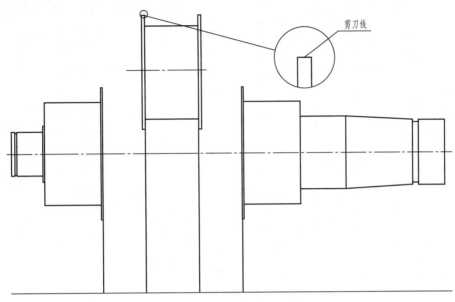

图 5.3.11　选择【剪刀线】

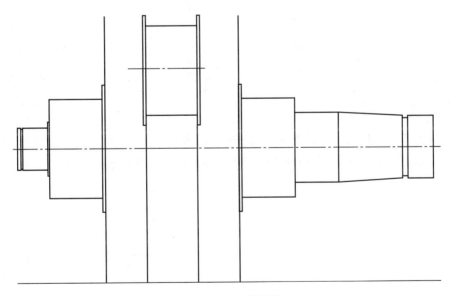

图 5.3.12　延伸线段

(14) 使用三角夹点或【延伸】，将水平小段直线拉长至延伸的竖直线上，如图 5.3.13 所示。

(15) 单击【裁剪】 -\--，裁剪下端水平线，如图 5.3.14 所示。

(16) 绘制锥段键槽，单击【平行线】 //，分别偏移竖直线距离 10 和 38，如图 5.3.15 所示。

(17) 单击【圆】 ⊚，拾取偏移直线的中点，绘制两个 $\phi12$ 的圆，如图 5.3.16 所示。

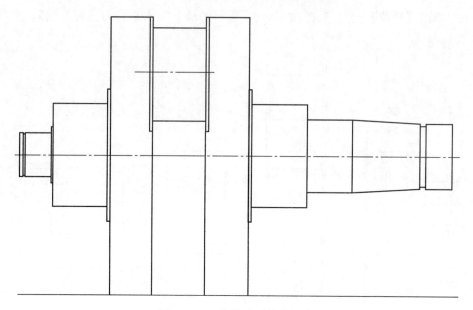

图 5.3.13　拉长或延伸水平线

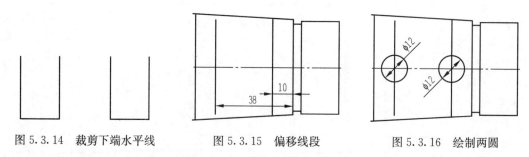

图 5.3.14　裁剪下端水平线　　　　图 5.3.15　偏移线段　　　　图 5.3.16　绘制两圆

（18）单击【直线】╱，绘制连接两圆上象限点的水平线，如图 5.3.17 所示。

（19）单击【裁剪】╶╲╌，裁剪两圆弧，并用夹点将竖直线拉短，如图 5.3.18 所示。

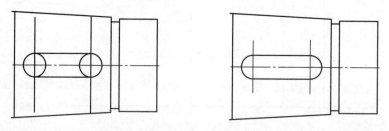

图 5.3.17　绘制两水平直线　　　　　图 5.3.18　修剪圆弧并拉短竖直线

（20）选择两短直线，选择【中心线层】，将其转换为中心线，如图 5.3.19 所示。

（21）单击【外倒角】▢，倒角 1×45°，如图 5.3.20 所示，其余三处【外倒角】同样操作，大小如图 5.3.21 所示。

（22）单击【圆角】◣，分别倒如图 5.3.22 所示的圆角，除图中标注大小外，其余均为 R5，【裁剪始边】时始边必须选择水平线。

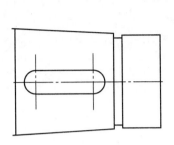

图 5.3.19　转换为中心线

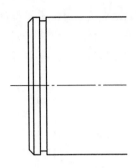

图 5.3.20　左边轴头倒角

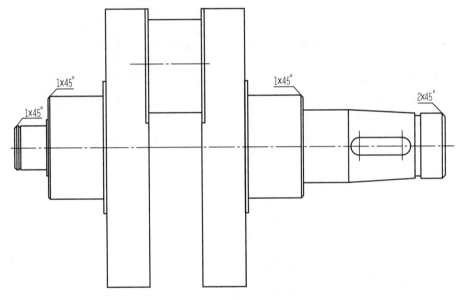

图 5.3.21　完成倒角

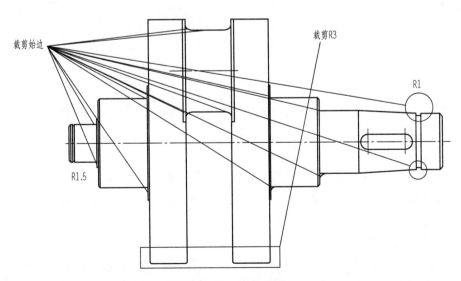

图 5.3.22　完成倒圆角

（23）绘制左端键槽。单击【平行线】，偏移距离 17.5，绘制 $\phi 8$ 的圆，绘制两条通过象限点的水平线，如图 5.3.23 所示。

（24）修剪圆弧，用夹点拉短竖直线并将其转换为中心线，结果如图 5.3.24 所示。

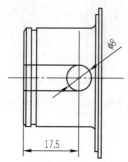
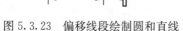
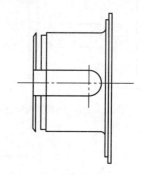

图 5.3.23　偏移线段绘制圆和直线　　图 5.3.24　裁剪拉短并切换图层

（25）单击【平行线】，如图 5.3.25 所示，将水平中心线向上偏移距离 2（图中序号 1），并再次将偏移了距离 2 的水平线向上偏移距离 21.5（图中序号 2），最后将偏移距离 21.5 的水平线向下偏移距离 30（图中序号 3）。

（26）单击【中心线】，如图 5.3.26 所示，添加两竖直线的中心线。

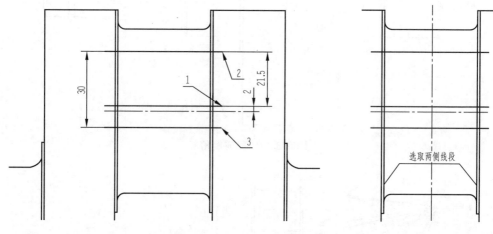

图 5.3.25　偏移线段　　　　　　　　图 5.3.26　添加中心线

（27）单击【圆】，如图 5.3.27 所示，以交点为圆心，上交点为半径绘制圆。

（28）单击【裁剪】、【延伸】，延伸修剪后如图 5.3.28 所示。

（29）单击【镜像】，镜像上半圆弧，如图 5.3.29 所示。

（30）用夹点拉长镜像轴线，并将其转换为中心线，如图 5.3.30 所示。

（31）单击【平行线】，水平线双向偏移距离为 8、10 和 12.5，竖直线单向偏移距离 10，并绘制连接直线，如图 5.2.31 所示。

（32）单击【裁剪】、【延伸】，延伸修剪后如图 5.2.32 所示。

（33）单击【平行线】，单向偏移距离 55、6 和 17，并绘制连接直线，如图 5.3.33 所示。

（34）单击【裁剪】，裁剪、删除多余线段并倒圆角 $R3$，如图 5.3.34 所示。

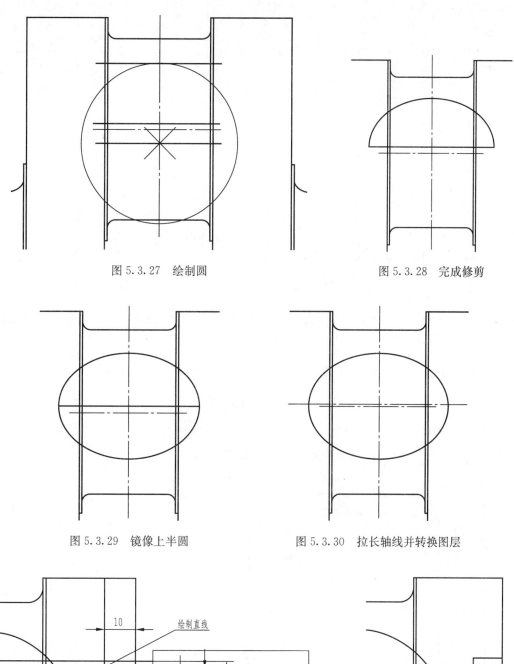

图 5.3.27　绘制圆

图 5.3.28　完成修剪

图 5.3.29　镜像上半圆

图 5.3.30　拉长轴线并转换图层

图 5.3.31　偏移并绘制连接线

图 5.3.32　延伸修剪后效果

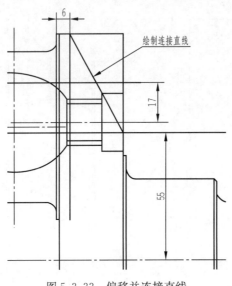
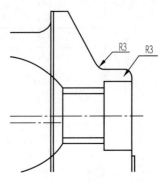

图 5.3.33 偏移并连接直线   图 5.3.34 裁剪并倒圆角

（35）单击【平行线】🖉，单向偏移距离 20，并用【角度线】绘制 60°角度线，角度线立即菜单设置如图 5.3.35 所示，效果如图 5.3.36 所示。

| 1. 角度线 | ▼ 2. Y 轴夹角 | ▼ 3. 到点 | ▼ 4. 度= 30 | 5. 分= 0 | 6. 秒= 0 |

图 5.3.35 角度线设置

（36）单击【平行线】🖉，双向偏移距离 3，如图 5.3.37 所示。

（37）单击【延伸】┈╲，延伸修剪后如图 5.3.38 所示。

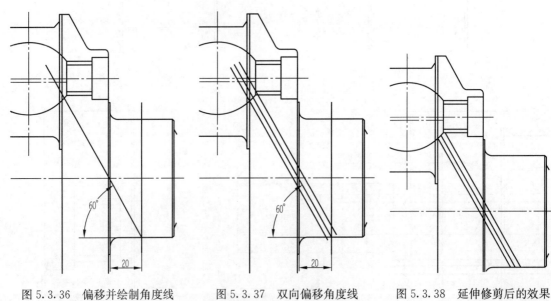

图 5.3.36 偏移并绘制角度线   图 5.3.37 双向偏移角度线   图 5.3.38 延伸修剪后的效果

（38）转换 60°中间斜线为【中心线层】，如图 5.3.39 所示。

（39）单击【三点圆弧】🖊，按图 5.3.40 大概尺寸绘制圆弧并裁剪，单击顺序见图。

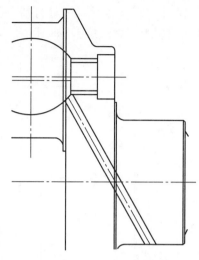

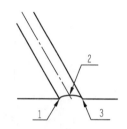

图 5.3.39　转换为中心线　　　　　　　图 5.3.40　绘制三点圆弧

（40）单击【镜像】▟▟，选择右侧绘制的图形，镜像后如图 5.3.41 所示。

（41）单击【裁剪】-\⸳⸳，裁剪后如图 5.3.42 所示。

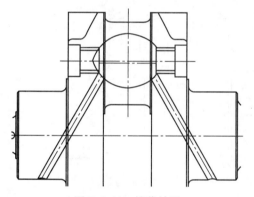

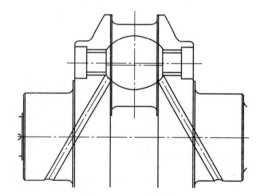

图 5.3.41　镜像结果　　　　　　　　　图 5.3.42　裁剪结果

（42）单击【样条】～，切换图层【细实线层】，绘制如图 5.3.43 所示的样条线。

（43）单击【裁剪】-\⸳⸳，裁剪后如图 5.3.44 所示。

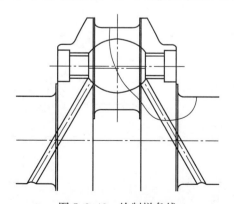

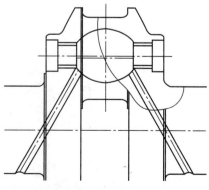

图 5.3.43　绘制样条线　　　　　　　　图 5.3.44　裁剪结果

（44）单击【打断】，选择【一点打断】，在图5.3.45所示的4处打断。

（45）选择如图5.3.46所示的所有线段，切换图层为【虚线层】，如图5.3.47所示。切换图层后的效果如图5.3.48所示。

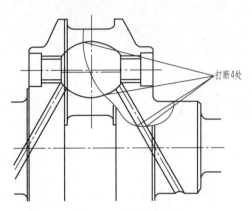

图5.3.45　打断线段

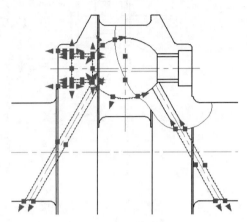

图5.3.46　选择线段

图5.3.47　选择图层线段

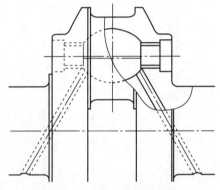

图5.3.48　切换图层后的效果

（46）选择如图5.3.49所示的两条线段，切换图层为【细实线层】。

（47）单击【剖面线】，拾取图形内部点，比例为3，填充剖面线后如图5.3.50所示。

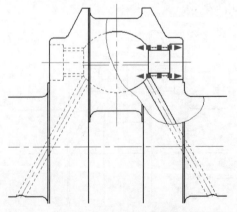

图5.3.49　选择两条线段

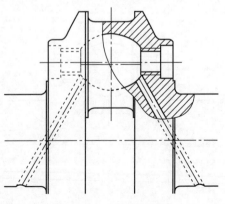

图5.3.50　填充剖面线

（48）单击【平行线】⫽，切换图层为【细实线层】，偏移距离 1，并延伸直线至倒角位置，添加螺纹线，如图 5.3.51 所示。

至此，完成了主视图绝大部分的绘制，还有轴颈处的小圆孔必须借助左视图才能准确绘制。

◇**步骤 4**：绘制左视图。

（1）单击【直线】✎，切换图层为【中心线层】，捕捉图 5.3.52 中水平中心线的【左端点】为起点作水平中心线，并在其合适位置作竖直中心线。

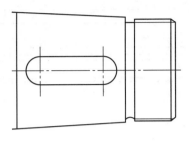

图 5.3.51　添加螺纹线

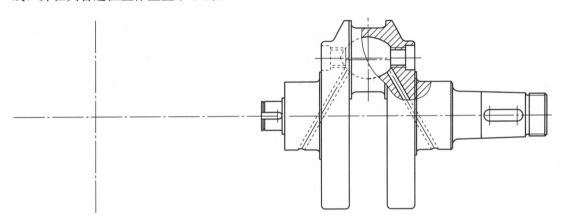

图 5.3.52　绘制中心线

（2）单击【直线】✎，切换图层为【粗实线层】，利用端点捕捉，依次绘制 8 条水平线，如图 5.3.53 所示。

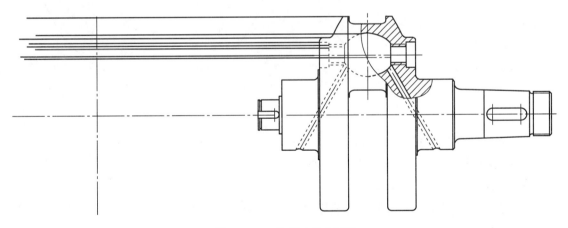

图 5.3.53　绘制 8 条水平线

（3）单击【圆】◎，拾取竖直中心线与第一条中心线交点为圆心绘制两同心圆，其中一个圆切换为【虚线层】绘制，另一个在【粗实线层】绘制，如图 5.3.54 所示。

（4）单击【圆】◎，拾取竖直中心线与第二条中心线交点作为绘制中心点绘制四同心圆，其中一个圆切换为【虚线层】绘制，其余都在【粗实线层】绘制，如图 5.3.55 所示。

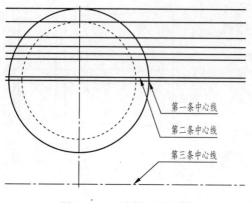

图 5.3.54　绘制 2 同心圆　　　　　　　　　图 5.3.55　绘制 4 同心圆

（5）单击【圆】 ⊙ ，拾取竖直直线和第三条中心线交点作为绘制中心点绘制两同心圆，直径分别为 112 和 192，都在【粗实线层】绘制，如图 5.3.56 所示。

（6）删除所有辅助直线，如图 5.3.57 所示。

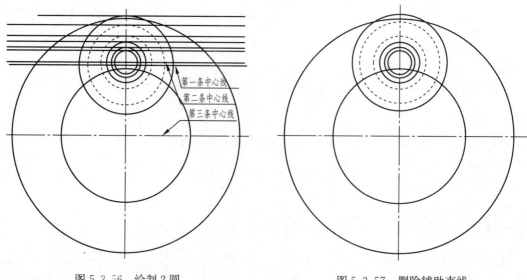

图 5.3.56　绘制 2 圆　　　　　　　　　　图 5.3.57　删除辅助直线

（7）单击【平行线】 ∥ ，切换图层为【粗实线层】，偏移水平中心线向上距离 12，并绘制【圆】，拾取第一条中心线绘制圆的圆心作为绘制圆心点，绘制圆半径为 $R77$，在【粗实线层】绘制，如图 5.3.58 所示。

（8）再次单击【圆】 ⊙ ，$R77$ 与偏移 12 距离线交点作为绘制圆心点，半径为 $R117$，如图 5.3.59 所示。

（9）单击【裁剪】 ⋌ ，裁剪并删除多余辅助线段结果如图 5.3.60 所示。

（10）单击【角度线】 ∠ ，设置与 X 轴夹角 30°，绘制结果如图 5.3.61 所示。

（11）单击【圆角】 ⌐ ，裁剪倒圆 $R15$，如图 5.3.62 所示。

（12）单击【圆角】 ⌐ ，不裁剪倒圆 $R15$，如图 5.3.63 所示。

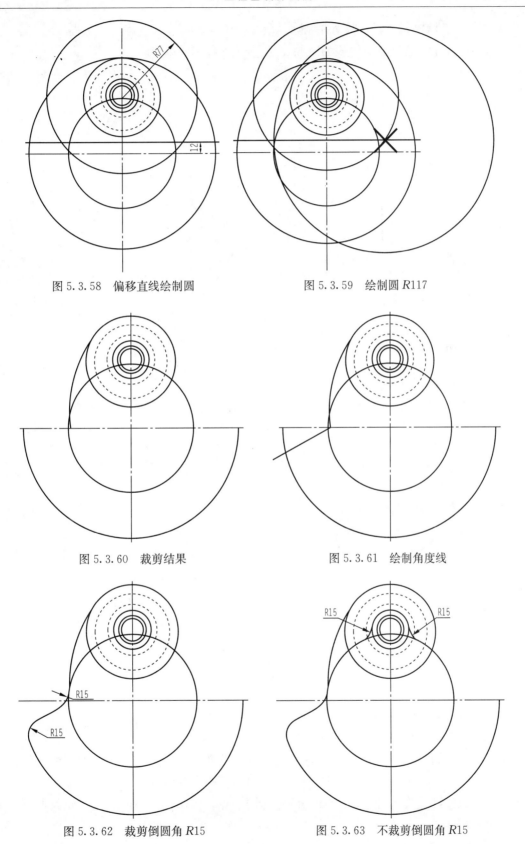

图 5.3.58 偏移直线绘制圆   图 5.3.59 绘制圆 $R117$

图 5.3.60 裁剪结果   图 5.3.61 绘制角度线

图 5.3.62 裁剪倒圆角 $R15$ 图 5.3.63 不裁剪倒圆角 $R15$

（13）单击【裁剪】 ⑤，裁剪并删除多余线段结果如图 5.3.64 所示。

（14）单击【镜像】 ⚖，镜像如图 5.3.65 所示选择的实体对象。

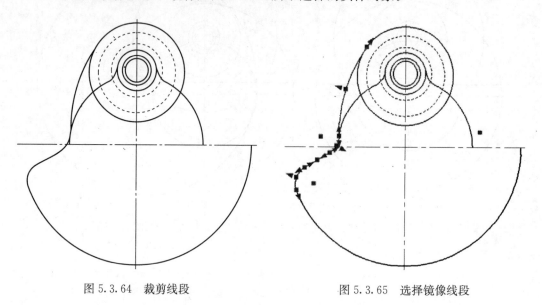

图 5.3.64　裁剪线段　　　　　　　　　　图 5.3.65　选择镜像线段

（15）单击【裁剪】 ⑤，裁剪结果如图 5.3.66 所示。

（16）单击【打断】 ⬚，【打断一点】最上端圆并转换其图层为【虚线层】，如图 5.3.67 所示。

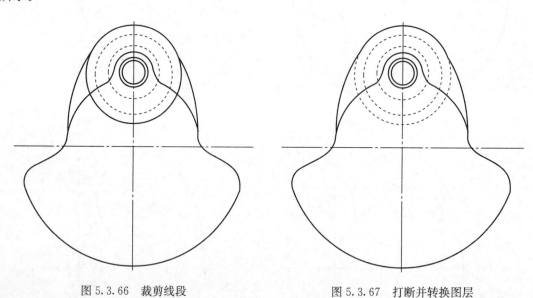

图 5.3.66　裁剪线段　　　　　　　　　　图 5.3.67　打断并转换图层

（17）单击【直线】 ✎，打开正交模式，依次将主视图上的左端端点绘制，螺纹倒角一般不绘制，如图 5.3.68 所示，绘制直线只需超过竖直中心线即可。

（18）单击【圆】 ◉，拾取十字中心线作为圆心点，依次选择与绘制的交点绘制圆，如图 5.3.69 所示。

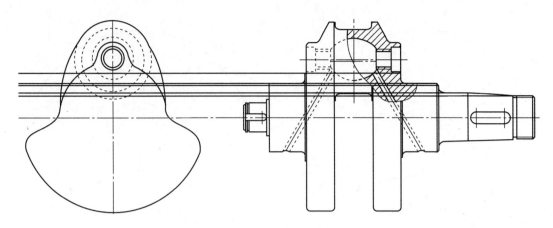

图 5.3.68　绘制 6 条直线

　　(19) 删除辅助线并单击【裁剪】$-\backslash$，裁剪内螺纹线并转化为细实线，如图 5.3.70 所示。

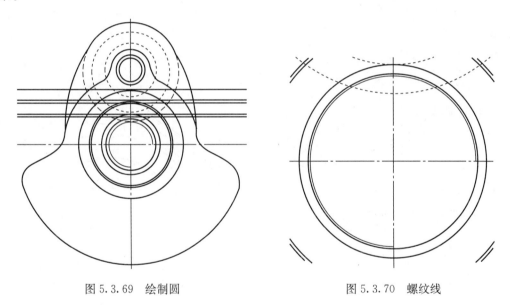

图 5.3.69　绘制圆　　　　　　　　　　　图 5.3.70　螺纹线

　　(20) 捕捉主视图上孔螺纹线绘制直线，再绘制螺纹圆，如图 5.3.71 所示。

　　(21) 单击【中心线】，选择上端最大圆和第三虚圆，添加中心线，如图 5.3.72 所示。

　　(22) 裁剪螺纹圆，并转换为细实线，如图 5.3.73 所示。

　　(23) 单击【角度线】，绘制与 X 轴夹角 30° 的角度线，如图 5.3.74 所示。

　　(24) 单击【平行线】，双向偏移 1.5，如图 5.3.75 所示。

　　(25) 单击【裁剪】$-\backslash$，裁剪如图 5.3.76 所示。

　　(26) 转换角度线为【中心线层】并拉长中心线，如图 5.3.77 所示。

　　(27) 单击【样条】，切换为【细实线层】绘制封闭样条曲线，如图 5.3.78 所示。

　　(28) 单击【裁剪】$-\backslash$，裁剪如图 5.3.79 所示。

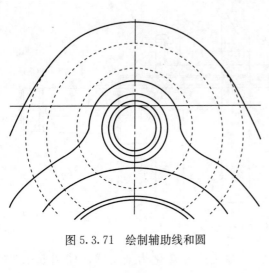

图 5.3.71　绘制辅助线和圆

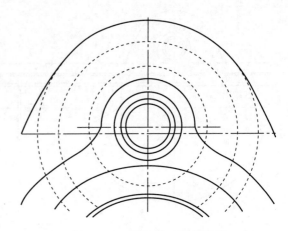

图 5.3.72　添加中心线螺纹线

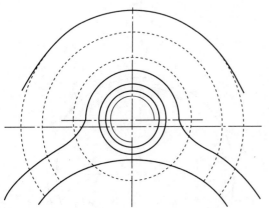

图 5.3.73　制作螺纹线

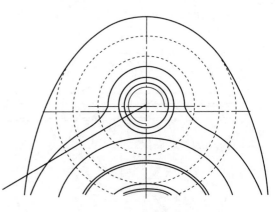

图 5.3.74　绘制角度线

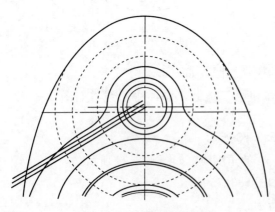

图 5.3.75　制作螺纹线

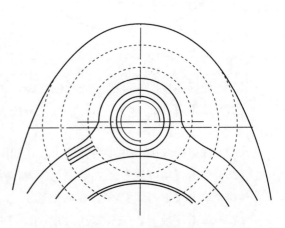

图 5.3.76　裁剪线段

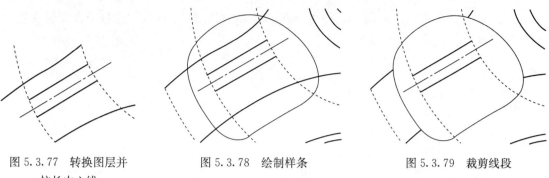

图 5.3.77　转换图层并　　　　　　图 5.3.78　绘制样条　　　　　　图 5.3.79　裁剪线段

　　拉长中心线

（29）单击【打断】![icon]，打断线段并转换图层为粗实线层，如图 5.3.80 所示。

（30）单击【剖面线】![icon]，设置比例为 2，填充剖面线如图 5.3.81 所示。

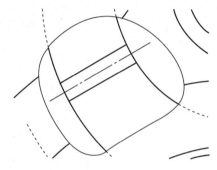
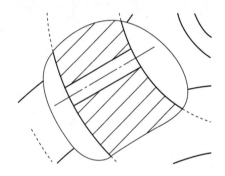

　　　　图 5.3.80　打断线段和图层　　　　　　　　　图 5.3.81　填充剖面线

（31）单击【平行线】![icon]，切换图层为【虚线层】，双向偏移 3，如图 5.3.82 所示。

（32）单击【裁剪】![icon]，裁剪如图 5.3.83 所示。

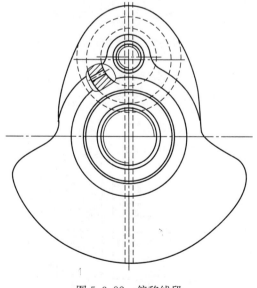
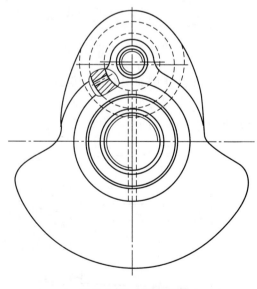

　　　　图 5.3.82　偏移线段　　　　　　　　　　　图 5.3.83　裁剪线段

（33）单击【提取图库】 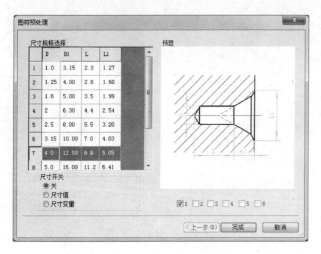，选择中心孔 B4，如图 5.3.84 所示，选择主视图轴右端中心点右击放置，如图 5.3.85 所示。

图 5.3.84　提取中心孔　　　　　　　　　　图 5.3.85　放置中心孔

（34）单击【样条】 ，切换图层为细实线层，绘制样条如图 5.3.86 所示。

（35）单击【裁剪】 ，裁剪如图 5.3.87 所示。

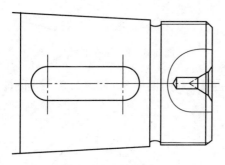
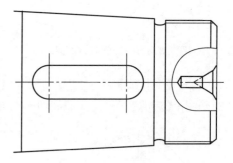

图 5.3.86　绘制样条　　　　　　　　　　图 5.3.87　裁剪线段

（36）单击【剖面线】 ，设置比例为 2，填充剖面线如图 5.3.88 所示。

（37）单击【直线】 ，绘制通过如图 5.3.89 所示线条端点的三条直线，确保正交，一直延伸至左视图中的竖直中心线以外。

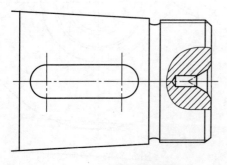
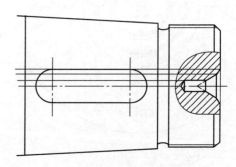

图 5.3.88　填充剖面线　　　　　　　　　　图 5.3.89　绘制两点线

（38）单击【圆】 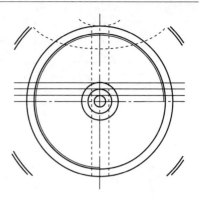，切换图层为【粗实线层】，绘制三个同心圆，如图 5.3.90 所示，绘制后删除三条辅助直线。

（39）单击【直线】，绘制通过如图 5.3.91 所示线条交点和端点的辅助直线，确保正交。

（40）单击【平行线】，双向偏移 1.5，如图 5.3.92 所示。

（41）单击【样条】，选择 4 个交点，如图 5.3.93 所示，绘制后删除两条竖直辅助直线和两条水平辅助直线，对中心辅助直线进行夹点编辑，拉短并转换为中心线层，如图 5.3.94 所示。

图 5.3.90　绘制 3 个同心圆

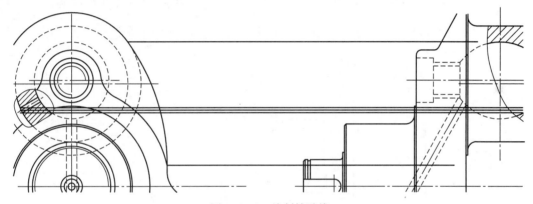

图 5.3.91　绘制辅助线

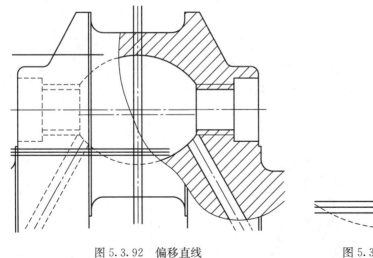

图 5.3.92　偏移直线

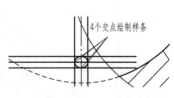

图 5.3.93　绘制样条

（42）单击【三点圆弧】，按图 5.3.95 所示绘制三点圆弧。

实际上，从三维投影的不是圆弧，而是不规则曲线，用模拟圆弧并不影响图纸的内容，所以可以替代实际投影，三维投影如图 5.3.96 所示。

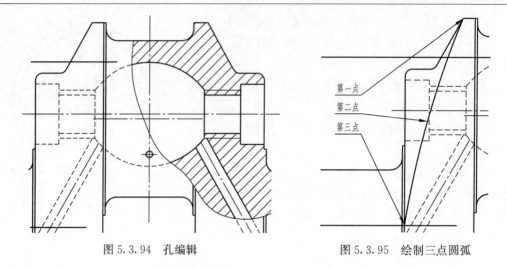

图 5.3.94　孔编辑　　　　　　　　　　图 5.3.95　绘制三点圆弧

（43）单击【裁剪】 ，裁剪如图 5.3.97 所示，裁剪后删除辅助线。

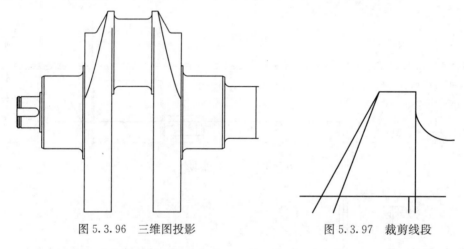

图 5.3.96　三维图投影　　　　　　　　图 5.3.97　裁剪线段

（44）单击【镜像】 ，镜像圆弧结果如图 5.3.98 所示。

（45）单击【裁剪】 ，裁剪并删除多余线段结果如图 5.3.99 所示。

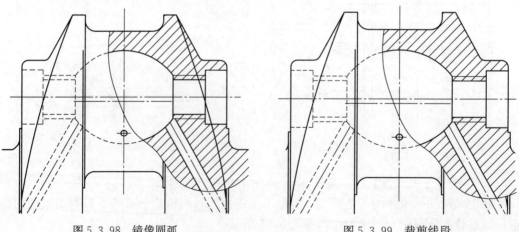

图 5.3.98　镜像圆弧　　　　　　　　　图 5.3.99　裁剪线段

完成主视图和左视图的绘制，绘制结果如图5.3.100所示。

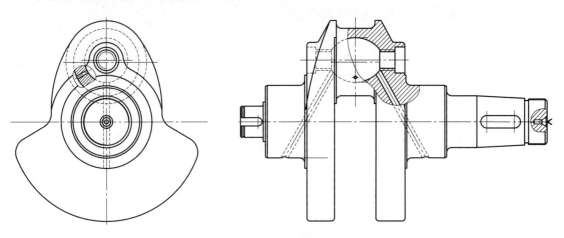

图5.3.100 主视图和左视图

◇**步骤5**：绘制剖切视图。

使用【圆】，绘制直径 $\phi30$ 的圆；使用【中心线】添加圆中心线，使用【平行线】，单向偏移竖直中心线距离11和水平中心线双向偏移距离4，【裁剪】多余线段，使用【剖面线】填充，比例为2，绘制结果如图5.3.101所示。

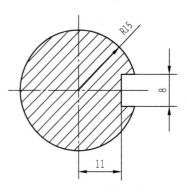

图5.3.101 剖切视图

◇**步骤6**：绘制局部放大视图。

（1）单击【局部放大】 ，设置立即菜单如图5.3.102所示。

1. 圆形边界 ▼ 2. 加引线 ▼ 3.放大倍数 4 4.符号 A

图5.3.102 局部放大图设置

（2）单击需要放大处一点作为中心点，绘制【圆】，如图5.3.103所示。最终效果如图5.3.104所示。

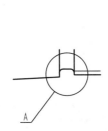

图5.3.103 选择放大视图位置

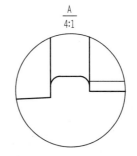

图5.3.104 绘制的放大视图

◇**步骤7**：绘制锥段键槽剖切视图。

（1）单击【平移复制】 ，立即菜单设置如图5.3.105所示。选择如图5.3.106所示的线段，指定两点，确保【正交】或【导航】，竖直向下【复制】，绘制结果如图 5.3.107 所示。

（2）单击【直线】／，【正交】绘制两点线，如图 5.3.108 所示。

1.给定两点　▾　2.保持原态　▾　3.旋转角　0　　　　4.比例：1　　　　5.份数　1

图 5.3.105　平移复制设置

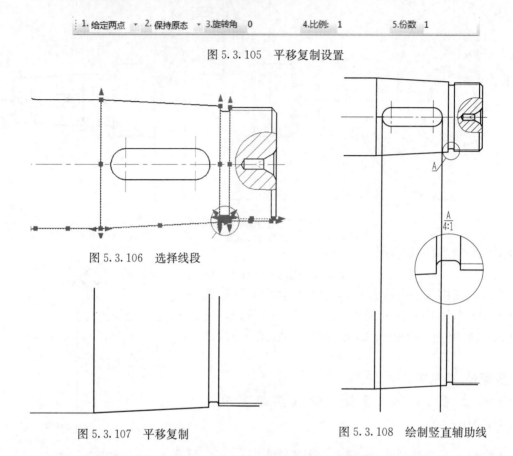

图 5.3.106　选择线段

图 5.3.107　平移复制

图 5.3.108　绘制竖直辅助线

（3）单击【平行线】∥，单向偏移 5.75，并延伸至竖直线上，如图 5.3.109 所示。

（4）单击【样条】ᔕ，在【细实线层】上绘制样条，如图 5.3.110 所示。

（5）单击【裁剪】﹀，裁剪多余线条，如图 5.3.111 所示。

（6）单击【剖面线】▨，填充剖面线，比例为 2，如图 5.3.112 所示。

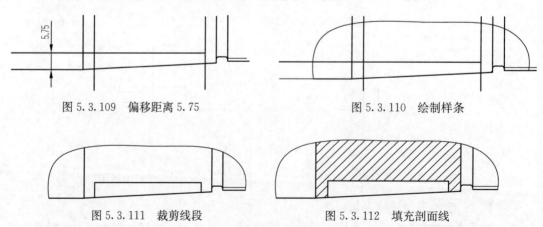

图 5.3.109　偏移距离 5.75

图 5.3.110　绘制样条

图 5.3.111　裁剪线段

图 5.3.112　填充剖面线

◇**步骤 8**：添加图框和标题栏。

(1) 单击【图幅设置】，设置如图 5.3.113 所示。

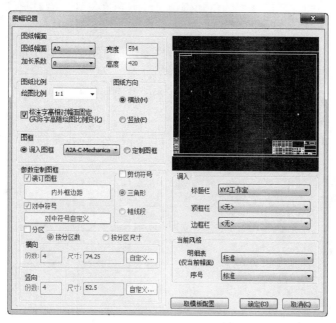

图 5.3.113 图框和标题栏

(2) 使用【平移】调整图形放于图框内合适位置，如图 5.3.114 所示。

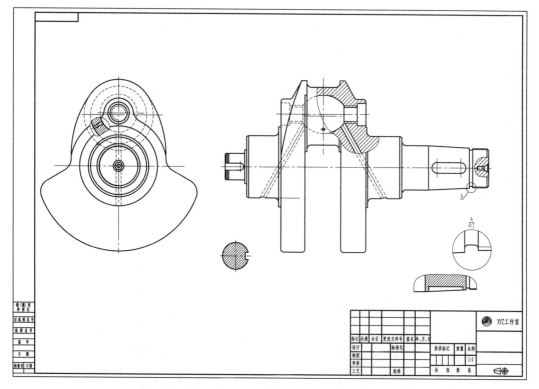

图 5.3.114 调整图形放于图框中

◇**步骤9**：标注尺寸及尺寸公差。

由于尺寸较多，将以下尺寸按照从左到右或从上到下的顺序依次标注，以免漏标尺寸：

线性尺寸、半径和直径尺寸、圆角和倒角尺寸、角度尺寸、螺纹尺寸、中心孔、斜度锥度尺寸。

（1）单击【尺寸标注】┌┐，标注完成所有尺寸，标注有公差尺寸时，在标注尺寸时右击弹出尺寸编辑对话框中填写上下偏差和其他说明。

（2）标注 $\phi41$【半标注】┌ 时，选定位置后在【5. 基本尺寸】中直接输入 41，如图 5.3.115 所示，标注后如图 5.3.116 所示。

（3）标注【倒角】ㄡ 时，立即菜单选择【3. C1】，直接选择倒角的边线标注倒角，如图 5.3.117 所示。

⋮ 1. 直径　▾	2. 延伸长度　3	3. 前缀　%c	4. 后缀	5. 基本尺寸　41

图 5.3.115　立即菜单输入基本尺寸

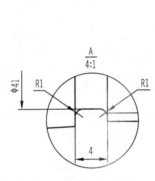

图 5.3.116　半标注

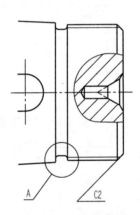

图 5.3.117　倒角标注

（4）标注带有方框的尺寸，标注时右击弹出的对话框中选择【文字边框】，如图 5.3.118 所示，标注后如图 5.3.119 所示。

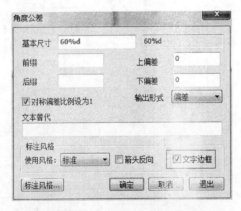

图 5.3.118　添加【文字边框】

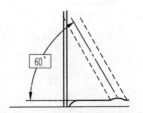

图 5.3.119　标注带有【文字边框】

（5）标注带有度分秒的角度公差尺寸：立即菜单中选择【3. 度分秒】模式，如图 5.3.120 所示。标注时右击弹出的对话框中输入上下偏差，如图 5.3.121 所示，标注后如图 5.3.122 所示。

| 1. 基本标注 | ▼ 2. 文字水平 | ▼ 3. 度分秒 | ▼ 4. 文字居中 | ▼ 5. 前缀 | 6. 后缀 | 7. 基本尺寸 | 90%d |

图 5.3.120　选择【度分秒】

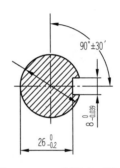

图 5.3.121　输入上下偏差　　　　　图 5.3.122　标注上下偏差

（6）标注两个圆角距离很近时，第二个圆角只需要绘制箭头。单击【箭头】 ↗ 按钮，箭头一端拾取圆弧上的点，在箭头尾部按空格键捕捉端点绘制，如图 5.3.123 所示。

（7）倒角 $2\times45°$ 标注时立即菜单选择【3. C1】，如图 5.3.124所示。

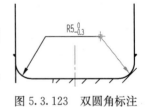

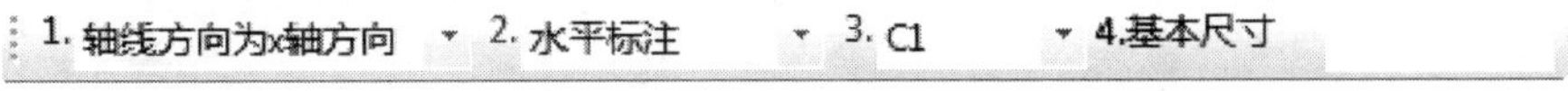

图 5.3.123　双圆角标注

| 1. 轴线方向为x轴方向 | ▼ 2. 水平标注 | ▼ 3. C1 | ▼ 4. 基本尺寸 |

图 5.3.124　倒角标注

完成所有尺寸标注，如图 5.3.125 所示。

◇**步骤 10**：标注基准代号。

标注基准代号 B、C、D、F、G、H、Q 和 K，如图 5.3.126 所示。

◇**步骤 11**：标注形位公差。

形位公差共有 10 处，其中包括 2 处铅垂标注，最终如图 5.3.127 所示。

◇**步骤 12**：标注粗糙度符号。

（1）标注其余不加工符号 $_{其余}\sqrt{}$ 时，由于符号需要延长一段线，可在填写位置的框栏中右击插入字符，如图 5.3.128 所示。

（2）标注粗糙度。共有 35 处（包括其余粗糙度符号），最终如图 5.3.129 所示。

◇**步骤 13**：添加剖切符号。

添加剖切符号 B—B。对于左端对应位置的剖切，只需要延长中心线即可，如图 5.3.130 所示。

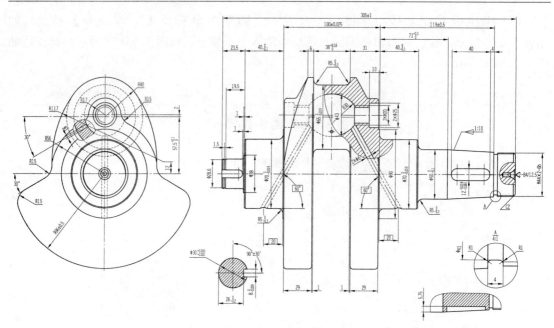

图 5.3.125　完成尺寸标注

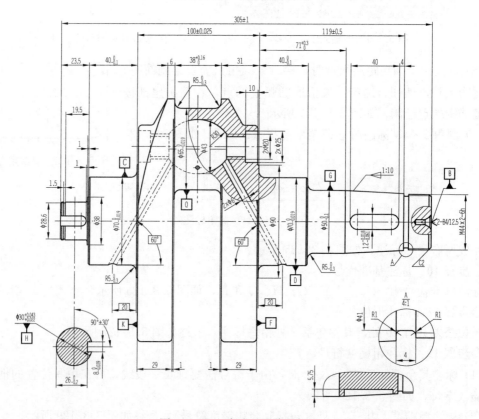

图 5.3.126　完成基准代号标注

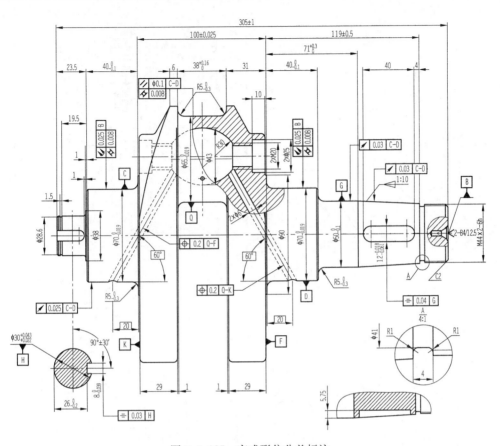

图 5.3.127 完成形位公差标注

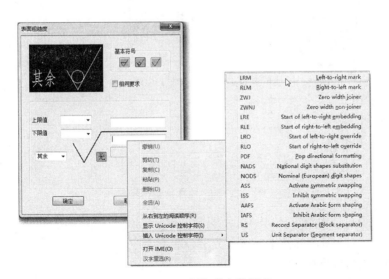

图 5.3.128 标注其余粗糙度

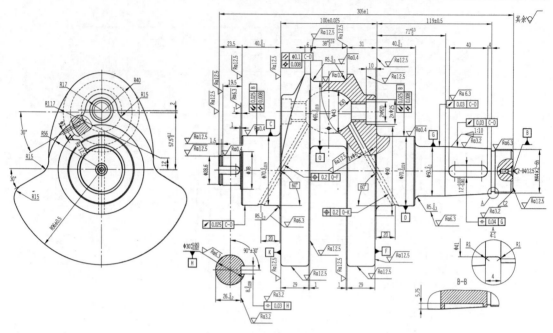

图 5.3.129　完成粗糙度标注

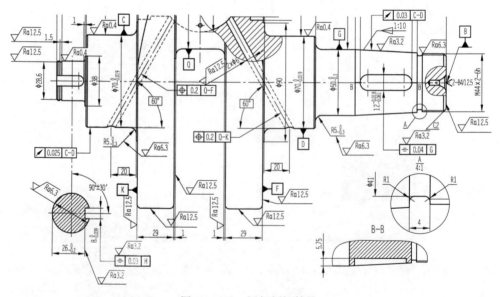

图 5.3.130　添加剖切符号

◇**步骤 14**：填写技术要求。

填写如图 5.3.131 所示的技术要求，放于合适位置。

◇**步骤 15**：填写标题栏。

填写标题栏如图 5.3.132 所示。

保存文件。至此，完成曲柄轴工程图的设计。

技术要求

1. 铸件应经正火处理, 硬度为HB240~290。

2. 未注圆角半径R2~R4。

3. 未注倒角C1, 粗糙度 $\sqrt{\frac{Ra\ 12.5}{}}$

4. 允许在R96表面上钻孔调整不平衡力矩, 孔径为φ15。

5. φ70、φ65三处轴颈经中频淬火, 硬度HRC40~48。

图 5.3.131 添加技术要求   图 5.3.132 填写标题栏

5.4 法兰套的工程图设计

设计如图 5.4.1 所示的法兰套。

(a)

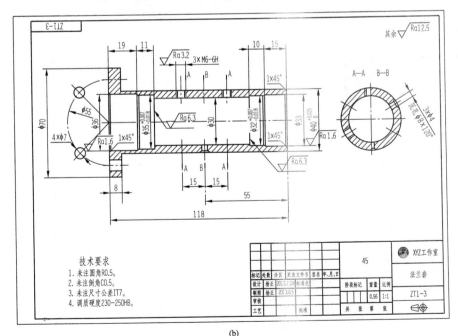

(b)

图 5.4.1 法兰套

(a) 法兰套三维模型; (b) 法兰套二维工程图

设计步骤

◇**步骤 1：**新建空模板【BLANK】文档。

◇**步骤 2：**保存文件。

单击【保存】🖫，选择保存目录并输入图纸代号和名称 ZT1-3 法兰套 .exb，保存文件。

◇**步骤 3：**绘制主视图。

（1）单击【孔/轴】🖳，在绘图区合适位置任意指定一点作为插入点，按表 5.4.1 的数据绘制轴，如图 5.4.2 所示，图层为【粗实线层】。

表 5.4.1　　　　　　　　　　　　　　　　　　　轴　的　参　数

段数	直径	长度	段数	直径	长度
第一段	70	8	第二段	40	110

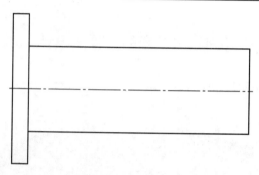

图 5.4.2　绘制轴

（2）单击【孔/轴】🖳，在立即菜单中选择【1. 孔】，拾取 $\phi70$ 的左端面中心点绘制起点，按表 5.4.2 的数据绘制孔，如图 5.4.3 所示。

表 5.4.2　　　　　　　　　　　　　　　　　　　孔　的　参　数

段数	直径	长度	段数	直径	长度
第一段	36	19	第四段	32	10
第二段	35	11	第五段	33	15
第三段	30	63			

（3）单击【平行线】✐，单向偏移距离 40、55 和 70，如图 5.4.4 所示。

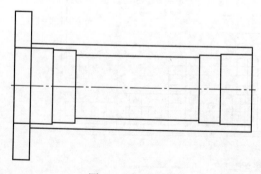

图 5.4.3　绘制孔

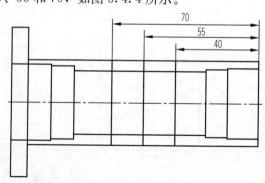

图 5.4.4　单向偏移直线

（4）单击【平行线】 ⁄⁄ ，将偏移距离 70 和 40 后的竖直线分别双向偏移 2.5 和 3，将偏移 55 后的竖直线双向偏移 2，如图 5.4.5 所示。

（5）单击【裁剪】 ⅓ ，裁剪后如图 5.4.6 所示。

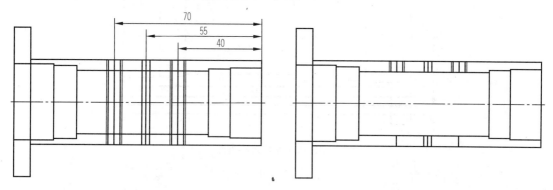

图 5.4.5　双向偏移直线　　　　　　　图 5.4.6　裁剪结果

（6）用夹点将 6 条竖直线拉长并转换为【中心线图层】，如图 5.4.7 所示。

（7）用【平行线】将偏距为 55 中心线双向偏移距离 4，用【角度线】绘制与 X 轴夹角 30°的斜线，【镜像】角度线并【裁剪】，绘制沉头孔，如图 5.4.8 所示。

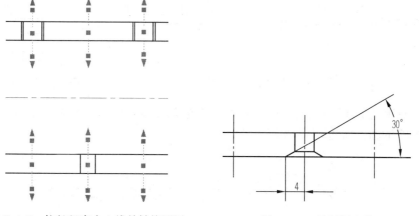

图 5.4.7　拉长竖直中心线并转换图层　　　　　图 5.4.8　绘制沉头孔

（8）选择螺纹线并将其图层换为【细实线层】，如图 5.4.9 所示。

（9）将中心线单向偏移距离 27.5，再将偏移后水平线双向偏移距离 3.5，如图 5.4.10 所示。

图 5.4.9　切换螺纹线图层

（10）裁剪并删除多余线段，使用夹点将中间线条拉长并切换为【中心线层】，如图 5.4.11 所示。

（11）单击【圆】 ⊙ ，切换为【中心线层】，在立即菜单中选择【圆心_半径】，拾取左端面中心点为圆心，捕捉下端中心线夹点绘制圆，如图 5.4.12 所示。

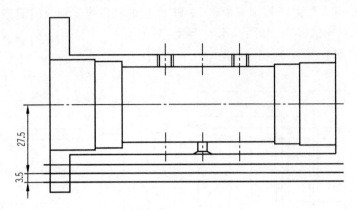

图 5.4.10　偏移水平直线

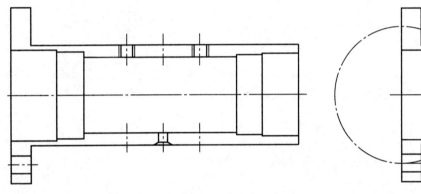

图 5.4.11　拉长水平线并切换图层　　　　　图 5.4.12　绘制圆

（12）使用【角度线】绘制与 Y 轴呈－45°的角度线，以角度线和中心线圆的交点为圆心，绘制 $\phi7$ 的圆，如图 5.4.13 所示。

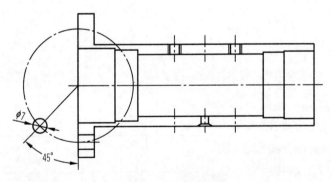

图 5.4.13　绘制 $\phi7$ 的圆

（13）单击【镜像】，镜像孔水平中心线和 $\phi7$ 的圆，如图 5.4.14 所示。

（14）单击【内倒角】，倒角大小为 1×45°，如图 5.4.15 所示。

（15）单击【倒角】，上下两处倒角大小为 1×45°，如图 5.4.16 所示。

（16）单击【角度线】，绘制如图 5.4.17 所示的两条 45°角度线。

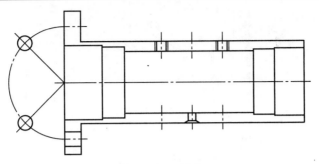

图 5.4.14　镜像

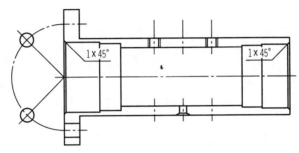

图 5.4.15　内倒角 1×45°

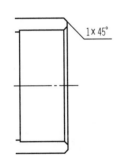

图 5.4.16　倒角 1×45°

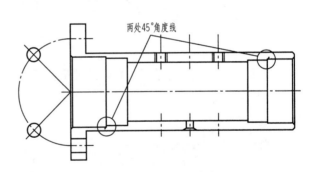

图 5.4.17　绘制 45°角度线

（17）将上述倒角【镜像】、【裁剪】处理，并添加倒角线，如图 5.4.18 所示，其中裁剪处如图 5.4.17、图 5.4.18 标记处和放大 A、B 处。

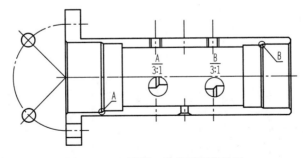

图 5.4.18　镜像、裁剪后到的效果

（18）填充剖面线，比例为 2，填充后如图 5.4.19 所示。

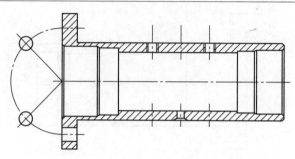

图 5.4.19   填充剖面线

◇**步骤 4**：绘制右视图。

（1）添加剖切符号"A—A"和"B—B"，选择"A—A"并将其【平移复制】至孔中心上，如图 5.4.20 所示。

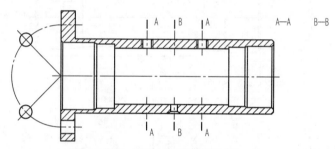

图 5.4.20   添加剖切符号

（2）单击【直线】 ╱，用【正交】模式捕捉主视图上的三条水平线的右【端点】，绘制三条水平辅助中心线及竖直中心线，并绘制两个同心圆，如图 5.4.21 所示。

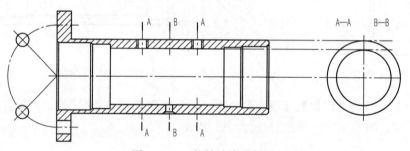

图 5.4.21   作辅助线绘制圆

（3）删除辅助线，使用夹点拉短中心线，如图 5.4.22 所示。

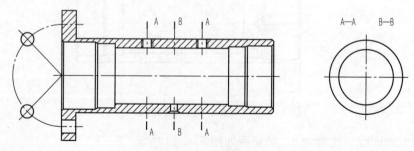

图 5.4.22   删除辅助线

（4）单击【角度线】🔧，绘制与 X 轴呈 30°的中心线，如图 5.4.23 所示。

（5）用夹点拉短角度线并分别作竖直和水平的【镜像】，如图 5.4.24 所示。

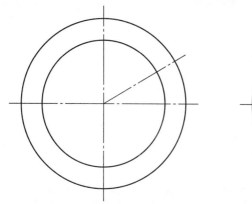 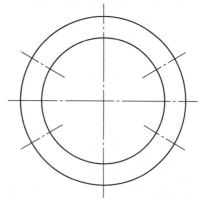

图 5.4.23　绘制 30°角度线　　　　　　　图 5.4.24　镜像角度线

（6）单击【平移复制】🔩，将沉头孔的所有线段复制一份，如图 5.4.25 所示。

（7）删除多余线条，单击【旋转】🔄，拾取沉头孔上任意点作为旋转基点，输入角度120°即旋转 120°，如图 5.4.26 所示。

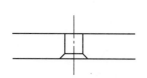 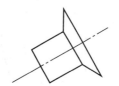

图 5.4.25　复制沉头孔　　　　　　　图 5.4.26　旋转沉头孔

（8）单击【平移】✛，拾取沉头孔锥端中心点为移动基点，移至圆环与中心线的交点，如图 5.4.27 所示。

（9）裁剪和延伸后如图 5.4.28 所示。

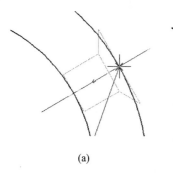 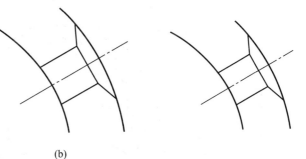

　　　　(a)　　　　　　　　(b)

图 5.4.27　平移沉头孔　　　　　　　图 5.4.28　裁剪沉头孔

（10）同样的方法，将螺纹孔复制后，旋转−60°，并平移至圆环上，修剪和延伸后如图 5.4.29 所示。

（11）单击【阵列】▦，设置如图 5.4.30 所示，拾取螺纹孔和沉头孔的左右线段，选择圆心为阵列中心，阵列后如图 5.4.31 所示。

（12）裁剪和删除多余线段后如图 5.4.32 所示。

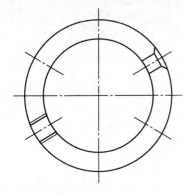

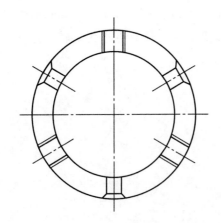
图 5.4.29　添加沉头孔

1. 圆形阵列　▼　2.旋转　　▼　3. 均布　　▼　4.份数　3

图 5.4.30　设置立即菜单

图 5.4.31　阵列两孔

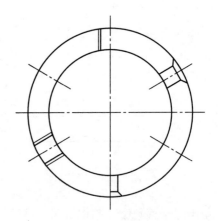
图 5.4.32　修剪后的效果

（13）单击【剖面线】▨，比例为 2，填充后如图 5.4.33 所示。

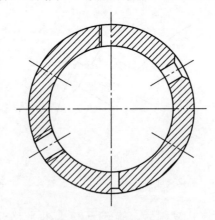
图 5.4.33　填充剖面线

◇**步骤5**：标注尺寸。

标注直径尺寸 φ55 时，选择【简化尺寸线】，如图 5.4.34 所示，标注直径尺寸后如图 5.4.35 所示，标注完所有尺寸如图 5.4.36 所示。

| 1.基本标注 | ▾ 2.直径 | ▾ 3.简化尺寸线 | ▾ 4.文字平行 | ▾ 5.文字拖动 | ▾ 6.前缀 %c | 7.后缀 | 8.基本尺寸 55 |

图 5.4.34　设置立即菜单

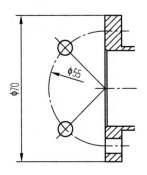

图 5.4.35　标注直径尺寸

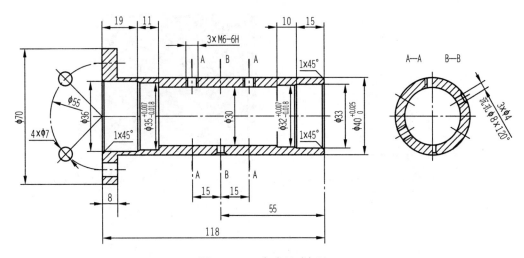

图 5.4.36　完成尺寸标注

◇**步骤6**：标注粗糙度。

标注 6 处粗糙度，如图 5.4.37 所示。

◇**步骤7**：添加图框和标题栏。

单击【图幅设置】，设置如图 5.4.38 所示。

◇**步骤8**：填写技术要求。

单击【技术要求库】。

输入文字：

1. 未注圆角 R0.5。

2. 未注倒角 C0.5。

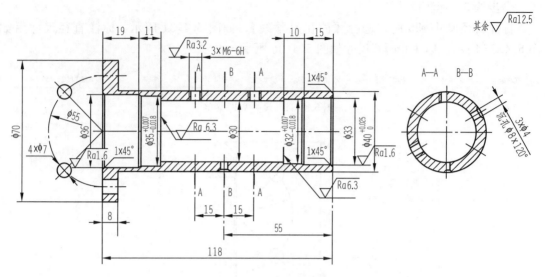

图 5.4.37　标注粗糙度

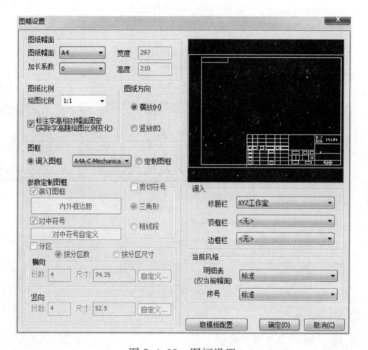

图 5.4.38　图幅设置

3. 未注尺寸公差 IT7。

4. 调质硬度 230～250HB。

单击【生成】，在绘图区指定合适两点放置。

◇步骤 9：填写标题栏。

单击【填写标题栏】图，填写内容如图 5.4.39 所示。

保存文件。至此，完成法兰套工程图的设计。

图 5.4.39　填写标题栏

5.5　分度盘的工程图设计

绘制如图 5.5.1 所示的分度盘工程图。

(a)

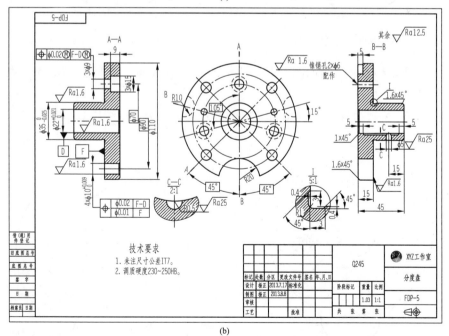

(b)

图 5.5.1　分度盘

（a）分度盘三维模型；（b）分度盘二维工程图

设计步骤

◇**步骤 1**：新建空模板【BLANK】文档。

◇**步骤 2**：保存文件。

单击【保存】 🖫，选择保存目录并输入图纸代号和名称 FDP-5 分度盘 .exb，保存文件。

◇**步骤 3**：绘制分度盘主视图。

（1）绘制【圆】 🔘，绘制如图 5.5.3 所示的直径分为 110、90、70、35 和 22 的同心圆。其中，φ110 的圆添加中心线，设置如图 5.5.2 所示；其他圆选择【无中心线】，φ90 和 φ70 圆绘制时切换图层【中心线层】。

> 1.圆心_半径　▾　2.直径　▾　3.有中心线　▾　4.中心线延伸长度　　　3

图 5.5.2　有中心线

（2）单击【角度线】 📐，绘制与 X 轴呈 15°、−15°、45°和−45°的角度线，如图 5.5.4 所示。

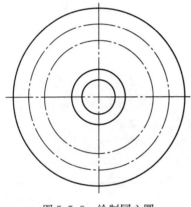

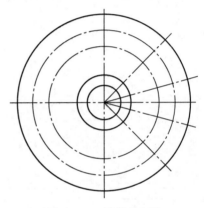

图 5.5.3　绘制同心圆　　　　　　　　　　图 5.5.4　绘制角度线

（3）单击【圆】 🔘，绘制如图 5.5.5 所示的直径分为 φ40、φ15、φ10、φ9、φ6、φ20 和 φ3 的 10 个圆。

（4）【裁剪】 ✂，并将 φ3、φ15 和 φ20 的圆转换图层为【虚线层】，如图 5.5.6 所示。

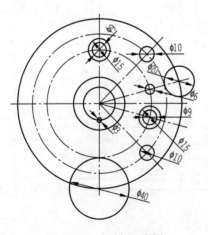

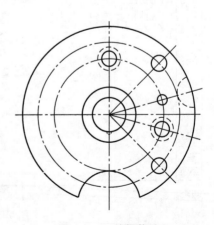

图 5.5.5　绘制 10 个圆　　　　　　　　　图 5.5.6　编辑修改

（5）【镜像】▲对象实体后如图 5.5.7 所示。

（6）单击【平行线】／，将竖直中心线双向偏移 2.5，如图 5.5.8 所示。

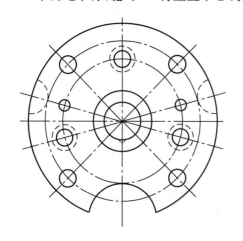

　　　　图 5.5.7　镜像　　　　　　　　　　　　　　图 5.5.8　偏移中心线

（7）单击【裁剪】ᐩ\··，裁剪偏移后的竖直线，并转换图层为【虚线层】，如图 5.5.9 所示。

　　◇**步骤 4**：绘制左视图。

（1）绘制一水平辅助【直线】，如图 5.5.10 所示。

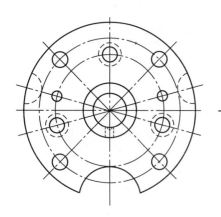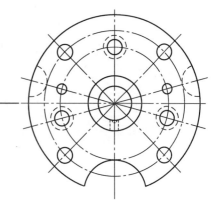

　　图 5.5.9　裁剪并切换图层　　　　　　　　图 5.5.10　绘制水平辅助线

（2）单击【孔/轴】🔩，选择辅助左【端点】为起点，按表 5.5.1 的数据，绘制如图 5.5.11 所示的轴，完成后删除辅助线。

表 5.5.1　　　　　　　　　　　　分 度 盘 绘 制 数 据

段数	直径	长度	段数	直径	长度
第 1 段	35	30	第 2 段	110	15

（3）绘制如图 5.5.12 所示的辅助线。

　　绘制过程中注意切换【图层】，可省去后续的图层转换。

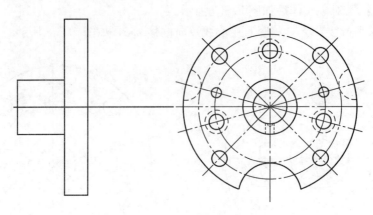

图 5.5.11　绘制轴

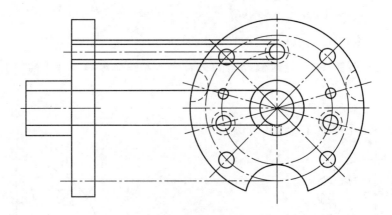

图 5.5.12　绘制辅助线

（4）单击【平行线】✍，单向偏移距离 9 和双向偏移距离 5，如图 5.5.13 所示。

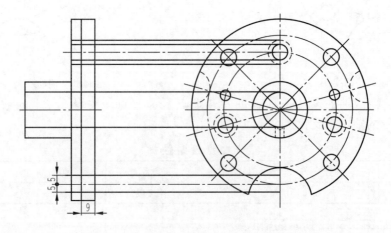

图 5.5.13　偏移

（5）【裁剪】 -\--- 和【删除】 ◣ 后如图 5.5.14 所示。

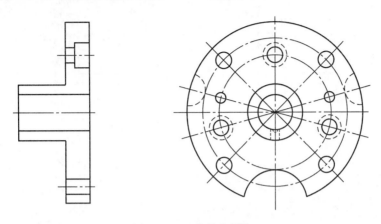

图 5.5.14　裁剪和删除

（6）【倒角】 ◻ 1.6×45°两处，【内倒角】 ▥ 1×45°两处，结果如图 5.5.15 所示。

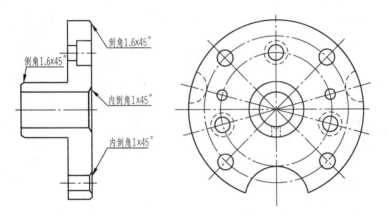

图 5.5.15　倒角

（7）【平行线】 ∥ 偏移距离 0.4 和 3，绘制与 X 轴呈 135°【角度线】，如图 5.5.16 所示。

（8）选择立即菜单【裁剪】模式，【倒圆角】$R1$，如图 5.5.17 所示。

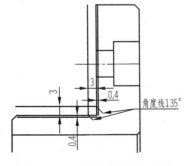

图 5.5.16　偏移并绘制角度线　　　　图 5.5.17　裁剪并倒圆角

（9）【镜像】 ⊥⊥ 后，并【裁剪】 -\--- 多余线段，如图 5.5.18 所示。

（10）填充剖面线后如图 5.5.19 所示。

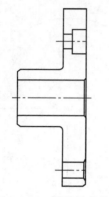 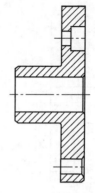

图 5.5.18　镜像并裁剪　　　　　图 5.5.19　填充剖面线

◇**步骤 5**：绘制右视图。

（1）镜像轴选择主视图竖直中心线，【镜像】◢◣左视图，如图 5.5.20 所示。

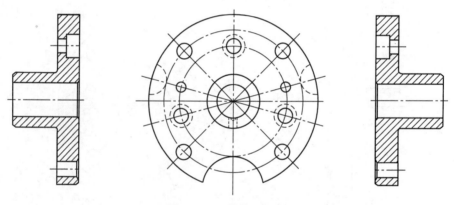

图 5.5.20　镜像左视图

（2）【删除】◢剖面线和多余线段，如图 5.5.21 所示。

（3）绘制辅助【直线】并使用【平行线】╱╱偏移距离 0.91、5 和 10，如图 5.5.22 所示。

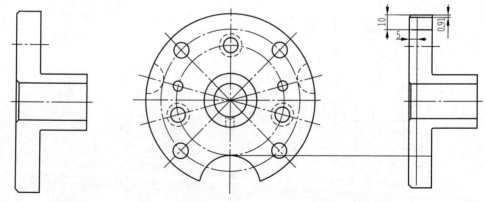

图 5.5.21　删除剖面　　　　　图 5.5.22　绘制辅助线并偏移直线
　　　 线和多余线段

（4）【裁剪】┤┈后如图 5.5.23 所示。

（5）偏移后如图 5.5.24 所示。

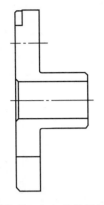
图 5.5.23　裁剪效果

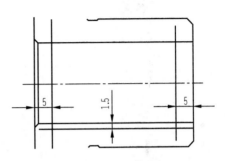
图 5.5.24　偏移

（6）【倒圆角】，裁剪倒角 $R1$，如图 5.5.25 所示。

（7）【删除】✎竖直线，如图 5.5.26 所示。

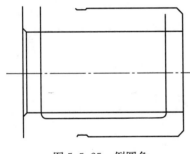
图 5.5.25　倒圆角

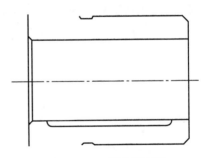
图 5.5.26　删除竖直线

（8）单向偏移距离 15，双向偏移距离 1.75 和 2.5，如图 5.5.27 所示。

（9）【裁剪】┤┈和【延伸】┈┤后如图 5.5.28 所示。

（10）裁剪【倒圆角】$R0.75$，如图 5.5.29 所示。

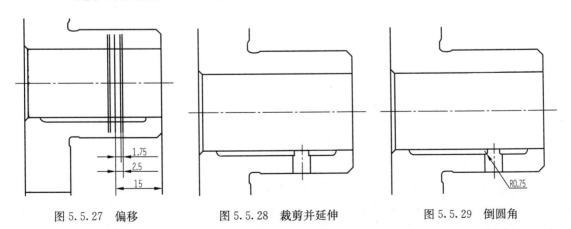
图 5.5.27　偏移　　　　　图 5.5.28　裁剪并延伸　　　　　图 5.5.29　倒圆角

（11）在【图库】中选择 $d6$ 的锥销，并设长度值 l 为 15，如图 5.5.30 所示，调入时选择【打散】，调入后如图 5.5.31 所示。

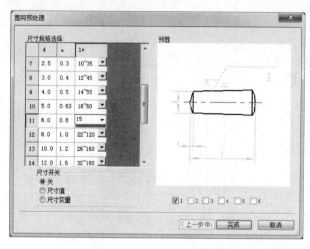

图 5.5.30　选择图符

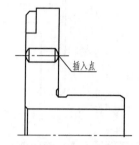

图 5.5.31　调入的锥销

（12）填充【剖面线】后如图 5.5.32 所示。

◇**步骤 6**：绘制【局部放大图】，比例为 5：1，如图 5.5.33 所示。

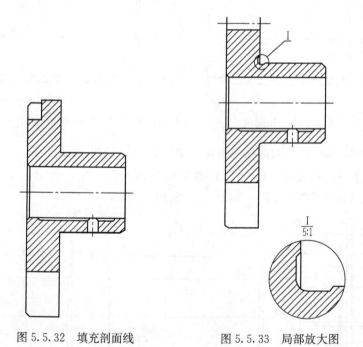

图 5.5.32　填充剖面线　　　　　　　图 5.5.33　局部放大图

◇**步骤 7**：绘制剖面图。

（1）选择图 5.5.34 所示的两个同心圆和小圆弧，【平移复制】后如图 5.5.35 所示。

（2）绘制如图 5.2.36 所示【样条】曲线，【裁剪】、【添加中心线】如图 5.5.37 所示。

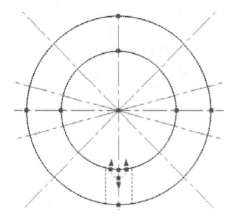

图 5.5.34 选择复制对象

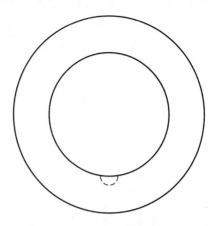

图 5.5.35 复制后

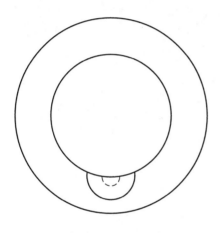

图 5.5.36 绘制样条

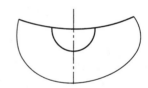

图 5.5.37 添加中心线

(3) 单击【缩放】，设置立即菜单如图 5.5.38 所示，选择修剪后的局部剖视图，右击设置立即菜单如图 5.5.39 所示，输入放大倍数为 5。

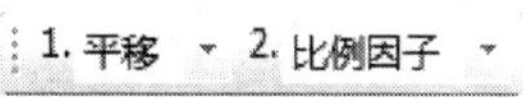

1. 平移
2. 比例因子

图 5.5.38 设置立即菜单

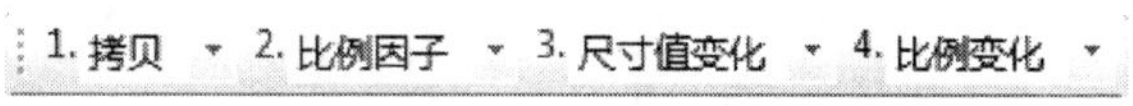

1. 拷贝
2. 比例因子
3. 尺寸值变化
4. 比例变化

图 5.5.39 设置立即菜单

(4) 单击【引出说明】，设置如图 5.5.40 所示。引出说明需要单击三点，第一点和第二点都单击一处，第三点向右水平移动一段后单击，最后如图 5.5.41 所示。

引出说明
上说明:
C-C
插入特殊符号
下说明:
插入...
2:1
确定
取消

图 5.5.40 引出说明

(5) 添加【剖面线】如图 5.5.42 所示。

◇**步骤 8**：标注尺寸。

完成全部尺寸【标注】后如图 5.5.43 所示，标注放大 2 倍的圆弧 $R0.5$ 时，输入替代值 0.5。

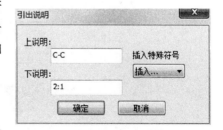

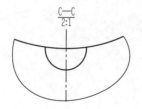

图 5.5.41   添加引出说明

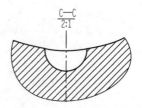

图 5.5.42   添加剖面线

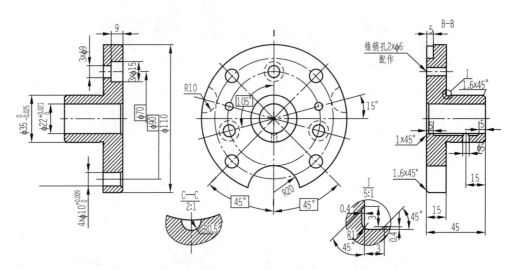

图 5.5.43   完成尺寸标注

◇**步骤 9**：添加剖切符号。

添加【剖切符号】时选择【不垂直导航】，添加剖切符号 *A—A*、*B—B* 和 *C—C*，如图 5.5.44 所示。

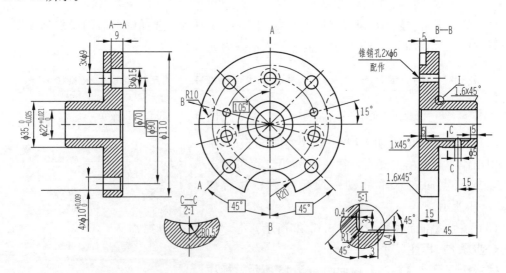

图 5.5.44   添加剖切符号

◇**步骤 10**：添加基准代号。

标注【基准代号】*D* 和 *F*，如图 5.5.45 所示。

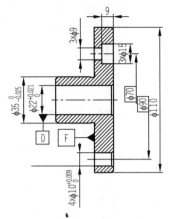

图 5.5.45　添加基准代号

　　添加【基准代号】时，可在样式中修改【基准代号】样式。

◇**步骤 11**：添加粗糙度。

添加【粗糙度】√后如图 5.5.46 所示。

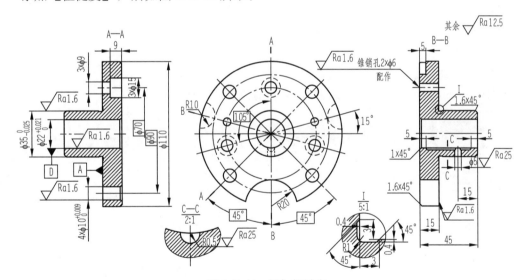

图 5.5.46　添加粗糙度

◇**步骤 12**：添加形位公差。

添加【形位公差】后如图 5.5.47 所示。

◇**步骤 13**：添加图框和标题栏。

单击【图幅设置】，设置如图 5.5.48 所示，再使用【平移】调整图形在图框内的合适位置。

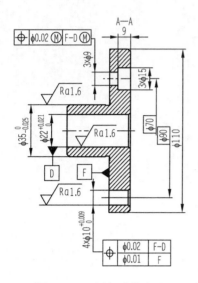

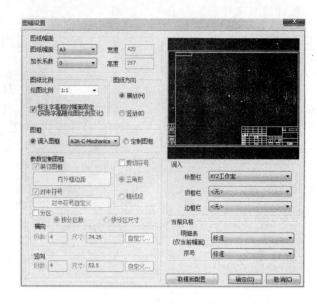

图 5.5.47　添加形位公差　　　　　　图 5.5.48　图幅设置

◇**步骤 14**：填写标题栏。

双击标题栏，填写标题栏如图 5.5.49 所示。

◇**步骤 15**：添加技术要求。

单击【技术要求库】，输入内容：

1. 未注尺寸公差 IT7。

2. 调质硬度 230～250HB。

如图 5.5.50 所示。单击【生成】，拾取合适位置放置技术要求。

图 5.5.49　填写标题栏　　　　　　图 5.5.50　技术要求

保存文件。至此，完成分度盘工程图的设计。

5.6　花键齿轮的工程图设计

绘制如图 5.6.1 所示的花键齿轮工程图。

(a)

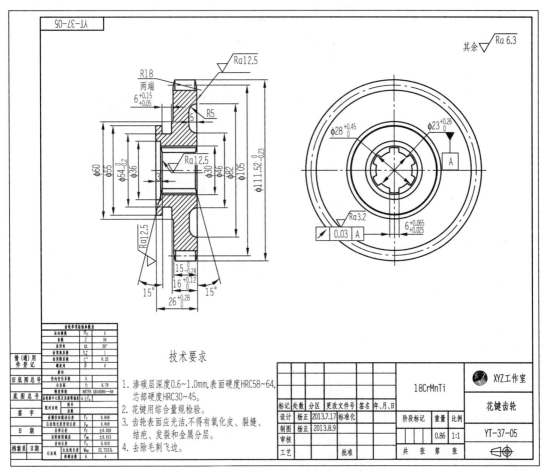

(b)

图 5.6.1　花键齿轮

（a）花键齿轮三维模型；（b）花键齿轮二维工程图

设计步骤

◇**步骤 1**：新建空模板【BLANK】文档。

◇**步骤 2**：保存文件。

单击【保存】■，选择保存目录并输入图纸代号和名称 YT‐37‐05 花键齿轮.exb，保存文件。

◇**步骤 3**：绘制主视图。

（1）单击【孔/轴】■，在绘图区内选取一点为起点，按表 5.6.1 的数据，绘制如图 5.6.2 所示的轴，完成后删除辅助线。

表 5.6.1   花 键 齿 轮 绘 制 数 据

段数	直径	长度	段数	直径	长度
第 1 段	55	4	第 3 段	60	1
第 2 段	45	6	第 4 段	111.52	15

（2）使用【平行线】//，单向偏移后如图 5.6.3 所示。

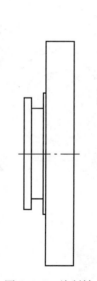

图 5.6.2 绘制轴

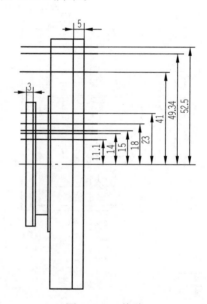

图 5.6.3 偏移

（3）使用【裁剪】－\··和夹点编辑后如图 5.6.4 所示。

（4）使用【角度线】绘制与 Y 轴呈 15°和－15°的角度线，如图 5.6.5 所示。

（5）【裁剪】－\··并绘制直线，如图 5.6.6 所示。

（6）【倒角】0.5×45°和【圆角】 $R1$ 和 $R5$，如图 5.6.7 所示。

（7）偏移 18，使用【导航】捕捉齿根圆水平直线与偏移线交点作为圆心点，绘制 $R18$ 的辅助圆，如图 5.6.8 所示。

（8）【裁剪】－\··后如图 5.6.9 所示。

（9）【镜像】▲并【裁剪】－\··，如图 5.6.10 所示。

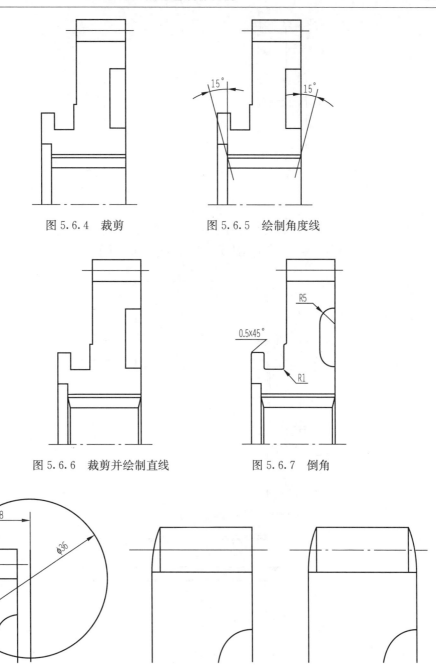

图 5.6.4 裁剪 　　　　　　　图 5.6.5 绘制角度线

图 5.6.6 裁剪并绘制直线 　　　　图 5.6.7 倒角

图 5.6.8 绘制辅助圆 　　图 5.6.9 裁剪 　　图 5.6.10 镜像并裁剪

（10）【镜像】![icon]上半部分，如图 5.6.11 所示。

（11）填充【剖面线】![icon]，比例为 2，如图 5.6.12 所示。

（12）绘制如图 5.6.13 所示辅助线，注意切换图层。

（13）绘制同心圆，并绘制 $\phi23$ 的圆，如图 5.6.14 所示。

（14）双向偏移 3 并【裁剪】![icon]，绘制一个键槽，如图 5.6.15 所示。

（15）【阵列】![icon]键槽竖直两边线 6 份，【裁剪】![icon]后如图 5.6.16 所示。

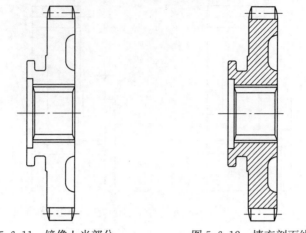

图 5.6.11　镜像上半部分　　　　　图 5.6.12　填充剖面线

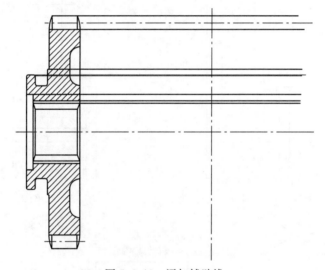

图 5.6.13　添加辅助线

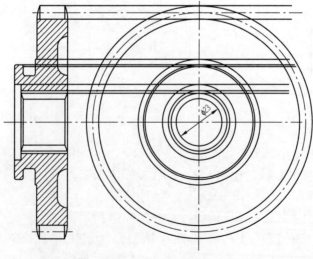

图 5.6.14　绘制圆

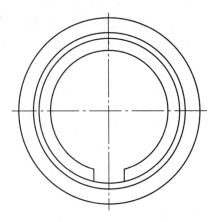

图 5.6.15 绘制一个键槽

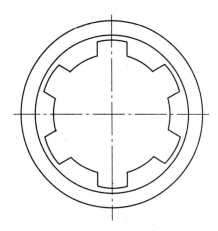

图 5.6.16 阵列键槽

◇**步骤 4**：标注尺寸。

标注尺寸如图 5.6.17 所示。

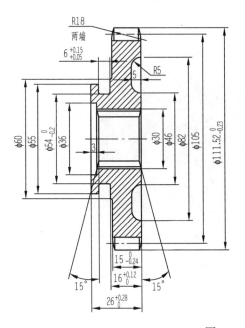

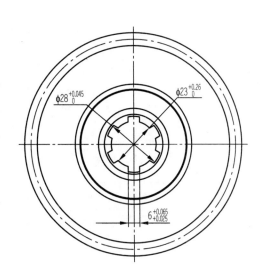

图 5.6.17 标注尺寸

◇**步骤 5**：标注基准代号、形位公差和粗糙度。

标注【基准代号】、【形位公差】和【粗糙度】，完成标注后如图 5.6.18 所示。

◇**步骤 6**：添加图框、标题栏和参数栏。

使用【图幅设置】，设置如图 5.6.19 所示。再用【平移】调整图形在图框内的合适位置。添加后使用【平移】将【参数栏】移至左下角点。

◇**步骤 7**：填写参数栏。

单击【填写参数栏】，填写数据如图 5.6.20 所示，上、下标可以在【插入】中添加。

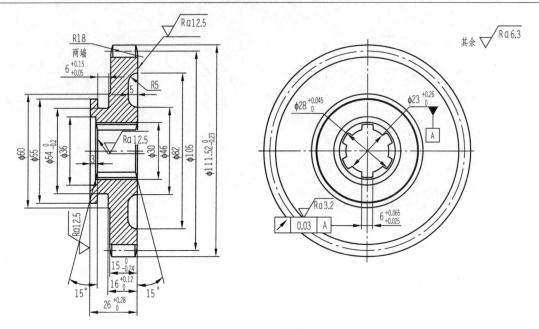

图 5.6.18　完成标注

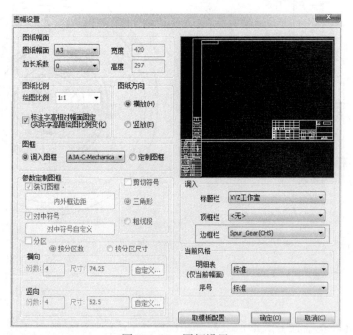

图 5.6.19　图幅设置

◇**步骤 8**：添加技术要求。

填写技术要求，输入内容：

1. 渗碳层深度 0.6~1.0mm，表面硬度 HRC58~64，芯部硬度 HRC30~45。

2. 花键用综合量规检验。

3. 齿轮表面应光洁，不得有氧化皮、裂缝、结疤、发裂和金属分层。

4. 去除毛刺飞边。

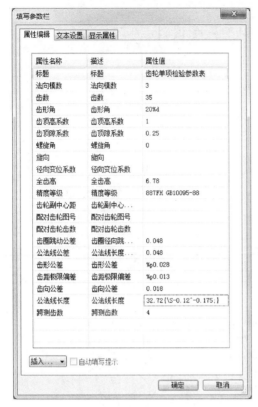

图 5.6.20 填写参数栏

◇**步骤 9**：填写标题栏。

双击【标题栏】或单击【填写标题栏】 ，填写标题栏如图 5.6.21 所示。

图 5.6.21 填写标题栏

保存文件。至此，完成花键齿轮的工程图设计。

5.7　踏脚板的工程图设计

绘制如图 5.7.1 所示的踏脚板工程图。

(a)

(b)

图 5.7.1　踏脚板

（a）踏脚板三维模型；（b）踏脚板二维工程图

🏠 设计步骤

◇**步骤 1**：新建空模板【BLANK】文档。

◇**步骤 2**：保存文件。

单击【保存】💾，选择保存目录并输入图纸代号和名称 ED-1-001 踏脚板 .exb，保存文件。

◇**步骤 3**：绘制主视图。

（1）用【圆】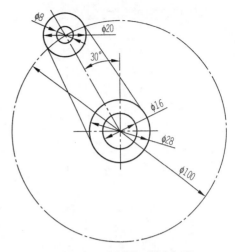绘制三个直径分别为 $\phi16$、$\phi28$ 和 $\phi100$ 的同心圆；用【角度线】绘制与 Y 轴呈 30°的角度线，并与 $\phi100$ 的圆相交，以交点为圆心，用【圆】绘制直径分别为 $\phi8$ 和 $\phi20$ 的同心圆；绘制如图 5.7.2 所示的两切线，删除辅助圆。注意图层的切换。

（2）绘制过圆心的辅助水平中心线；如图 5.7.3 所示，竖直偏移 57、89 和 121；水平偏移 39 和 45；用【角度线】绘制与 Y 轴呈 30°的角度线。

图 5.7.2　绘制同心圆和切线

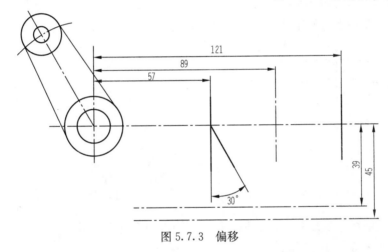

图 5.7.3　偏移

（3）如图 5.7.4 所示，用【圆】绘制直径为 $\phi90$（2 个）和 $\phi100$（1 个）圆，偏移角度线距离 5。

（4）用【直线】绘制过交点与圆相切的直线，如图 5.7.5 所示。

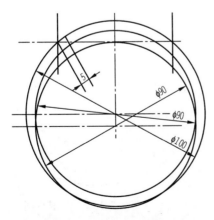

图 5.7.4　绘制 3 个圆并偏移

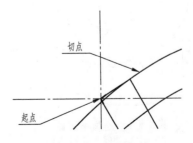

图 5.7.5　绘制切线

（5）将绘制的切线偏移 20，捕捉 3 个切点，使用【三点圆】◐绘制圆，如图 5.7.6
所示。

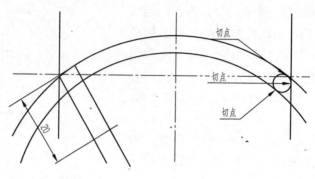

图 5.7.6　绘制切圆

（6）【裁剪】–\·后如图 5.7.7 所示。

（7）捕捉三个切点，使用【三点圆】◎绘制圆，【裁剪】–\·后如图 5.7.8 所示。

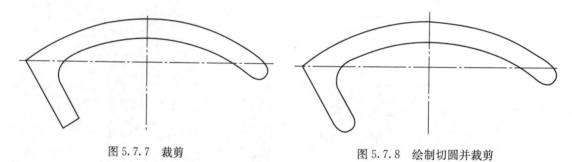

图 5.7.7　裁剪　　　　　　　　　　　图 5.7.8　绘制切圆并裁剪

（8）使用【两点 _ 半径】◐，绘制半径分别为 R70 和 R45 的相切圆，如图 5.7.9 所示。
【裁剪】–\·后如图 5.7.10 所示。

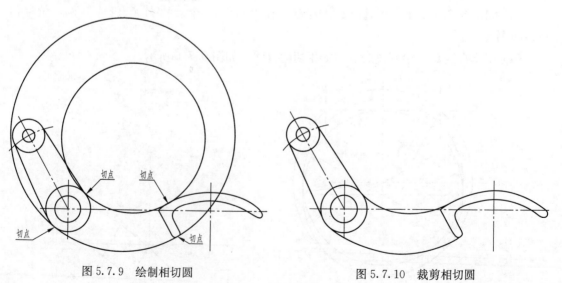

图 5.7.9　绘制相切圆　　　　　　　　图 5.7.10　裁剪相切圆

（9）使用【两点 _ 半径】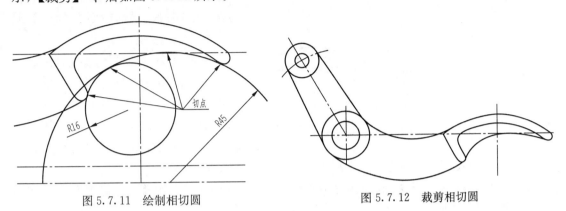，绘制半径分别为 $R45$ 和 $R16$ 的相切圆，如图 5.7.11 所示，【裁剪】 ✂ 后如图 5.7.12 所示。

图 5.7.11　绘制相切圆　　　　　　　　图 5.7.12　裁剪相切圆

（10）用【角度线】 📐 绘制与 Y 轴呈 $-20°$ 和与 X 轴呈 $-20°$ 的中心线，单向偏移 21.5，双向偏移 2.75、4.8 和 5.5，用【角度线】 📐 绘制与 X 轴呈 25° 和与 Y 轴 $-25°$ 的斜线，如图 5.7.13 所示，【裁剪】 ✂ 后如图 5.7.14 所示。

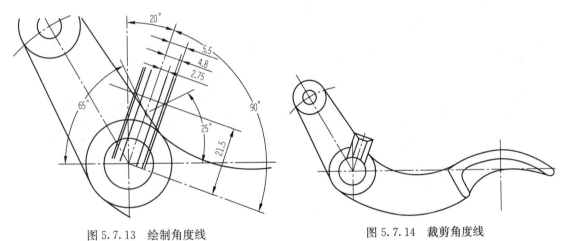

图 5.7.13　绘制角度线　　　　　　　　图 5.7.14　裁剪角度线

（11）绘制【样条】 〰 并【裁剪】 ✂，如图 5.7.15 所示。

（12）绘制一条辅助中心线，使两中心线互相垂直，切换至【虚线层】并双向偏移 4.5，绘制两个相切圆，如图 5.7.16 所示。

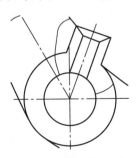

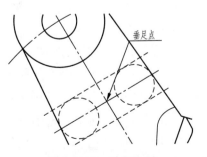

图 5.7.15　绘制样条线　　　　　　　　图 5.7.16　绘制切圆

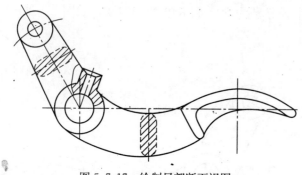

图 5.7.17 绘制局部断面视图

（13）【裁剪】、填充【剖面线】后如图 5.7.17 所示。用同样的方法，绘制另一局部断面视图，【圆】半径 $R4.5$。

◇**步骤 4**：绘制局部剖切视图。

（1）使用【平移复制】复制倾斜中心线，并绘制与复制中心线垂直的辅助中心线和辅助直线（直线与偏移的直线垂直），使用【平行线】双向偏移距离 2.5、3（细实线）、4.5 和 10，如图 5.7.18 所示。

（2）使用【平行线】双向偏移中心线 3，绘制辅助线，利用【三点圆弧】绘制圆弧，如图 5.7.19 所示。

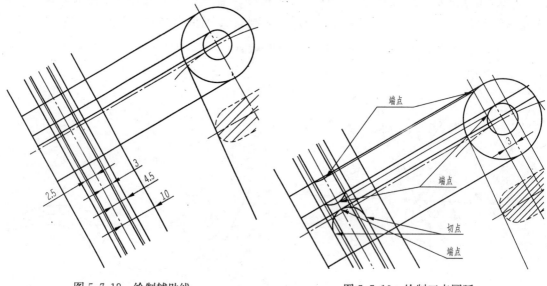

图 5.7.18 绘制辅助线

图 5.7.19 绘制三点圆弧

（3）【裁剪】后绘制【样条】、填充【剖面线】，如图 5.7.20 所示。

（4）用【平移复制】将 $\phi11$ 孔上边线平移复制并拉长和转换为中心线，将 $\phi11$ 孔的中心线延长与之垂直相交，捕捉孔上的端点绘制三条辅助线，并捕捉 $\phi28$ 圆上切点绘制一条辅助线。双向偏移倾斜中心线距离 4.5 和 12.5，用【三点圆弧】（切点、端点和切点）绘制圆弧，在【细实线层】用【样条】绘制曲线，利用三条辅助线绘制三个同心圆，如图 5.7.21 所示。

（5）【裁剪】和编辑后如图 5.7.22 所示。

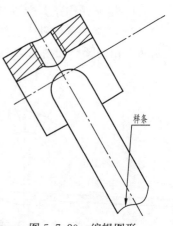

图 5.7.20 编辑图形

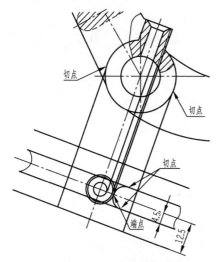

切点

切点

切点

端点

图 5.7.21　绘制辅助线

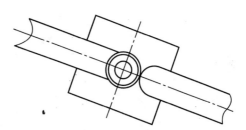

图 5.7.22　裁剪编辑

（6）偏移一条线距离 20 绘制辅助中心线，为剖切位置，【平移复制】 其垂线至任意位置，如图 5.7.23 所示。

（7）在图 5.7.23 基础上，偏移 19 和 38，再将偏移 19 后的线双向偏移 2.5，测量剖切位置尺寸为 14.14 和 5.16，故偏移 14.14 和 5.16，如图 5.7.24 所示。

（8）【裁剪】 后【倒圆角】 R2 和 R2.5，如图 5.7.25 所示，之后填充【剖面线】 。

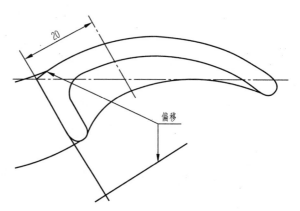

偏移

图 5.7.23　绘制辅助线

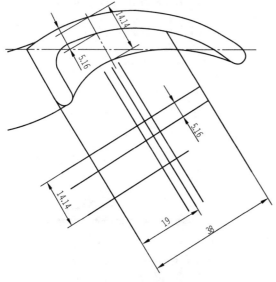

图 5.7.24　偏移

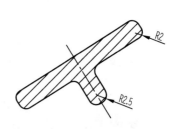

图 5.7.25　倒圆角

◇**步骤 5**：标注剖切符号。

【剖切符号】 添加剖切 C—C，【向视符号】 向视 A 和 B，沿着之前绘制的剖切位置剖切 C—C，如图 5.7.26 所示。

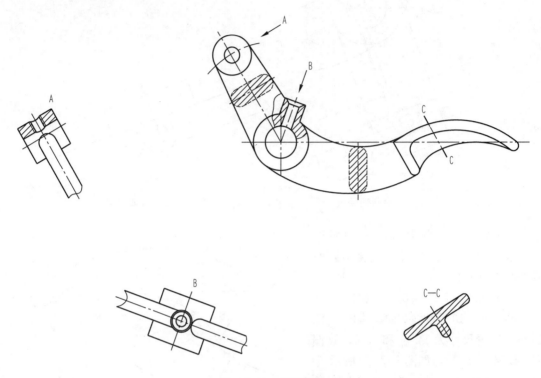

图 5.7.26　剖切符号

◇**步骤 6**：标注尺寸。

标注沉头锥孔符号时，在【尺寸特殊符号】中插入沉头锥孔符号，如图 5.7.27 所示。

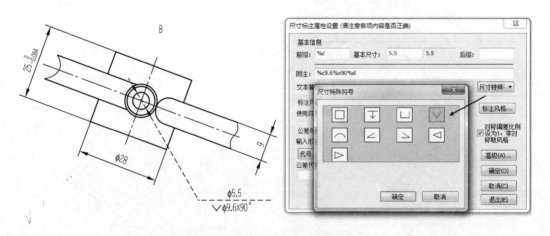

图 5.7.27　标注沉头锥孔符号

　　标注全部尺寸后如图 5.7.28 所示。在外圆弧标注后，添加一些中心线最为标注基准。

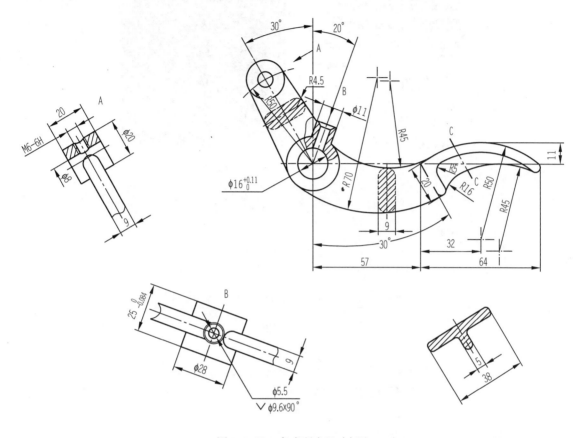

图 5.7.28　完成所有尺寸标注

◇**步骤 7**：标注粗糙度，如图 5.7.1 所示（共 9 处）。

◇**步骤 8**：填写技术要求。

技术要求：

1. 未注圆角 R2～R3。

2. 未注尺寸公差为 IT9。

3. 未注形位公差为 IT10。

◇**步骤 9**：添加图框和标题栏。

　　使用【图幅设置】▦，设置如图 5.7.29 所示，设置图框后使用【平移】✥调整图形在图框内的合适位置。

◇**步骤 10**：填写标题栏。

【填写标题栏】▤后如图 5.7.30 所示。

保存文件。至此，完成踏脚板的工程图设计。

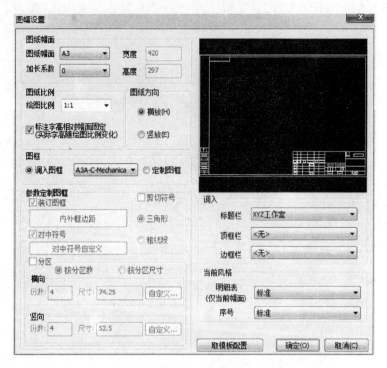

图 5.7.29　图幅设置

图 5.7.30　填写标题栏

5.8　十字架的工程图设计

绘制如图 5.8.1 所示的十字架工程图。

(a)

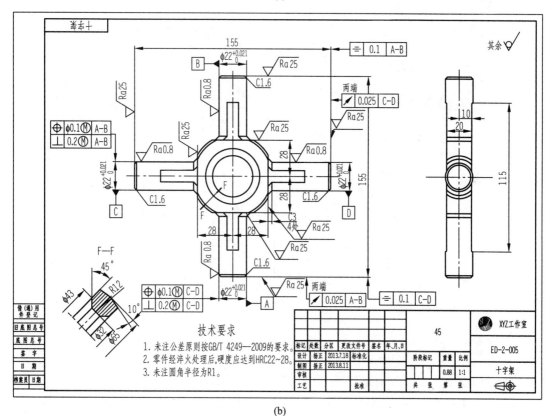

(b)

图 5.8.1 十字架

(a) 十字架三维模型；(b) 十字架二维工程图

设计步骤

◇**步骤 1**：新建空模板【BLANK】文档。

◇**步骤 2**：保存文件。

单击【保存】🖫，选择保存目录并输入图纸代号和名称 ED-2-005 十字架.exb，保存文件。

◇**步骤 3**：绘制主视图。

（1）绘制直径分别为 φ32、φ43、φ61.47 和 φ65 的同心圆；添加【中心线】 ✕；双向偏移中心线 28，如图 5.8.2 所示。【裁剪】 ⅃┗ 后如图 5.8.3 所示。

（2）拉长水平中心线并双向偏移 11，竖直中心线偏移 77.5，偏移右侧边线 3，用【角度

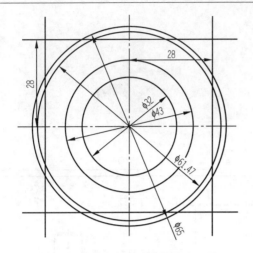

图 5.8.2   绘制同心圆并偏移中心线   图 5.8.3   裁剪

线】绘制 45°角度线，如图 5.8.4 所示。

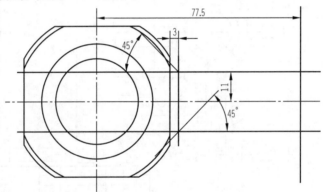

图 5.8.4   偏移并绘制角度线

(3)【裁剪】并【外倒角】1.6×45°，如图 5.8.5 所示。

(4) 圆周【阵列】，拉长中心线，如图 5.8.6 所示。

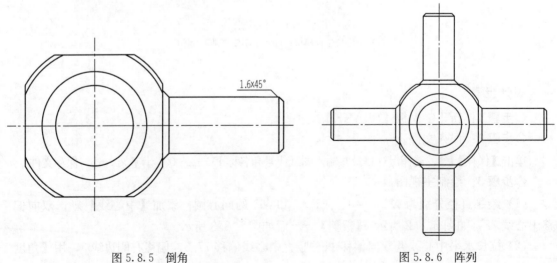

图 5.8.5   倒角   图 5.8.6   阵列

◇**步骤4**：绘制右视图。

（1）绘制辅助线中心线和其他辅助线，并偏移辅助中心线57.5，如图5.8.7所示。

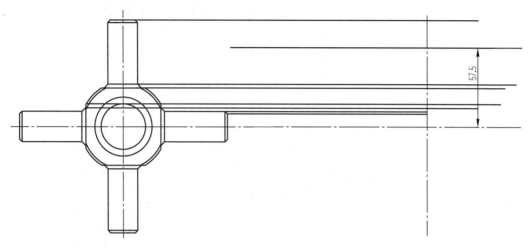

图5.8.7　绘制辅助线

（2）绘制4个与辅助线相切的同心【圆】 ⊙，并双向偏移10和11，如图5.8.8所示。【裁剪】 ⌐· 后如图5.8.9所示。

（3）【裁剪】 ⌐·、【倒圆角】 ◠R1并【镜像】 ◢◣，如图5.8.10所示。

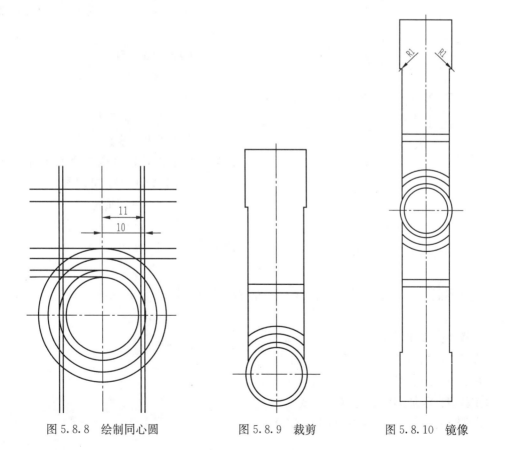

图5.8.8　绘制同心圆　　　　图5.8.9　裁剪　　　　图5.8.10　镜像

（4）完善主视图，绘制图 5.8.11 中，过右视图端点的直线，并偏移主视图垂直中心线 57.5。

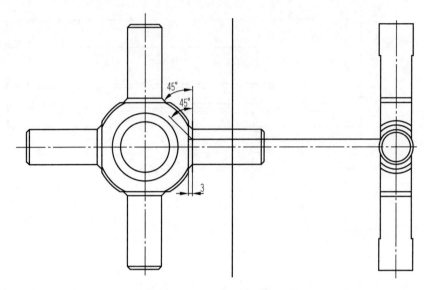

图 5.8.11　绘制辅助线

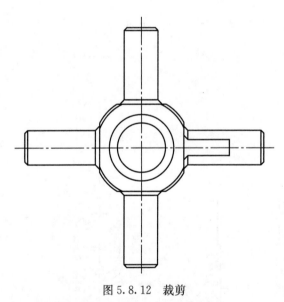

图 5.8.12　裁剪

（5）用【角度线】绘制 $3 \times 45°$ 角度线，【裁剪】、【镜像】后如图 5.8.12 所示。

（6）【阵列】倒角线、【裁剪】，并对右视图【外倒角】 $1.6 \times 45°$，如图 5.8.13 所示。

◇**步骤 5**：绘制剖切视图。

（1）用【角度线】绘制与 X 轴呈 $45°$ 的辅助中心线，以及与之垂直的倾斜中心线，双向偏移 10，单向偏移 16、21.5 和 32.5，如图 5.8.14 所示。

（2）【裁剪】并用【角度线】绘制如图 5.8.15 所示 $45°$ 和 $10°$ 的角度线。

（3）【裁剪】、【倒圆角】 $R12$
并绘制过交点且垂直于中心线的连接线，填充【剖面线】后完成剖斜视图，如图 5.8.16 所示。

◇**步骤 6**：添加剖切符号（见图 5.8.1）。

◇**步骤 7**：标注尺寸（见图 5.8.1）。

◇**步骤 8**：添加基准代号（见图 5.8.1）。

◇**步骤 9**：添加形位公差（见图 5.8.1）。

◇**步骤 10**：标注粗糙度（见图 5.8.1）。

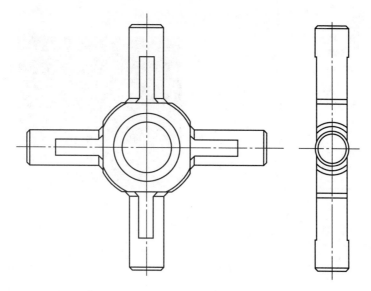

图 5.8.13 阵列与倒角

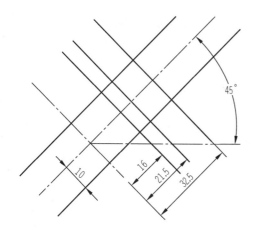

图 5.8.14 绘制辅助中心线

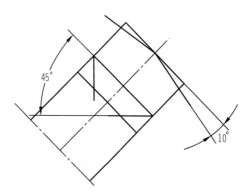

图 5.8.15 绘制角度线

◇**步骤 11**：填写技术要求。

技术要求：

1. 未注公差原则按 GB/T 4249—2009 的要求。

2. 零件经淬火处理后，硬度应达到 HRC22～28。

3. 未注圆角半径为 R1。

◇**步骤 12**：添加图框和标题栏。

使用【图幅设置】▢，设置如图 5.8.17 所示，使用【平移】✛调整在图框内的位置。

◇**步骤 13**：填写标题栏。

【填写标题栏】🔲如图 5.8.18 所示。

保存文件。至此，完成十字架的工程图设计。

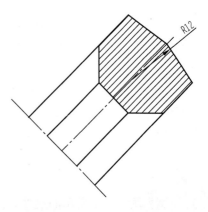

图 5.8.16 剖切视图

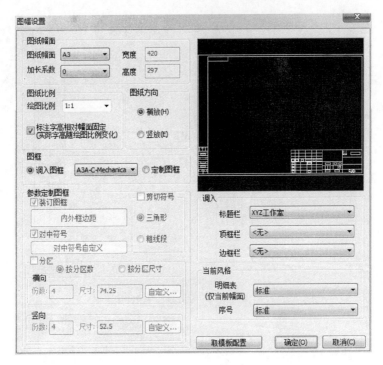

图 5.8.17　图幅设置

图 5.8.18　填写标题栏

5.9　换挡叉的工程图设计

绘制如图 5.9.1 所示的换挡叉工程图。

(a)

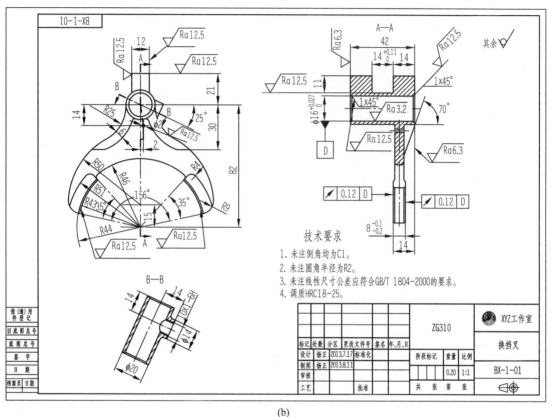

(b)

图 5.9.1 换挡叉

（a）换挡叉三维模型；（b）换挡叉二维工程图

设计步骤

◇**步骤 1**：新建空模板【BLANK】文档。

◇**步骤 2**：保存文件。

单击【保存】💾，选择保存目录并输入图纸代号和名称 BX－1－01 换挡叉．exb，保存文件。

◇**步骤 3**：绘制主视图。

（1）用【圆】◎绘制直径分别为 $\phi16$ 和 $\phi20$ 的同心圆，添加【中心线】，偏移水平中心线 67 和 82，并与竖直中心线相交，分别以两交点为圆心，用圆◎绘制 $\phi86$、$\phi88$、$\phi92$、

$\phi102$ 和 $\phi100$ 的圆，用角度线 ⬜ 绘制与 X 轴呈 12°和 47°的角度线，如图 5.9.2 所示。

（2）将角度线【镜像】 ⬜ 后【裁剪】 ⬜，并转换为中心线，如图 5.9.3 所示。

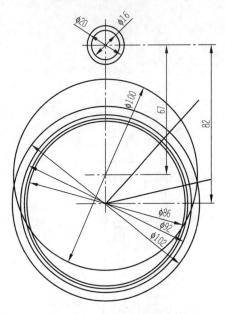

图 5.9.2   绘制辅助线和圆

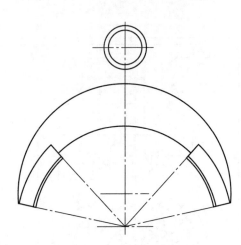

图 5.9.3   处理角度线

（3）使用【两点 _ 半径】 ⬜ 绘制 $R25$ 的切圆，并【镜像】 ⬜、【裁剪】 ⬜，裁剪始边【倒圆】 ⬜ $R2$、$R9$ 和 $R4$，如图 5.9.4 所示。

（4）单击【等距线】 ⬜，设置偏移距离 6，如图 5.9.5 所示。

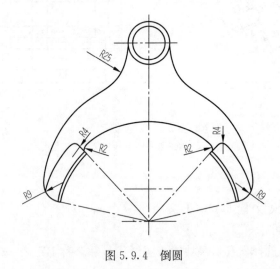

图 5.9.4   倒圆

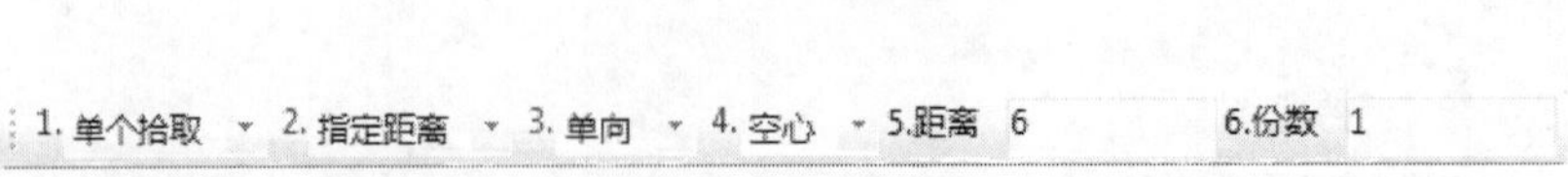

1.单个拾取 ▼   2.指定距离 ▼   3.单向 ▼   4.空心 ▼   5.距离   6   6.份数   1

图 5.9.5   等距线

（5）偏移水平中心线 30，并延伸至如图 5.9.6 所示位置后【裁剪】 ，裁剪始边【倒圆】 R2。

（6）偏移竖直中心线 14，偏移水平中心线 2，绘制 $\phi2$ 的【圆】 ，【删除】 后添加【中心线】 ，如图 5.9.7 所示。

（7）用【角度线】 绘制与 X 轴呈 $-25°$ 和 $65°$ 的中心线，双向偏移 $-25°$ 角度线距离 7，单向偏移 $65°$ 角度线距离 14，如图 5.9.8 所示，【裁剪】 后如图 5.9.9 所示。

（8）单向偏移水平中心线 21，双向偏移竖直中心线 6，【裁剪】 后如图 5.9.10 所示。

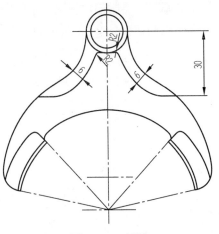

图 5.9.6　倒圆

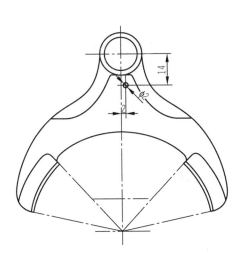

图 5.9.7　绘制 $\phi2$ 的圆

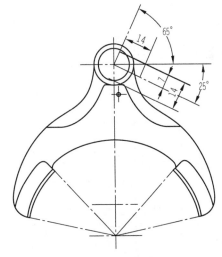

图 5.9.8　绘制辅助线并偏移

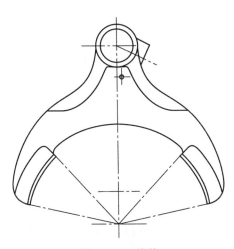

图 5.9.9　裁剪

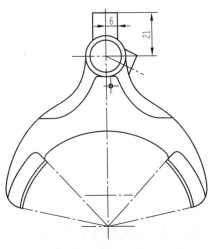

图 5.9.10　偏移中心线并裁剪

◇**步骤 4:** 绘制剖切视图。

(1)绘制如图 5.9.11 所示的辅助线。

图 5.9.11　绘制辅助线

(2)单向偏移距离 6、7、13、14、28 和 42,如图 5.9.12 所示,【裁剪】 ⌐\⌐ 后如图 5.9.13 所示。

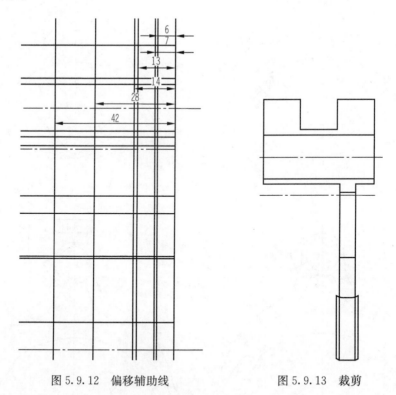

图 5.9.12　偏移辅助线　　　　　　　图 5.9.13　裁剪

(3)用【直线】 ╱ 绘制如图 5.9.14 所示辅助线。

(4)【裁剪】 ⌐\⌐ 并用【角度线】 ∠ 绘制 70°角度线,【倒圆角】 ⌐⌐ R2,【裁剪】 ⌐\⌐ 后如图 5.9.15 所示。

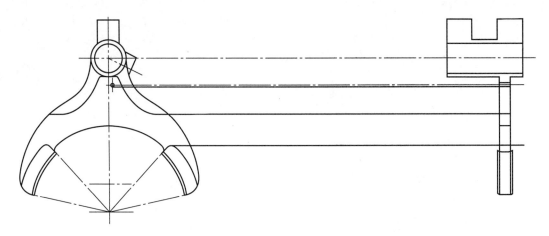

图 5.9.14　绘制辅助线

（5）两端【内倒角】 ⊞ 1×45°、填充【剖面线】 ▨，如图 5.9.16 所示。

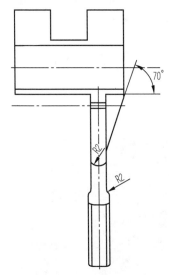

图 5.9.15　裁剪图形

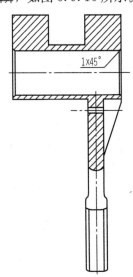

图 5.9.16　填充剖面线

◇**步骤 5**：绘制局部剖切视图。

（1）用【角度线】 ∠ 绘制与 X 轴呈 $-25°$ 斜线及其垂直中心线，双向偏移中心线 8 和 10，且单向偏移 14 和 42，再将偏移 14 后线双向偏移 4.25、5 和 7，如图 5.9.17 所示。【裁剪】 ⁃∤⁃ 后如图 5.9.18 所示。

（2）【内倒角】 ⊞ 1×45°，【倒圆角】 ◷ $R2$，绘制【三点圆弧】 ⌒ 并填充【剖面线】 ▨，如图 5.9.19 所示。

◇**步骤 6**：添加剖切符号（见图 5.9.1）。

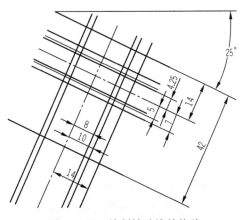

图 5.9.17　绘制辅助线并偏移

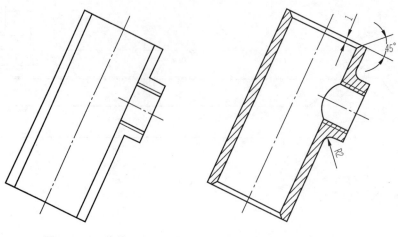

图 5.9.18　裁剪　　　　　　　　　　图 5.9.19　局部剖切视图

◇**步骤 7**：标注尺寸（见图 5.9.1）。

◇**步骤 8**：标注基准代号、形位公差和粗糙度（见图 5.9.1）。

◇**步骤 9**：添加图框和标题栏。

使用【图幅设置】⊡，设置如图 5.9.20 所示。使用【平移】✛调整图形在图框内的位置。

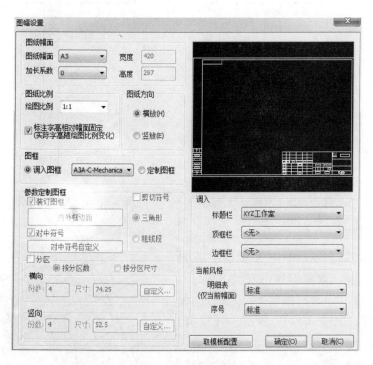

图 5.9.20　图幅设置

◇**步骤 10**：添加技术要求。

填写技术要求，输入内容：

1. 未注倒角均为 C1。

2. 未注圆角为 R2。

3. 未注线性尺寸公差应符合 GB/T 1804—2000 的要求。

4. 调质处理 HRC18～25。

◇**步骤 11**：填写标题栏。

【填写标题栏】🗔如图 5.9.21 所示。

图 5.9.21　填写标题栏

保存文件。至此，完成换挡叉的工程图设计。

5.10　顶尖座的工程图设计

绘制如图 5.10.1 所示的顶尖座工程图。

(a)

图 5.10.1　顶尖座（一）

（a）顶尖座三维模型

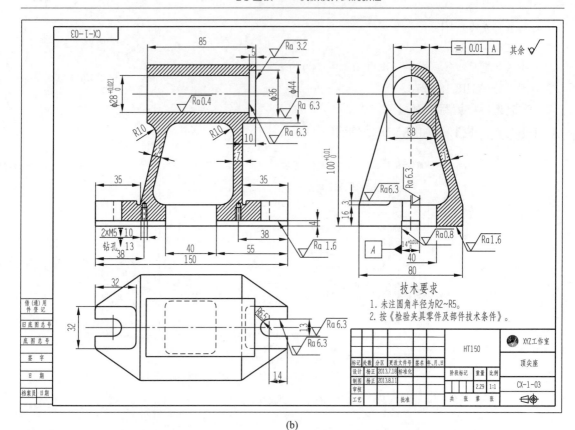

(b)

图 5.10.1　顶尖座（二）

（b）顶尖座二维工程图

设计步骤

◇**步骤 1**：新建空模板【BLANK】文档。

◇**步骤 2**：保存文件。

单击【保存】 ，选择保存目录并输入图纸代号和名称 CX－1－03 顶尖座 .exb，保存文件。

◇**步骤 3**：绘制主视图。

（1）绘制中心线，并将水平中心线双向偏移距离 28、36 和 44，单向下偏移距离 100 后并将其向上偏移 19，竖直中心线向右偏移距离 25、40、50、115、120、125 和 150，如图 5.10.2 所示。

（2）【裁剪】 并将竖直中心线转换为粗实线，如图 5.10.3 所示。

（3）偏移距离 20.5 和 3，并绘制连接线，如图 5.10.4 所示，【裁剪】 后如图 5.10.5 所示。

（4）偏移距离 14、38、55 和 95，如图 5.10.6 所示，【裁剪】 后如图 5.10.7 所示。

（5）双线偏移 2.5 和 1.5，单向偏移 10、13 和 7，如图 5.10.8 所示，【裁剪】 后如图 5.10.9 所示。

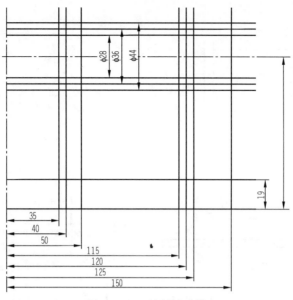

图 5.10.2　绘制辅助线

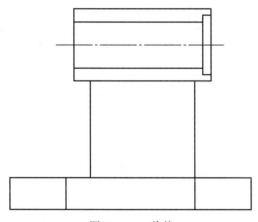

图 5.10.3　裁剪

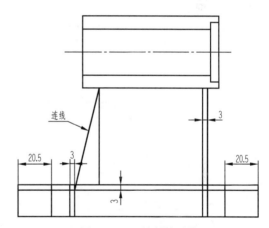

图 5.10.4　绘制辅助线

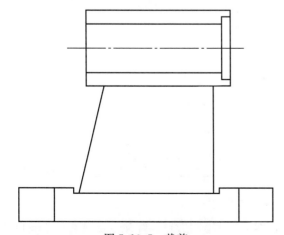

图 5.10.5　裁剪

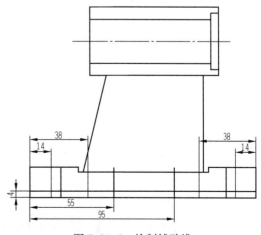

图 5.10.6　绘制辅助线

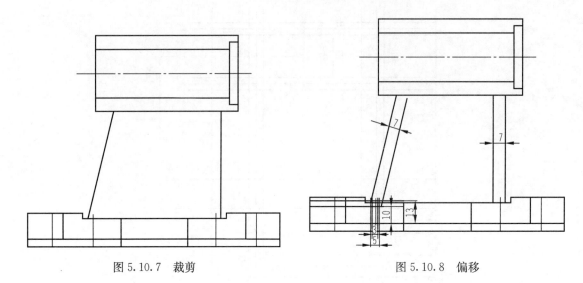

图 5.10.7 裁剪   图 5.10.8 偏移

（6）用【角度线】 ✎ 绘制与 X 轴呈 30°的斜线，【镜像】 ◬、【裁剪】 ⊸ 后，完成左边螺纹孔，如图 5.10.10 所示。

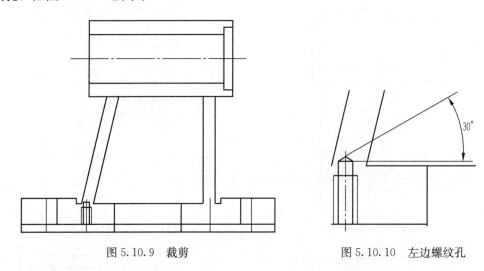

图 5.10.9 裁剪   图 5.10.10 左边螺纹孔

（7）使用【平移复制】 ⬚ 绘制右边螺纹孔，如图 5.10.11 所示。

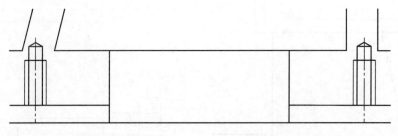

图 5.10.11 平移复制螺纹孔

（8）使用【两点_半径】 ⌒，依次拾取交点和切点，绘制 $R1.5$ 和 $R10$ 的圆弧，【倒圆角】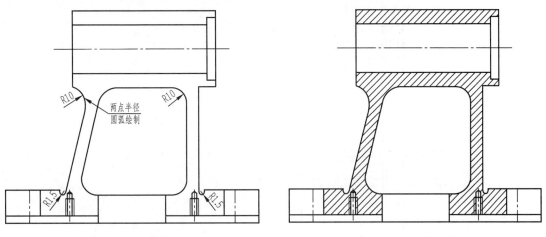$R10$，并【裁剪】，如图 5.10.12 所示。

（9）填充【剖面线】，比例为 2，如图 5.10.13 所示。

图 5.10.12 倒圆角   图 5.10.13 填充剖面线

◇**步骤 4**：绘制俯视图和右视图。

（1）绘制右视图和俯视图的中心线和辅助线，如图 5.10.14 所示，注意切换图层。

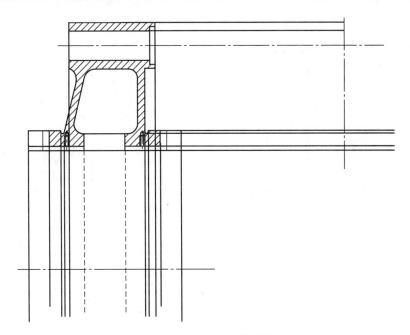

图 5.10.14 绘制辅助线

（2）将右视图竖直中心线单向偏移 6.5、7、16 和 20，双向偏移 19 和 40，并绘制两个同心圆，如图 5.10.15 所示，【裁剪】后如图 5.10.16 所示。

（3）单向偏移 7 并【镜像】槽口，如图 5.10.17 所示。

（4）【倒圆角】、【裁剪】并填充【剖面线】，完成右视图，如图 5.10.18 所示，注意剖面线为一半填充。

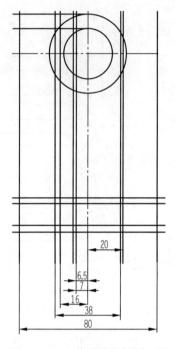

图 5.10.15　偏移并绘制同心圆

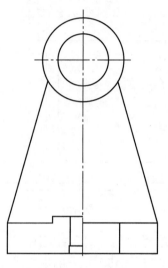

图 5.10.16　裁剪

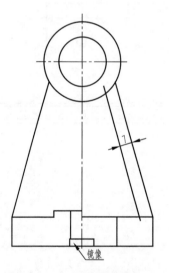

图 5.10.17　偏移并镜像槽口

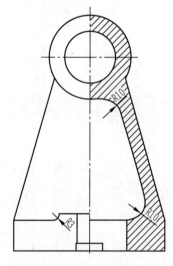

图 5.10.18　右视图

（5）将俯视图水平中心线双向偏移 6.5、16、20、22 和 40，如图 5.10.19 所示，注意偏移 20 时切换图层为虚线层。

（6）【裁剪】 ⊥⊦ 虚线框并绘制四条连线，如图 5.10.20 所示，【裁剪】 ⊥⊦ 后如图 5.10.21 所示。

（7）打断线条并转换为虚线层，使用三点（相切相切相切）圆绘制两切圆，如图 5.10.22 所示。

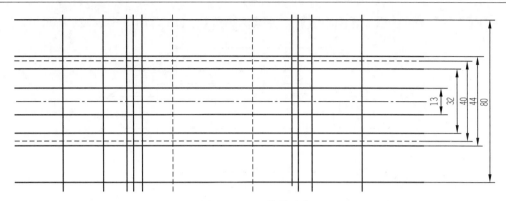

图 5.10.19　作辅助线

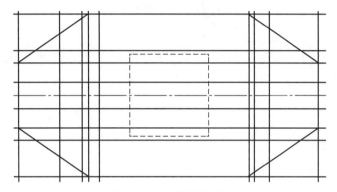

图 5.10.20　作辅助斜线

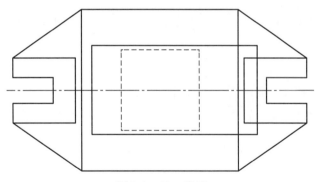

图 5.10.21　裁剪

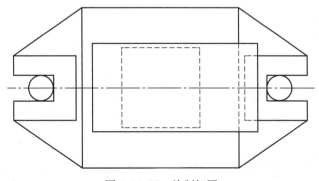

图 5.10.22　绘制切圆

(8)【裁剪】，、添加【中心线】 并【倒圆角】 R5，如图 5.10.23 所示。

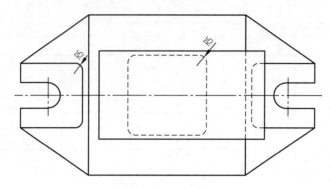

图 5.10.23　倒圆角

◇**步骤 5**：标注尺寸。

(1) 标注两个螺纹孔时，在插入中选择【尺寸特殊符号】，如图 5.10.24 所示。选择深度符号，如图 5.10.25 所示，标注后如图 5.10.26 所示。

图 5.10.24　插入特殊符号　　　　　　　　图 5.10.25　选择深度符号

(2) 标注尺寸 35 时，延伸线段并打断后转换为【细实线层】，再标注尺寸，如图 5.10.27 所示。

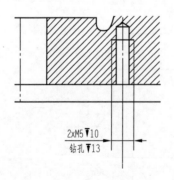

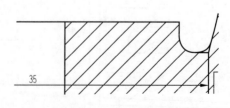

图 5.10.26　标注螺纹孔　　　　　　　图 5.10.27　标注尺寸 35

（3）完成全部尺寸标注后如图 5.10.1 所示。

◇**步骤 6**：标注基准代号、形位公差和粗糙度。

（1）添加图 5.10.28 所示形位公差时，先作两条竖直细实线为辅助线，在标注尺寸时右击弹出的【属性设置】对话框中，如图 5.10.29 所示，在【文字替代】框内按空格键，这样就不会出现数字。

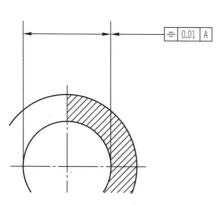

图 5.10.28   形位公差

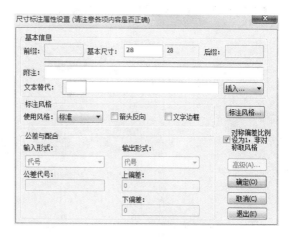

图 5.10.29   属性设置

（2）完成全部基准代号、形位公差和粗糙度标注后如图 5.10.1 所示。

◇**步骤 7**：添加图框和标题栏。

使用【图幅设置】⬚，设置如图 5.10.30 所示，使用【平移】✥调整图形在图框内的位置。

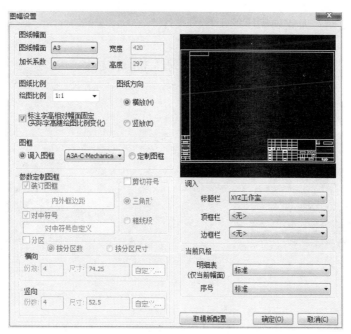

图 5.10.30   图幅设置

◇**步骤 8**：添加技术要求。

填写技术要求，输入内容：

1. 未注圆角半径为 R2～R5。

2. 按《检验夹具零件及部件技术条件》。

◇**步骤 9**：填写标题栏。

【填写标题栏】 如图 5.10.31 所示。

图 5.10.31　填写标题栏

保存文件。至此，完成顶尖座的工程图设计。

5.11　尾座的工程图设计

绘制如图 5.11.1 所示的尾座工程图。

(a)

图 5.11.1　尾座（一）

(a) 尾座三维模型

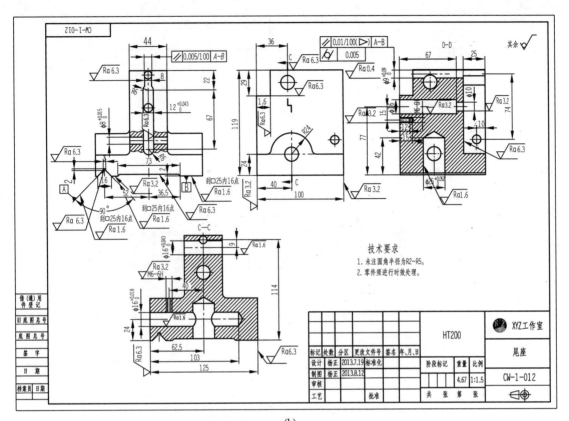

(b)

图 5.11.1 尾座（二）

(b) 尾座二维工程图

设计步骤

◇**步骤 1**：新建空模板【BLANK】文档。

◇**步骤 2**：保存文件。

单击【保存】 ，选择保存目录并输入图纸代号和名称 CW - 1 - 012 尾座 .exb，保存文件。

◇**步骤 3**：绘制主视图。

（1）绘制中心线，水平中心线单向偏移 2、24、48 和 119，竖直中心线双向偏移 22、36.5 和 62.5，如图 5.11.2 所示。

（2）【裁剪】 并将水平中心线转换为【粗实线层】，如图 5.11.3 所示。

（3）将竖直中心线双向偏移 1.5 和 8，单向偏移 10.5，用【角度线】 在偏移距离 8 的直线端点绘制 45°角度线，如图 5.11.4 所示。

（4）【镜像】 45°角度线并【裁剪】 后如图 5.11.5 所示。

（5）将最上端水平线单向偏移距离 5、22、42、79 和 89，并将偏移 79 后的直线双向偏移 4，竖直中心线双向偏移 4 和 6，并在偏移直线与竖直中心线交点处绘制 4 个圆，直径如图 5.11.6 所示。

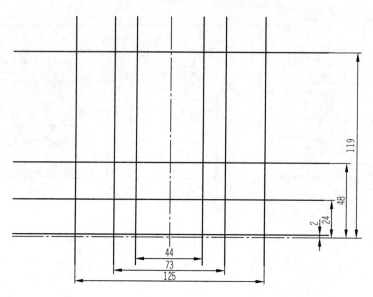

图 5.11.2　绘制辅助线

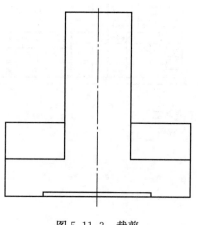

图 5.11.3　裁剪

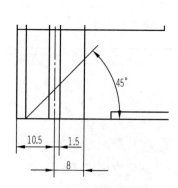

图 5.11.4　偏移绘制辅助线

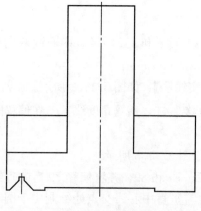

图 5.11.5　裁剪

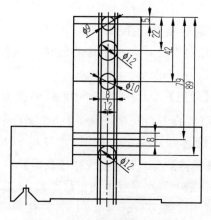

图 5.11.6　绘制辅助线和切圆

（6）【裁剪】后如图 5.11.7 所示。

（7）【倒角】 2×45°，倒【圆角】 R5，如图 5.11.8 所示。

（8）绘制【样条】并填充【剖面线】，完成主视图的绘制，如图 5.11.9 所示。

◇**步骤 4**：绘制右视图。

（1）绘制右视图辅助线，并将其最上端水平线单向向下偏移 14 和 29，任意绘制竖直直线并将竖直单向偏移 60、64、84 和 100，注意图层的切换，如图 5.11.10 所示。

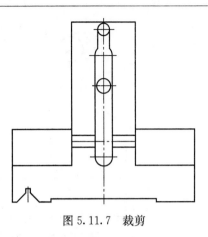

图 5.11.7　裁剪

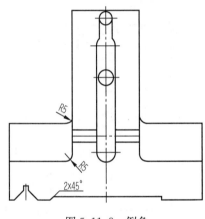

图 5.11.8　倒角

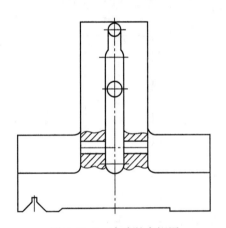

图 5.11.9　完成的主视图

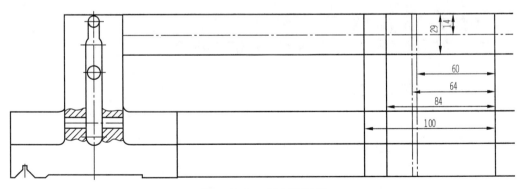

图 5.11.10　绘制辅助线

（2）【裁剪】和【删除】线段后绘制 R24 圆和 2 个 ϕ16 圆，如图 5.11.11 所示。

（3）偏移边线 10 和 40，在相交处绘制 ϕ10 的圆，转换线型为中心线，并使用夹点拉短中心线，倒【圆角】 R5，如图 5.11.12 所示，完成右视图的绘制。

◇**步骤 5**：绘制剖切视图。

（1）将主视图【平移复制】后并【修剪】和【删除】线段后如图 5.11.13 所示。偏移直线，其距离如图 5.11.14 所示。

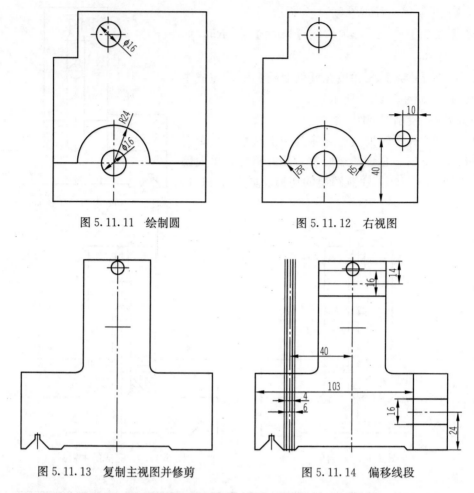

图 5.11.11　绘制圆　　　　　　　图 5.11.12　右视图

图 5.11.13　复制主视图并修剪　　　　图 5.11.14　偏移线段

(2)【延伸】－\和【裁剪】－\－后如图 5.11.15 所示。

(3) 在交点处绘制 ϕ16 的圆，单向偏移 42，双向偏移 12.5，如图 5.11.16 所示。

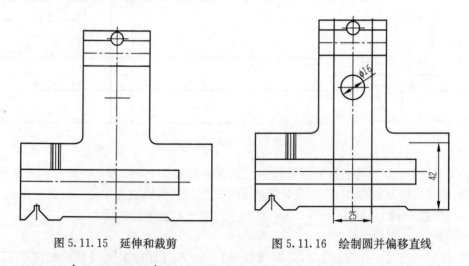

图 5.11.15　延伸和裁剪　　　　　　图 5.11.16　绘制圆并偏移直线

(4)【延伸】－\和【裁剪】－\－后如图 5.11.17 所示。

（5）用【角度线】 $\not\!\!\!\angle$ 绘制与 X 轴呈 30°和 60°角度线并【镜像】 $\triangle$ ，【裁剪】 $\bot$ ，绘制【三点圆弧】 $\nearrow$ 并【镜像】 $\triangle$ ，如图 5.11.18 所示。

（6）填充【剖面线】 $\boxtimes$ 后如图 5.11.19 所示。

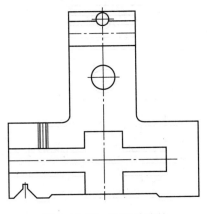

图 5.11.17 延伸并裁剪

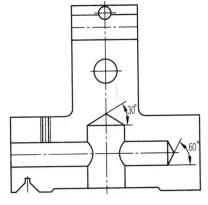

图 5.11.18 绘制角度线和三点圆弧

◇步骤 6：绘制另一剖切视图。

（1）正交水平【平移复制】 $\stackrel{\circ}{\circ}\hspace{-0.3em}$ 主视图并【删除】 $\searrow$ 多余线段，如图 5.11.20 所示。

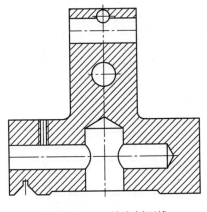

图 5.11.19 填充剖面线

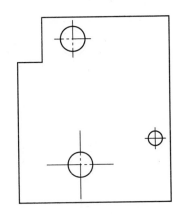

图 5.11.20 复制、修剪后的主视图

（2）绘制辅助线，并偏移两侧边线 25 和 67，如图 5.11.21 所示。

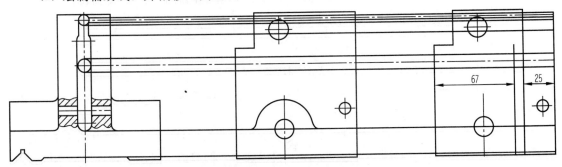

图 5.11.21 绘制辅助线

（3）【裁剪】后如图 5.11.22 所示。

（4）将水平中心线双向偏移 8，单向偏移 15，再双向偏移 2 和 3。【平移复制】图 5.11.18 剖视图中的 φ25 孔，基点为孔底面中心交点，如图 5.11.23 所示。

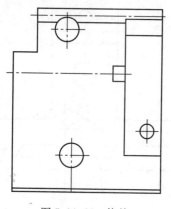

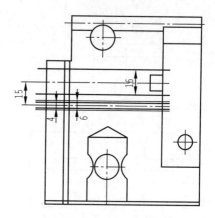

图 5.11.22   修剪   图 5.11.23   复制 φ25 的孔

（5）【裁剪】、【延伸】和【删除】多余线段，并用【角度线】绘制螺纹孔锥端 120°角度线，如图 5.11.24 所示。

（6）填充【剖面线】，如图 5.11.25 所示。注意最上端小区域有剖面线。

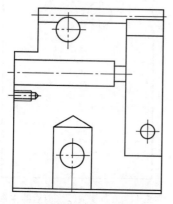

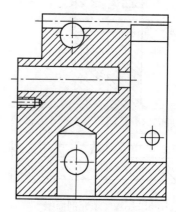

图 5.11.24   绘制螺纹线   图 5.11.25   填充剖面线

◇步骤 7：添加剖切符号。

添加剖切符号 C—C 和 D—D，完成后如图 5.11.1 所示。

◇步骤 8：标注尺寸（见图 5.11.1）。

◇步骤 9：标注基准代号、形位公差和粗糙度。

（1）添加如图 5.11.26 所示的形位公差时，在插入中选择【尺寸特殊符号】中选择"锥度符号"，如图 5.11.27 所示。

（2）添加图 5.11.28 所示粗糙度时，先在"引出说明"中插入【尺寸特殊符号】的□，如图 5.11.29 所示，并将如图 5.11.30 所示"引出说明"的数值，复制至粗糙度的相应位置上，如图 5.11.31 所示。

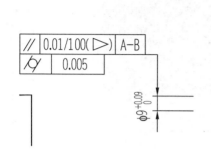

图 5.11.26　形位公差

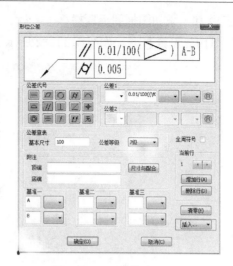

图 5.11.27　形位公差设置

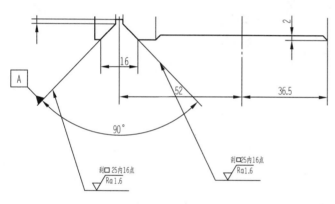

图 5.11.28　粗糙度

图 5.11.29　特殊符号

图 5.11.30　插入至引出说明

图 5.11.31　复制到粗糙度

完成全部标注后，如图 5.11.1 所示。

◇**步骤 10**：添加图框和标题栏。

使用【图幅设置】 ，如图 5.11.32 所示。使用【平移】 调整图形在图框内的位置。

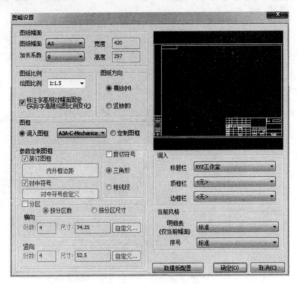

图 5.11.32   图幅设置

◇**步骤 11**：添加技术要求。

填写技术要求，输入内容：

1. 未注圆角半径为 R2～R5。

2. 零件须进行时效处理。

◇**步骤 12**：填写标题栏。

【填写标题栏】 如图 5.11.33 所示。

图 5.11.33   填写标题栏

保存文件。至此，完成尾座的工程图设计。

5.12　壳体的工程图设计

绘制如图 5.12.1 所示的壳体工程图。

(a)

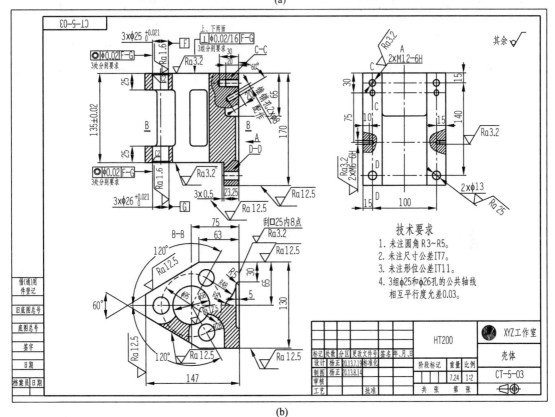

(b)

图 5.12.1　壳体

（a）壳体三维模型；（b）壳体二维工程图

设计步骤

◇**步骤 1**：新建空模板【BLANK】文档。

◇**步骤 2**：保存文件。

单击【保存】■，选择保存目录并输入图纸代号和名称 CT－5－03 壳体 .exb，保存文件。

◇**步骤 3**：绘制俯视图。

（1）单击一点为起点，立即菜单中选择【2. 连续】，【正交】模式，将鼠标向右移动，输入长度值 63，绘制长 63 的水平线，将鼠标向上移动，输入长度值 130，绘制竖直向上直线 130，再向左移动鼠标，输入长度值 63，绘制 63 的水平线，如图 5.12.2 所示。

（2）用【角度线】绘制与 Y 轴呈 60°的角度线并【镜像】，单向偏移竖直线 147，如图 5.12.3 所示。

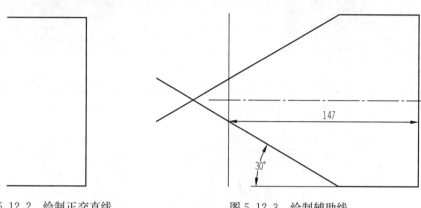

图 5.12.2　绘制正交直线　　　　　　图 5.12.3　绘制辅助线

（3）【裁剪】，偏移竖直边线 75，在交点上绘制 $\phi58$ 和 $\phi95$ 的同心圆，如图 5.12.4 所示。注意图层的切换。

　　图层的转换也可以使用【特性匹配】来转换。

（4）在直径 $\phi95$ 与水平中心线交点上绘制 $\phi25$ 的圆，并圆形阵列【均布阵列】3 个，补充绘制阵列圆中心线，如图 5.12.5 所示。

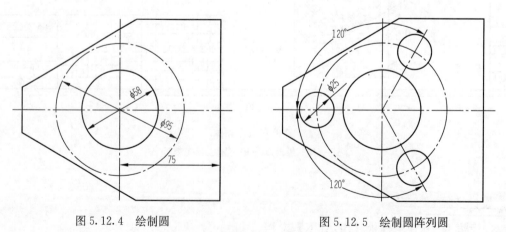

图 5.12.4　绘制圆　　　　　　图 5.12.5　绘制圆阵列圆

（5）双击最下边的 $\phi25$ 圆，在弹出的特性中将直径更改为 26，如图 5.12.6 所示。

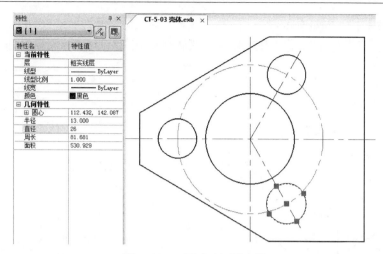

图 5.12.6　更改 φ25 圆直径

（6）在左边 φ25 圆交点上绘制 φ26 的同心圆，【裁剪】 ⊸ 后如图 5.12.7 所示。

（7）绘制两个 φ56 同心圆，并捕捉圆象限点绘制两条竖直线，如图 5.12.8 所示。

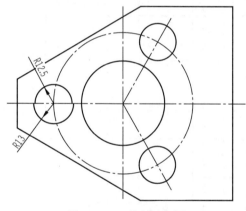

图 5.12.7　绘制 φ26 圆

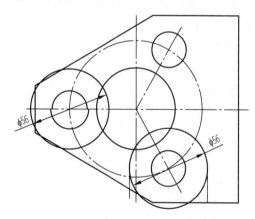

图 5.12.8　绘制 φ56 圆和直线

（8）【裁剪】 ⊸ 后如图 5.12.9 所示。

（9）绘制 φ96 的圆，并偏移边线 5 和水平中心线 35，如图 5.12.10 所示。

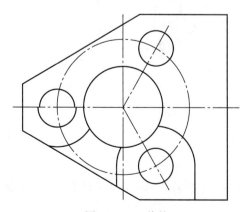

图 5.12.9　裁剪

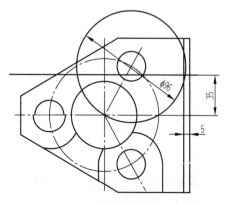

图 5.12.10　绘制 φ96 的圆和辅助线

（10）【裁剪】 -\\--- 后如图 5.12.11 所示。

（11）倒【圆角】 ⌒R5，【镜像】 ⚎后倒【圆角】 ⌒R8，如图 5.12.12 所示。

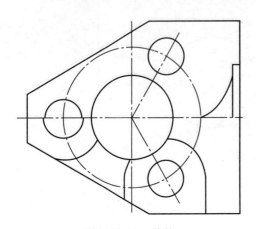

图 5.12.11　裁剪

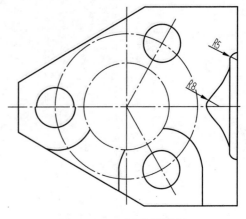

图 5.12.12　镜像倒圆角

（12）【裁剪】 -\\--- 并填充【剖面线】 ▨，如图 5.12.13 所示。

◇**步骤 4**：绘制主视图。

（1）在俯视图上方合适位置绘制水平中心辅助线，并单向偏移水平中心线 25、65、110、135 和 170，如图 5.12.14 所示。

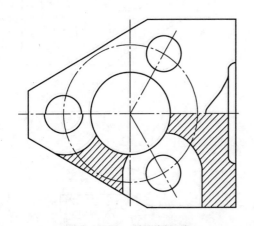

图 5.12.13　填充剖面线

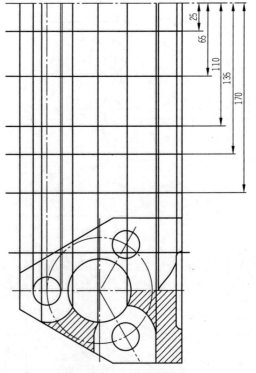

图 5.12.14　绘制辅助线

（2）【裁剪】 -\\---、【删除】 ✎多余线条后如图 5.12.15 所示。

（3）9 处倒【圆角】 ⌒R5，如图 5.12.16 所示。

（4）两处【倒角】 ⌒2×45°，如图 5.12.17 所示。

（5）绘制 3×0.5 槽口，单向偏移直线 3 和 0.5，【裁剪】 -\\---、【延伸】 --\\ 并【删除】 ✎，如图 5.12.18 所示。

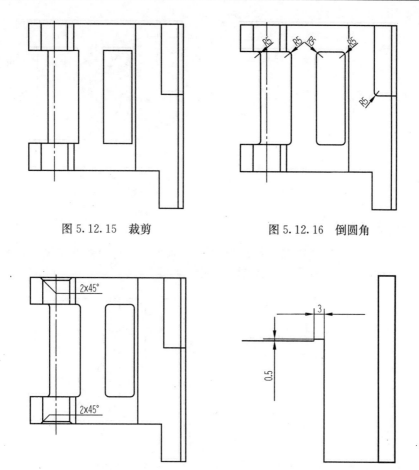

图 5.12.15　裁剪　　　　　　　　　图 5.12.16　倒圆角

图 5.12.17　倒角　　　　　　　　　图 5.12.18　绘制槽口

（6）偏移底边边线 15 转换为中心线后双向偏移 6.5 并【裁剪】，如图 5.12.19 所示。

（7）在【细实线层】上绘制【样条】线并【裁剪】，如图 5.12.20 所示。

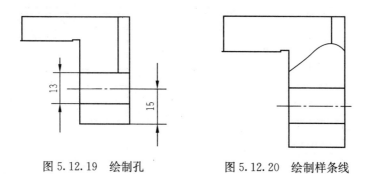

图 5.12.19　绘制孔　　　　　　　　图 5.12.20　绘制样条线

（8）在【提取图符】常用图形的"螺纹盲孔"中，如图 5.12.21 所示，选择 M12，并修改尺寸 $L=30$ 和 $I=20$，如图 5.12.22 所示，拾取如图 5.12.23 所示的交点为插入点。

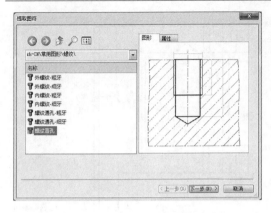

图 5.12.21　提取图符

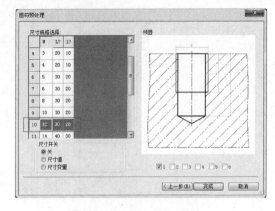

图 5.12.22　修改尺寸

（9）偏移上边线 30，用【角度线】绘制与 X 轴呈 30°和－60°的角度线，并将－60°的角度线偏移 20，如图 5.12.24 所示，绘制的锥孔中心线。

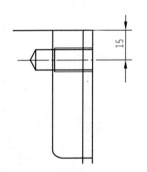

图 5.12.23　放置螺纹孔

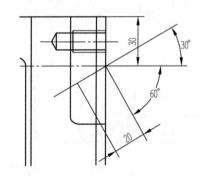

图 5.12.24　绘制角度线并偏移

（10）将锥孔中心线双向偏移 4，并用【角度线】绘制夹角 120°角度线，绘制锥孔，如图 5.12.25 所示。

（11）使用【样条】绘制如图 5.12.26 所示的曲线，【裁剪】后如图 5.12.27 所示。

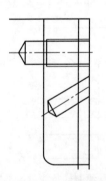

图 5.12.25　绘制斜锥孔

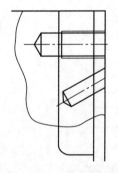

图 5.12.26　绘制样条线

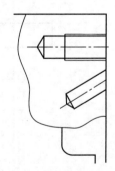

图 5.12.27　裁剪

（12）如图 5.12.28 所示，延伸竖直线至圆弧（图形不封闭，有微小缺口），为了区分，剖面线有两种比例 3 和 5，填充【剖面线】后如图 5.12.29 所示。

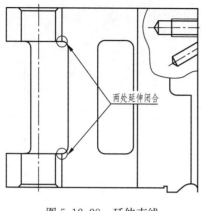

图 5.12.28 延伸直线

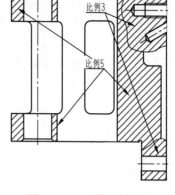

图 5.12.29 填充剖面线

◇**步骤 5**：绘制右视图。

（1）按 F7 键使用【三视图导航】，按 F6 键切换【导航】模式，如图 5.12.30 所示。

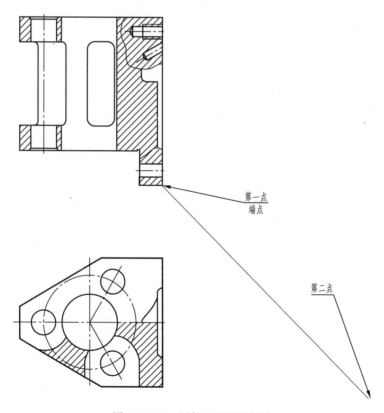

图 5.12.30 添加三视图导航线

（2）使用【三视图导航】，单击绘制直线后，分别捕捉两个视图的关键位置点，绘制另一视图线条，绘制辅助线，如图 5.12.31 所示。

（3）再次按 F7 键可以关闭【三视图导航】功能。

（4）捕捉主视图关键位置点，绘制辅助线，如图 5.12.32 所示。

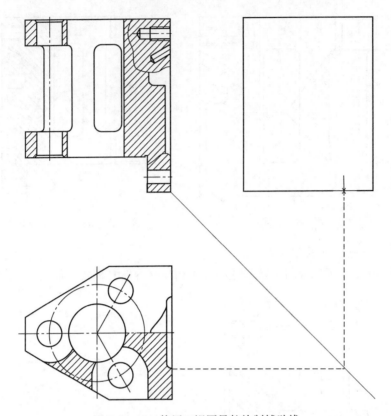

图 5.12.31   使用三视图导航绘制辅助线

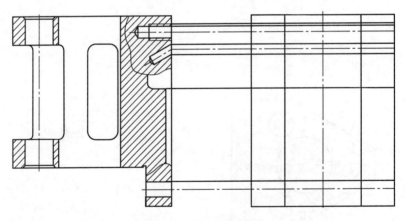

图 5.12.32   添加辅助线

（5）将右视图的两侧垂直边线分别偏移 15 并转换为中心线，并将该中心线双向偏移 4，在如图 5.12.33 所示交点位置绘制圆，并使用【中心点 _ 起点】绘制【椭圆】💿。

（6）【裁剪】⌇、【删除】✎ 并倒【圆角】⬜ R5，如图 5.12.34 所示。

（7）在【提取图符】📇 中调入螺纹孔 M6，修改 L＝15，I＝10，如图 5.12.35 所示。插入后如图 5.12.36 所示。

（8）添加【样条】〰线并填充【剖面线】▦，比例为 3，如图 5.12.37 所示。

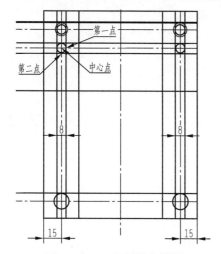

图 5.12.33 绘制圆和椭圆

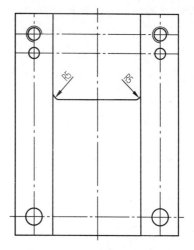

图 5.12.34 裁剪并倒圆角

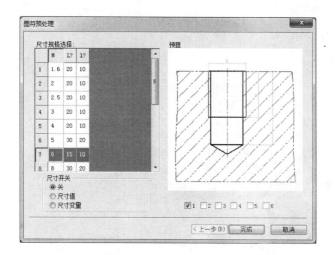

图 5.12.35 螺纹孔设置

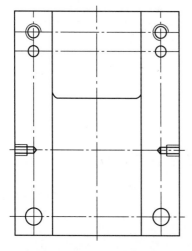

图 5.12.36 插入螺纹孔

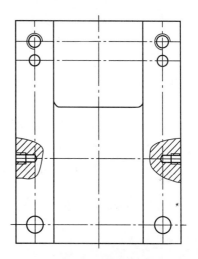

图 5.12.37 填充剖面线

◇**步骤 6**：添加剖视符号和向视符号（见图 5.12.1）。

其中 $C—C$ 和 $D—D$ 为引出说明填写。

◇**步骤 7**：标注尺寸（见图 5.12.1）。

◇**步骤 8**：标注基准代号、形位公差和粗糙度（见图 5.12.1）。

◇**步骤 9**：添加图框和标题栏。

使用【图幅设置】 ，设置如图 5.12.38 所示，使用【平移】 调整图形在图框内的位置。

◇**步骤 10**：添加技术要求。

填写技术要求，输入内容：

1. 未注圆角 R3～R5。

2. 未注尺寸公差 IT7。

3. 未注形位公差 IT11。

4. 3 组 φ25 和 φ26 孔的公共轴线相互平行度允差 0.03。

◇**步骤 11**：填写标题栏。

【填写标题栏】 如图 5.12.39 所示。

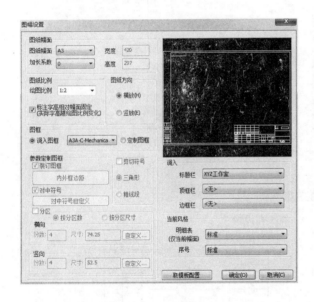

图 5.12.38　图幅设置

图 5.12.39　填写标题栏

保存文件。至此，完成壳体的工程图设计。

5.13　腔体组件的工程图设计

绘制如图 5.13.1 所示的腔体组件工程图。

(a)

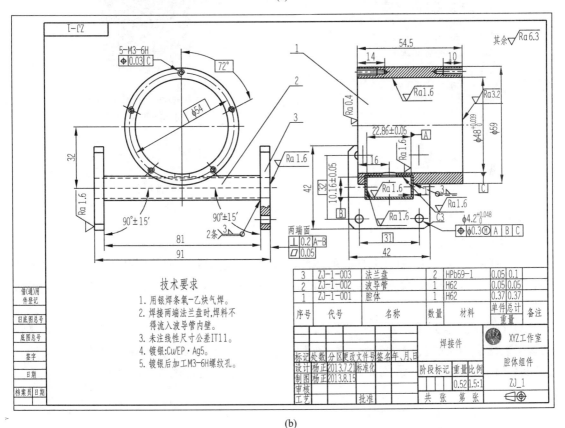

(b)

图 5.13.1　腔体组件

（a）腔体组件三维模型；（b）腔体组件二维工程图

🏠 设计步骤

◇**步骤 1**：新建空模板【BLANK】文档。

◇**步骤 2**：保存文件。

单击【保存】💾，选择保存目录并输入图纸代号和名称 ZJ－1 腔体组件 .exb，保存文件。

◇**步骤 3**：调入装配零部件文件。

调入装配零部件文件的方法一般有两种：

方法 1：并入文件。

使用【并入文件】，如图 5.13.2 所示，并入当前图纸中，删除【中心线层】和【粗实线层】之外的线条和不需要的图层，如图 5.13.3 所示，

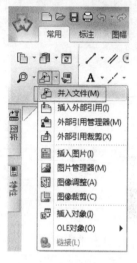

图 5.13.2　并入文件

图 5.13.3　并入到当前图纸

方法 2：复制粘贴。

分为以下两种：

(1) 直接复制粘贴。打开要装配的文件，将需要【复制】的图层打开，关闭其余的图层，如图 5.13.4 所示，选择打开图层中的所有实体元素，【复制】、【粘贴】至装配体文件中。

1) 打开【光盘】—【二维图纸】—【5.13】中的 "ZJ-1-001 腔体 .exb" 文件，打开【粗实线层】、【中心线层】、【剖面线层】和【细实线层】，【复制】腔体的两个视图文件并【粘贴】至 "ZJ-1 腔体组件 .exb" 装配体文件中，其设置如图 5.13.5 所示。

图 5.13.4　图层控制

图 5.13.5　粘贴形式
(a) 保持原态；(b) 粘贴为块

粘贴文件时，立即菜单中有两种形式，通常编辑调入的图形时选择【保持原态】形式，需要分解时编辑才选择【粘贴为块】。根据需要选择选择粘贴形式有助于提高绘图效率，此

处粘贴腔体组件文件选择【保持原态】，如图 5.13.6 所示。

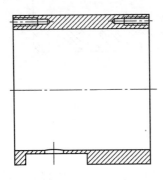
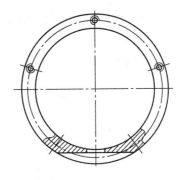

图 5.13.6　粘贴的文件

2）调整视图位置并修改线型、删除多余线条并补充缺少元素，如图 5.13.7 所示，增加螺纹孔的阵列及其他修改。

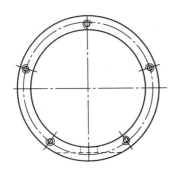
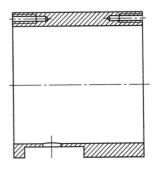

图 5.13.7　修改视图

（2）带基点复制粘贴。带基点复制粘贴，即基于一个已有零部件或已有辅助线的基础上，效率会更高。如不存在可确定定位点的零部件或辅助线，此法也就没意义了。

如图 5.13.8 所示，选择需要复制的元素，选择【带基点复制】，粘贴时将【基点】与已有零部件的【定位点】重合。

打开【光盘】—【二维图纸】—【5.13】中的"ZJ-1-002 波导管 .exb"文件，只打开【中心线层】、【粗实线层】和【剖面线】，将波导管剖切视图【带基点复制】，【保持原态】粘贴时，定位点直接选择装配点位置，如图 5.13.9 所示，粘贴至"ZJ-1 腔体组件.exb"装配体文件后如图 5.13.10 所示。

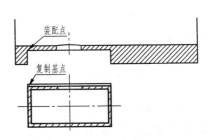

图 5.13.8　带基点复制　　　　　　　　　图 5.13.9　定位点位置

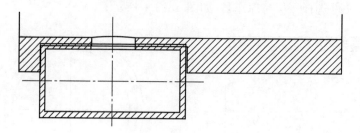

图 5.13.10　装配

◇**步骤 4**：调入波导管文件。

（1）打开【光盘】—【二维图纸】—【5.13】中的"ZJ‐1‐002 波导管.exb"文件，只打开【中心线层】、【粗实线层】和【剖面线】，【复制】📄文件视图，选择【保持原态】粘贴，粘贴至"ZJ‐1 腔体组件.exb"装配体文件中，调入后【裁剪】✂、切换图层并修改后如图 5.13.11 所示。

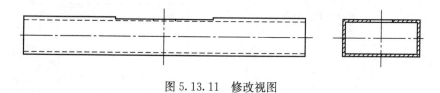

图 5.13.11　修改视图

（2）选择整个波导管剖切视图，【平移】✛至如图 5.13.12 所示的腔体端点位置，装配后如图 5.13.13 所示。

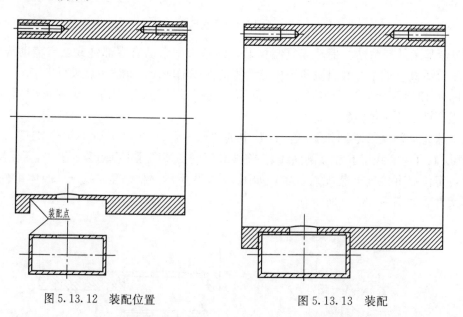

图 5.13.12　装配位置　　　　　图 5.13.13　装配

（3）同样，另一视图的装配位置如图 5.13.14 所示。装配后打断线条线并转换线型，【裁剪】✂后如图 5.13.15 所示。

◇**步骤 5**：调入法兰盘文件。

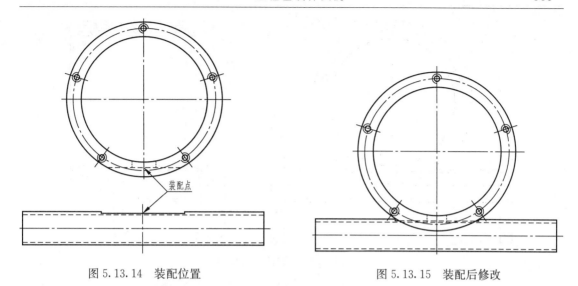

图 5.13.14　装配位置　　　　　　　图 5.13.15　装配后修改

（1）打开【光盘】—【二维图纸】—【5.13】中的"ZJ-1-03 法兰盘.exb"文件，只打开【中心线层】、【粗实线层】和【剖面线】，复制文件视图，选择【保持原态】粘贴，粘贴至"ZJ-1 腔体组件.exb"装配体文件中，按照图示装配点位置【平移】✥视图，装配后如图 5.13.16 所示。

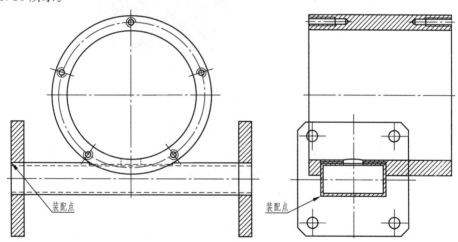

图 5.13.16　装配法兰盘

（2）【删除】✎左侧视图的剖面线，借助右侧视图绘制倒角线和剖面视图，【裁剪】╲┈两端遮挡的线段。【裁剪】╲┈右侧视图的线条，修改波导管的【剖面线】旋转角度为 135°后，如图 5.13.17 所示。

◇**步骤 6**：添加图框和标题栏。

使用【图幅设置】▦，设置如图 5.13.18 所示。在【绘图比例】中输入 1.5∶1（此比例不推荐，所以比例选择中没有），使用【平移】✥调整图形在图框内的位置。

◇**步骤 7**：添加序号。

（1）单击【功能区】—【图幅】选项卡—【序号】面板—【生成序号】⌇⌇，立即菜单如图 5.13.19 所示，选择【不填写】明细表。

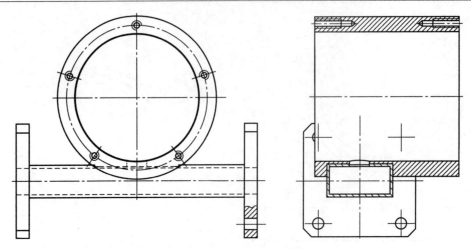

图 5.13.17　修改法兰盘视图

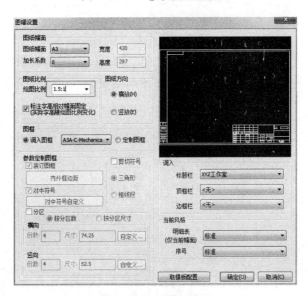

图 5.13.18　图幅设置

| 1.序号= 1 | 2.数量 1 | 3. 水平 ▾ | 4. 由内向外 ▾ | 5. 显示明细表 ▾ | 6. 不填写 ▾ | 7. 单折 ▾ |

图 5.13.19　序号立即菜单

（2）依次从左到右单击生成序号，如图 5.13.20 所示。

◇**步骤 8**：填写明细表。

单击【功能区】—【图幅】选项卡—【明细表】面板—【填写明细表】▦，如图 5.13.21 所示。

◇**步骤 9**：标注尺寸（见图 5.13.1）。

标注中心高尺寸时，标注值为 30.98，将其替代为 32，这是因为焊接件需要预留焊缝。

◇**步骤 10**：标注焊接符号。

单击【焊接符号】⁄，对两处焊缝标注分别设置如图 5.13.22 所示。

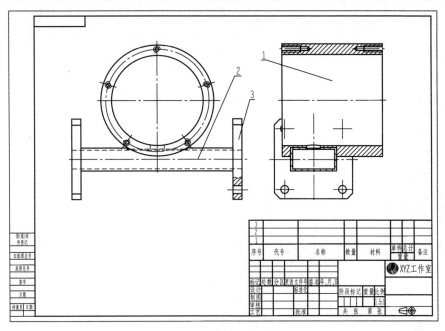

图 5.13.20　生成序号

图 5.13.21　填写明细表

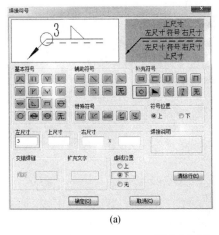

(a)

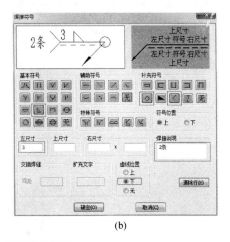

(b)

图 5.13.22　焊接符号标注

◇**步骤 11**：标注形位公差和粗糙度（见图 5.13.1）。

(1) 标注螺纹孔 M3 位置度形位公差时，在形位公差顶端框中输入"5 - M3 - 6H"，如

图 5.13.23 所示。选择螺纹线标注，如图 5.13.24 所示。

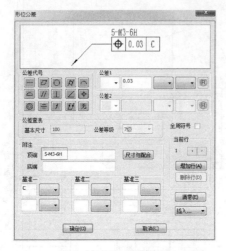

图 5.13.23 形位公差

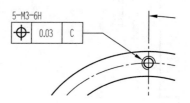

图 5.13.24 标注螺纹孔形位公差

（2）标注 $\phi4.2$ 孔位置度形位公差时，在形位公差的顶端框中插入上下标。

◇**步骤 12**：填写技术要求。

填写技术要求为：

1. 用银焊条氧-乙炔气焊。

2. 焊接两端法兰盘时，焊料不得流入波导管内壁。

3. 未注线性尺寸公差 IT11。

4. 镀银：Cu/EP·Ag5。

5. 镀银后加工 M3-6H 螺纹孔。

◇**步骤 13**：填写标题栏。

【填写标题栏】如图 5.13.25 所示。

图 5.13.25 填写标题栏

保存文件。至此，完成腔体组件的工程图设计。

5.14 平衡轴组装的工程图设计

绘制如图 5.14.1 所示的平衡轴组装工程图。

(a)

图中文字（技术要求）：

技术要求
1. 装配时应注意清洁，不得碰伤零件表面。
2. 轴承装配后应灵活，不应存在卡轧现象。
3. 平衡轴齿轮装配时应注意记号齿面在外侧。
4. 平衡轴油封放入平衡轴左轴承盖，应注意石墨板的光滑表面应对向轴承。

标题栏及明细表：

序号	代号	名称	数量	材料	单件	总计	备注
10	GB/T 276-1994	轴承 6206	1				
9	BZ-1-05	平衡轴	1	QT40-10	2.62	2.62	
8	GB/T 276-1994	轴承 6205	1				
7	BZ-1-04	平衡轴左端轴承盖	1	HT21-40	0.47	0.47	
6	BZ-1-03	平衡轴油封	1	石墨橡胶板	0.01	0.01	
5	GB/T 1096-2003	平键 8 A型	1				
4	BZ-1-02	平衡轴齿轮	1	QT60-2	0.22	0.22	
3	BZ-1-01	平衡轴垫圈	1	A3 钢板	0.02	0.02	
2	GB/T 93-1987	弹簧垫圈 8	1				
1	GB/T 5781-2000	六角头螺栓 M8×20	1				

XYZ工作室　平衡轴组装　BZ-1　比例 1:1　重量 3.7

(b)

图 5.14.1 平衡轴组装

(a) 平衡轴组装三维模型；(b) 平衡轴组装二维工程图

设计步骤

◇**步骤 1**：新建空模板【BLANK】文档。

◇**步骤 2**：保存文件。

单击【保存】■，选择保存目录并输入图纸代号和名称 BZ–1 平衡轴组装 .exb，保存文件。

◇**步骤 3**：调入装配零部件文件。

（1）打开【光盘】—【二维图纸】—【5.14】中的"BZ–1–05 平衡轴 .exb"文件，只打开【粗实线层】和【中心线层】，将平衡轴文件【保持原态】粘贴至"BZ–1 平衡轴组装 .exb"装配体文件中，如图 5.14.2 所示。

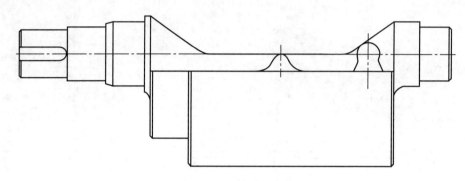

图 5.14.2　粘贴的文件

（2）【删除】◣多余的剖切视图和线条，如图 5.14.3 所示。

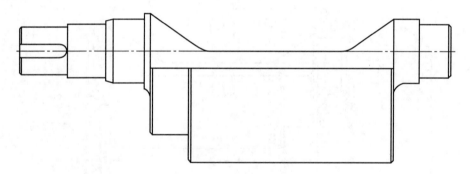

图 5.14.3　删除多余线条和剖切视图

◇**步骤 4**：调入标准件轴承文件。

（1）【提取图库】🔧中调用【深沟球轴承 6205】，如图 5.14.4 所示，插入装配体中，放置轴承位于轴左端的交点上，设置如图 5.14.5 所示，插入标准件时，立即菜单有三种选择：【打散】，【不打散】、【消隐】和【不打散】、【不消隐】，用户根据需要选择【打散】或【不打散】。

（2）调用【深沟球轴承 6205】选择【不打散】、【不消隐】，而【深沟球轴承 6206】选择【打散】，调入后如图 5.14.6 所示，对打散的块可进行【裁剪】⊣⊢等操作。

◇**步骤 5**：调入油封文件。

（1）打开【光盘】—【二维图纸】—【5.14】中的"BZ–1–04 平衡轴油封 .exb"文件，只打开【中心线层】、【粗实线层】和【剖面线】，复制文件视图。【保持原态】粘贴，指定插入点后输入旋转角 90°，粘贴至"BZ–1 平衡轴组装 .exb"装配体文件中，如图 5.14.7 所示。

（2）选择整个油封视图，【平移】✛至如图 5.14.8 所示的轴承左端中点处。装配后如图 5.14.9 所示。

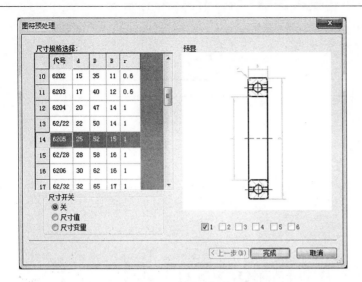

图 5.14.4　选择轴承型号

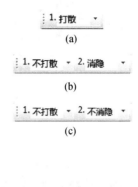

图 5.14.5　块编辑设置
（a）打散；（b）不打散
消隐；（c）不打散　不消隐

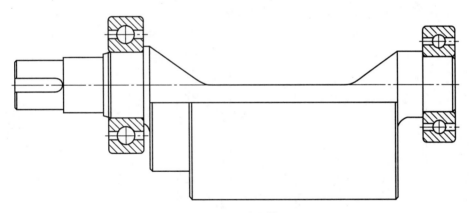

图 5.14.6　放置轴承

图 5.14.7　放置油封

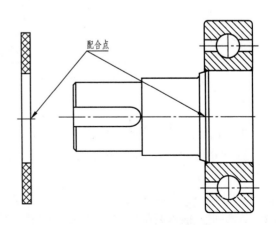

图 5.14.8　油封放置位置

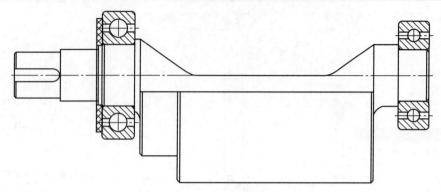

图 5.14.9　放置油封

◇**步骤 6**：调入轴承盖文件。

（1）打开【光盘】—【二维图纸】—【5.14】中的"BZ – 1 – 04 平衡轴左轴承盖 . exb"文件，只打开【中心线层】、【粗实线层】和【剖面线】，复制文件视图，【保持原态】粘贴，指定插入点后输入旋转角 180°，粘贴至"BZ – 1 平衡轴组装 . exb"装配体文件中，如图 5.14.10 所示。

（2）由于视图位置颠倒，以水平中心线为轴线上下【镜像】 视图，如图 5.14.11 所示。注意：【镜像】时选择不【拷贝】，即只镜像。

（3）选择整个轴承盖视图，【平移】 至如图 5.14.12 所示的轴承左端中点处，装配后如图 5.14.13 所示。注：装配时，使用交点捕捉以确保准确。

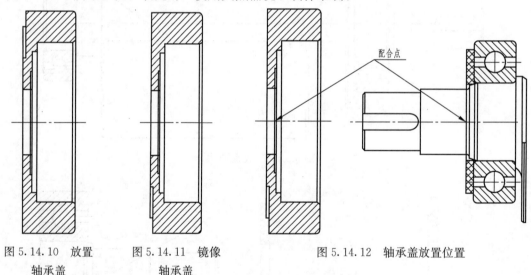

配合点

图 5.14.10　放置　　　　图 5.14.11　镜像　　　　图 5.14.12　轴承盖放置位置
　　　　　轴承盖　　　　　　　　　轴承盖

（4）由于油封的剖面线超出了区域，如图 5.14.14 所示。所以加以【删除】 并添加剖面线 NET，如图 5.14.15 所示。装配后如图 5.14.16 所示。

◇**步骤 7**：调入标准件平键文件。

【提取图库】 中调用【普通平键 – A 型】，选择长度尺寸 20，勾选视图【2】，如图 5.14.17 所示，插入装配体中，定位点选在轴上键槽右端圆弧中心点，选择【不打散】和【不消隐】，旋转 180°放置或捕捉 180°位置，如图 5.14.18 所示。

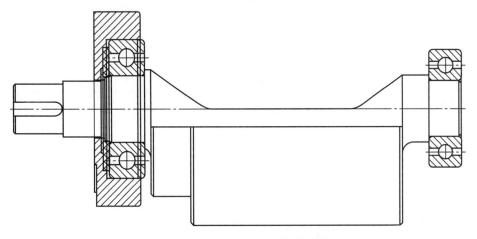

图 5.14.13　放置轴承盖

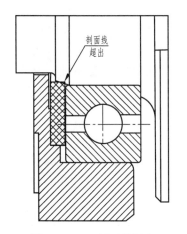

图 5.14.14　剖面线超出

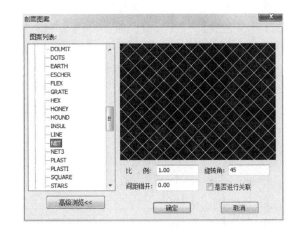

图 5.14.15　填充剖面线 NET

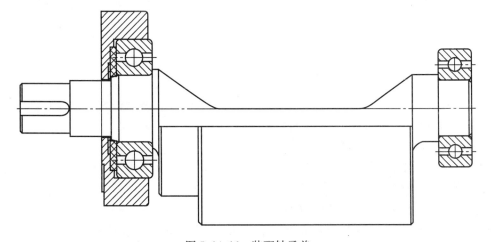

图 5.14.16　装配轴承盖

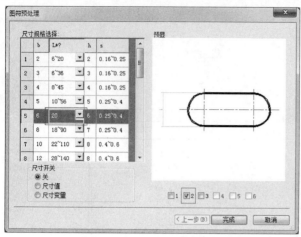

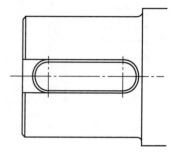

图 5.14.17　选择键槽尺寸　　　　　　　　图 5.14.18　调入键槽

◇**步骤 8**：调入平衡轴齿轮文件。

（1）打开【光盘】—【二维图纸】—【5.14】中的"BZ - 1 - 04 平衡轴齿轮 . exb"文件，只打开【中心线层】、【粗实线层】和【剖面线】，复制剖切视图文件。【保持原态】粘贴至"BZ - 1 平衡轴组装 . exb"装配体文件中，并平移平衡轴齿轮至左端轴头交点上，如图 5.14.19 所示。

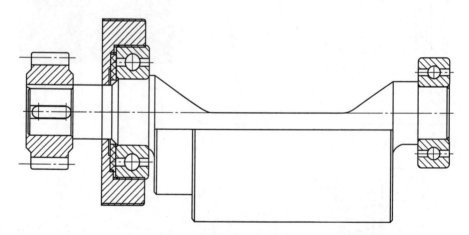

图 5.14.19　装配平衡轴齿轮

（2）【删除】✎、【裁剪】⤬多余线段，由于调入的齿轮键槽位置不是安装位置，【删除】✎剖面线和线段，重新填充【剖面线】▨，如图 5.14.20 所示。

◇**步骤 9**：调入平衡轴挡圈文件。

同样，将平衡轴挡圈复制粘贴至装配体中并平移至轴左端中心点上，如图 5.14.21 所示。

◇**步骤 10**：调入标准件弹簧垫圈文件。

【提取图库】🔧中调用【标准型弹簧垫圈】，选择规格 8，只勾选视图【1】，选择【不打散】和【不消隐】，定位点直接选在装配体中挡圈的左端中心点，捕捉视图位置后放置，如图 5.14.22 所示。

◇**步骤 11**：调入标准件螺栓文件。

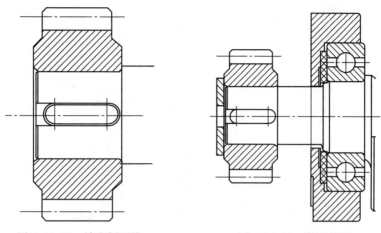

图 5.14.20 填充剖面线　　　　　图 5.14.21 装配挡圈

（1）提取图库中调用【六角头螺栓-全螺纹 C 级】，选择规格 8 和长度 20，勾选视图【1】，选择【打散】，定位点直接选在装配体中弹簧垫圈的左端中心点，捕捉视图位置后放置，如图 5.14.23 所示。

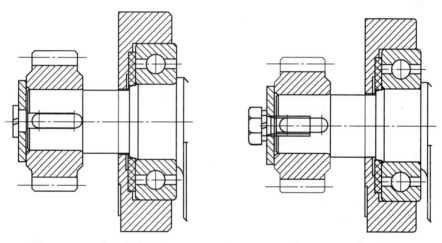

图 5.14.22 装配弹簧垫圈　　　　　图 5.14.23 装配螺栓

（2）【删除】🗑、【裁剪】⊣⊢多余线段，如图 5.14.24 所示。

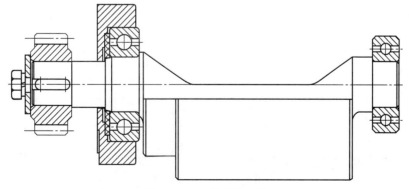

图 5.14.24 修剪装配体

◇**步骤 12**：添加图框和标题栏。

使用【图幅设置】 ，设置如图 5.14.25 所示。使用【平移】 调整图形在图框内的位置。

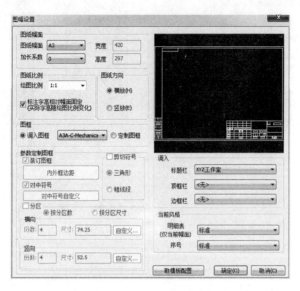

图 5.14.25　图幅设置

◇**步骤 13**：添加序号。

（1）单击【功能区】—【图幅】选项卡—【序号】面板—【生成序号】 ，选择【不填写】明细表。依次从左到右单击生成序号，如图 5.14.26 所示。

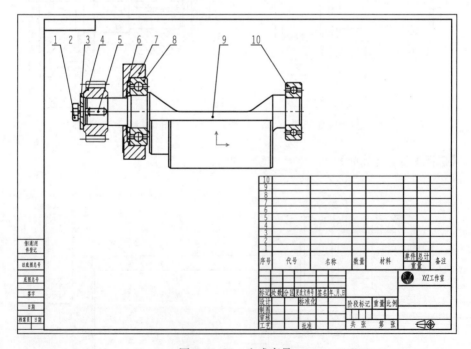

图 5.14.26　生成序号

（2）由于明细表与图形有干涉。所以必须拆行。单击【功能区】—【图幅】选项卡—【明细表】面板—【表格拆行】 🔲，立即菜单中选择【左拆】，拾取第四行明细表，结果如图 5.14.27 所示。

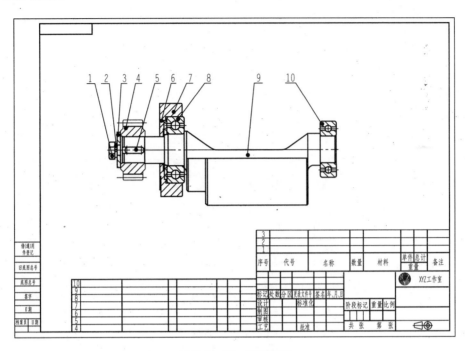

图 5.14.27　表格拆行

◇**步骤 14**：填写明细表。

（1）单击【功能区】—【图幅】选项卡—【明细表】面板—【填写明细表】 🔳，填写明细表如图 5.14.28 所示。

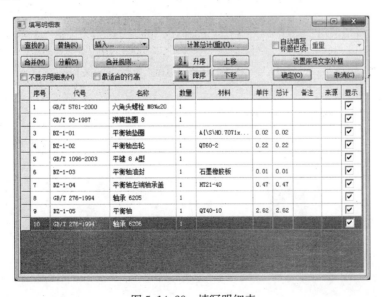

图 5.14.28　填写明细表

（2）其中输入 A_3 钢板时，使用插入【上下标】中输入下标 3。

◇**步骤 15**：标注尺寸与配合（见图 5.14.1）。

◇**步骤 16**：填写技术要求。

填写技术要求：

1. 装配时应注意清洁，不得碰伤零件表面。

2. 轴承装配后应灵活，不应存在卡轧现象。

3. 平衡轴齿轮装配时应注意记号齿面在外侧。

4. 平衡轴油封放入平衡轴左轴承盖时应注意将石墨板的光滑表面对向轴承。

◇**步骤 17**：填写标题栏。

【填写标题栏】 🔲 如图 5.14.29 所示。

图 5.14.29　填写标题栏

保存文件。至此，完成平衡轴组装的工程图设计。

5.15　手柄操纵机构的工程图设计

绘制如图 5.15.1 所示的手柄操纵机构工程图。

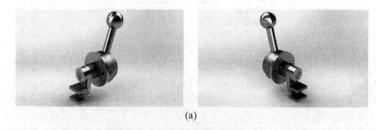

(a)

图 5.15.1　手柄操纵机构（一）

（a）手柄操纵机构三维模型

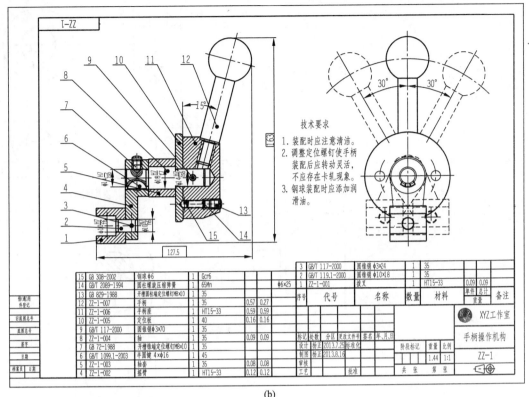

技术要求

1. 装配时应注意清洁。
2. 调整定位螺钉使手柄装置后应转动灵活，不应存在卡轧现象。
3. 钢球装配时应添加润滑油。

15	GB 308-2002	钢球φ6	1	Gcr6			
14	GB/T 2089-1994	圆柱螺旋压缩弹簧	1	65Mn		φ6×25	
13	GB 829-1988	开槽圆柱端定位螺钉M8×10	1	35			
12	ZZ-1-007	手柄	1	35	0.57	0.27	
11	ZZ-1-006	手柄座	1	HT15-33	0.59	0.59	
10	ZZ-1-005	定位栓	1	40	0.16	0.16	
9	GB/T 117-2000	圆锥销φ3×70	1	35			
8	ZZ-1-004	轴	1	35	0.09	0.09	
7	GB 72-1988	开槽锥端定位螺钉M8×10	1	35			
6	GB/T 1099.1-2003	半圆键 4×φ16	1	45			
5	ZZ-1-003	轴套	1	35	0.08	0.08	
4	ZZ-1-002	摇臂	1	HT15-33	0.12	0.12	

3	GB/T 117-2000	圆锥销φ3×24	1	35		
2	GB/T 119.1-2000	圆锥销φ10×18	1	35		
1	ZZ-1-001	拨叉	1	HT15-33	0.09	0.09
序号	代号	名称	数量	材料	单件	总计	备注
					重量		

XYZ工作室
手柄操作机构

标记	处数	分区	更改文件号	签名	年、月、日			阶段标记	重量	比例	
设计	杨正	2013.7.25	标准化						1.44	1:1	ZZ-1
制图	杨正	2013.8.16									
审核											
工艺			批准				共 张		第 张			

(b)

图 5.15.1 手柄操纵机构（二）

（b）手柄操纵机构二维工程图

设计步骤

◇**步骤 1：**新建空模板【BANK】文档。

◇**步骤 2：**保存文件。

单击【保存】，选择保存目录并输入图纸代号和名称 ZZ-1 手柄操纵机构.exb，保存文件。

◇**步骤 3：**调入拨叉文件。

打开【光盘】→【二维图纸】→【5.15】中的"ZZ-1-001 拨叉.exb"文件，只打开【粗实线层】、【中心线层】和【剖面线层】，将拨叉文件【保持原态】粘贴至"ZZ-1 手柄操纵机构.exb"装配体文件中，如图 5.15.2 所示。

◇**步骤 4：**调入标摇臂文件。

打开【光盘】—【二维图纸】—【5.15】中的"ZZ-1-002 摇臂.exb"文件，关闭【尺寸线层】，将拨叉文件【带基点复制】，【保持原态】粘贴至"ZZ-1 手柄操纵机构.exb"装配体文件中，基点与定位点选择如图 5.15.3 所示。右侧视图的基点为圆心。

◇**步骤 5：**调入轴文件。

打开【光盘】—【二维图纸】—【5.15】中的"ZZ-1-003 轴.exb"文件，关闭【尺寸线层】图层，将轴零件文件【带基点复制】，【保持原态】粘贴至"ZZ-1 手柄操纵机构.exb"装配体文件中，基点与定位点选择如图 5.15.4 所示。右侧视图的基点为圆心。

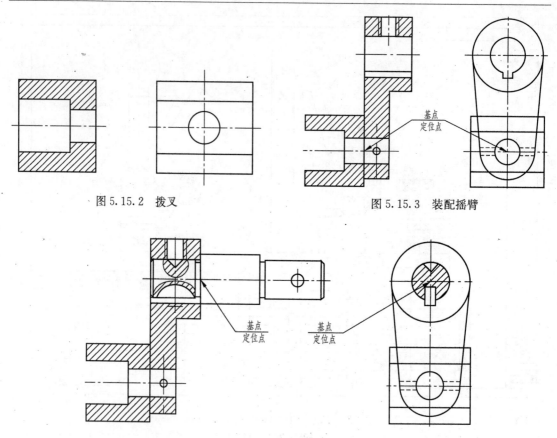

图 5.15.2　拨叉

图 5.15.3　装配摇臂

图 5.15.4　装配轴

◇**步骤 6**：调入轴套文件。

打开【光盘】—【二维图纸】—【5.15】中的"ZZ‑1‑004 轴套.exb"文件，关闭【尺寸线层】图层，将轴套零件文件【带基点复制】 ，【保持原态】粘贴至"ZZ‑1 手柄操纵机构.exb"装配体文件中，并在另一视图中绘制同心圆 $\phi30$，基点与定位点选择如图 5.15.5 所示。

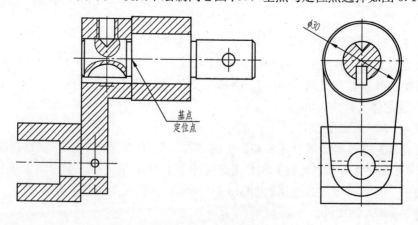

图 5.15.5　装配轴套

◇**步骤 7**：调入定位板零件文件。

打开【光盘】—【二维图纸】—【5.15】中的"ZZ-1-005 定位板.exb"文件，关闭【尺寸线层】图层，将定位板零件文件【带基点复制】，【保持原态】粘贴至"ZZ-1 手柄操纵机构.exb"装配体文件中，右侧视图的基点为圆心，并在视图中旋转 90°，基点与定位点选择如图 5.15.5 所示。

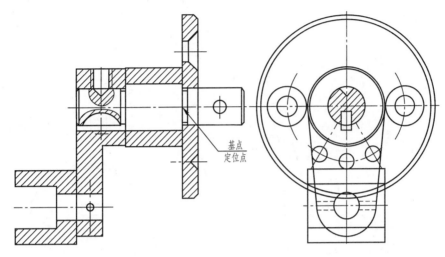

图 5.15.6　装配定位板

◇**步骤 8**：调入手柄座零件文件。

打开【光盘】—【二维图纸】—【5.15】中的"ZZ-1-005 定位板.exb"文件，关闭【尺寸线层】图层，将手柄座零件文件【带基点复制】，【保持原态】粘贴至"ZZ-1 手柄操纵机构.exb"装配体文件中，右侧视图的基点为圆心，基点与定位点选择如图 5.15.7 所示。

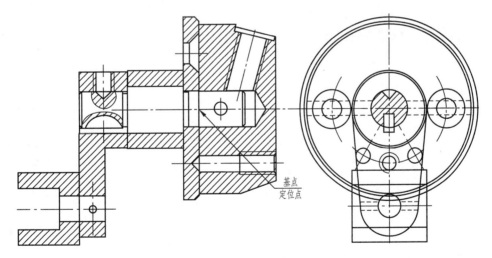

图 5.15.7　装配手柄座

◇**步骤 9**：调入手柄零件文件。

（1）打开【光盘】—【二维图纸】—【5.15】中的"ZZ-1-005 定位板.exb"文件，关闭【尺寸线层】图层，将手柄零件文件【带基点复制】，【保持原态】粘贴至"ZZ-1 手柄操纵机构.exb"装配体文件中，左侧视图的基点与定位点选择如图 5.15.8 所示，选择视

图 75°放置。

（2）再次将【带基点复制】🖫的手柄【保持原态】粘贴至"ZZ－1 手柄操纵机构 . exb"装配体文件中，放置任意空白区域后旋转视图 90°，并将其【平移】至辅助线交点上，如图 5.15.9 所示。

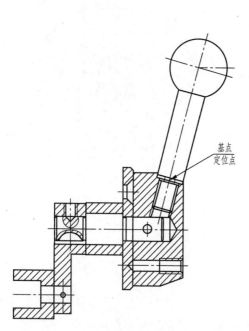

图 5.15.8　装配手柄左侧视图

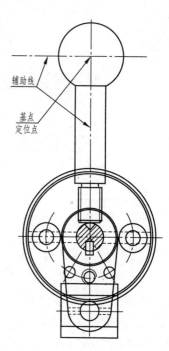

图 5.15.9　装配手柄右侧视图

◇**步骤 10：**调入标准件零件文件。

（1）【提取图库】🖳中调用【圆柱销 φ10×18】，如图 5.15.10 所示，装配后如图 5.15.11 所示。

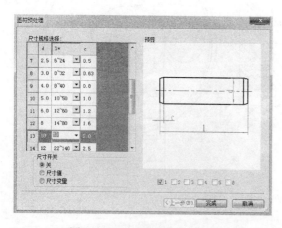

图 5.15.10　选择圆柱销尺寸

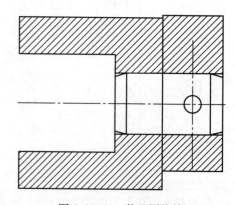

图 5.15.11　装配圆柱销

（2）【提取图库】🖳中调用【半圆键 4×φ16】，选择【打散】方式，两视图装配定位点如图 5.15.12 所示。

（3）使用【两点 _ 半径圆】绘制钢球的 $\phi6$ 相切半径圆，如图 5.15.13 所示。

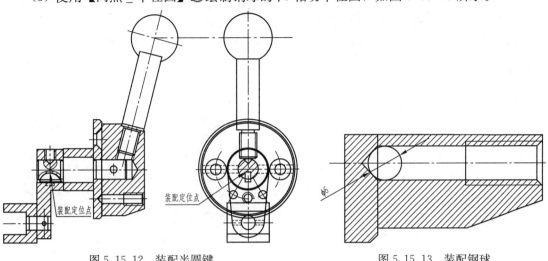

图 5.15.12　装配半圆键　　　　　图 5.15.13　装配钢球

（4）【提取图库】中调用【开槽锥端定位螺钉 M8×10】，如图 5.15.14 所示，选择【不打散】、【消隐】方式装配后如图 5.15.15 所示。

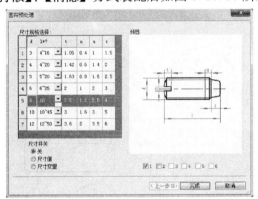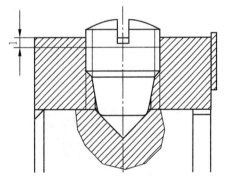

图 5.15.14　选择锥端螺钉尺寸　　　　图 5.15.15　装配锥端螺钉

（5）【提取图库】中调用【开槽圆柱端定位螺钉 M8×10】，如图 5.15.16 所示，选择【不打散】、【消隐】方式装配后如图 5.15.17 所示。

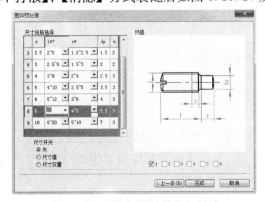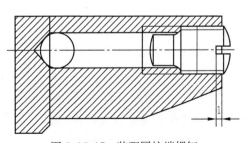

图 5.15.16　选择圆柱端螺钉尺寸　　　　图 5.15.17　装配圆柱端螺钉

（6）【提取图库】中调用【圆柱螺旋压缩弹簧 $\phi5$】，圈数 $n=5.75$，如图 5.15.18 所示。选择【打散】的方式装配后如图 5.15.19 所示。

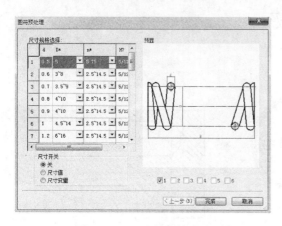

图 5.15.18   选择弹簧尺寸

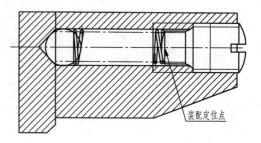

图 5.15.19   装配弹簧

（7）【裁剪】视图后如图 5.15.20 所示。

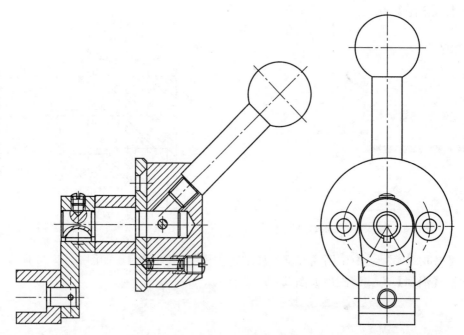

图 5.15.20   修改视图

（8）通过【删除重线】删除视图由于装配造成的重复线条。

◇步骤 11：制作运动视图。

（1）活动装配体部件的某个部位存在运动的情况时，需绘制运动视图。

（2）将视图复制一份并旋转 $30°$，如图 5.15.21 所示，【删除】中心线和定位板，并将拨叉转回原水平位置，如图 5.15.22 所示。

（3）绘制一竖直线，将视图【镜像】为左右两部分，如图 5.15.23 所示。

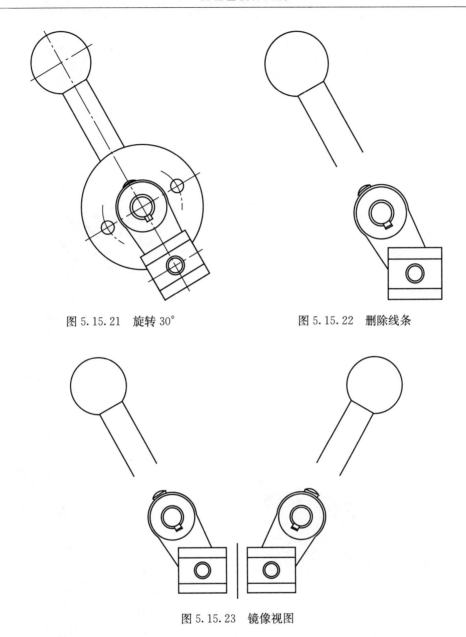

图 5.15.21　旋转 30°　　　　　　　　　　　图 5.15.22　删除线条

图 5.15.23　镜像视图

（4）新建【双点划线】图层，将其线型修改为"双点划线"，如图 5.15.24 所示，【删除】✎竖直镜像线，将视图所有线条转换为双点划线。

（5）选择左边的全部视图和镜像视图，分别创建【块】，基点选在其圆心，块名分别为左和右。

（6）捕捉圆心【平移】✛两个块至装配位置，如图 5.15.25 所示，并添加手柄和拨叉的圆【中心线】╱。

◇步骤 12：添加图框和标题栏。

使用【图幅设置】▦，设置如图 5.15.26 所示。使用【平移】✛调整图形在图框内的位置。

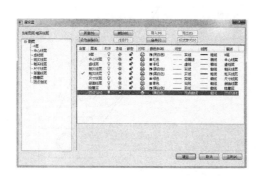

图 5.15.24　新建图层

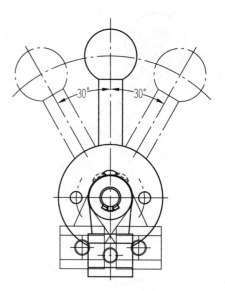

图 5.15.25　平移后的视图

◇**步骤 13**：添加序号。

（1）单击【生成序号】 $\overset{1.2}{\nearrow}$，选择【不填写】明细表。依次从左到右单击生成序号，如图 5.15.27 所示。

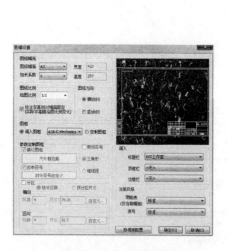

图 5.15.26　图幅设置

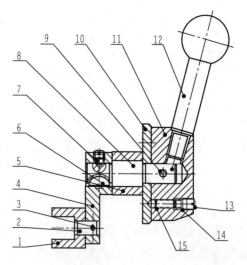

图 5.15.27　生成序号

（2）由于明细表与图形有干涉，所以必须拆行，单击【表格拆行】 ，立即菜单中选择【左拆】。拾取第四行明细表，结果如图 5.15.28 所示。

◇**步骤 14**：填写明细表。

单击【填写明细表】 如图 5.15.29 所示。

◇**步骤 15**：标注尺寸与配合（见图 5.15.1）。

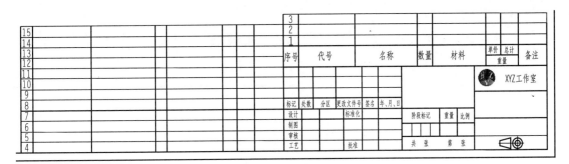

15				3							
14				2							
13				1						单价	总计	备注
12				序号	代号	名称	数量	材料	重量	
11										

图 5.15.28　表格拆行

◇**步骤 16**：填写技术要求。

填写技术要求：

1. 装配时应注意清洁。

2. 调整定位螺钉使手柄装配后应转动灵活，不应存在卡轧现象。

3. 钢球装配时应添加润滑油。

◇**步骤 17**：填写标题栏。

【标题栏填写】如图 5.15.30 所示。

图 5.15.29　填写明细表　　　　　　图 5.15.30　填写标题栏

保存文件。至此，完成手柄操纵机构的工程图设计。

附录　CAXA 电子图板 2013-机械版按钮命令功能说明

主菜单	按钮	子菜单	按钮	快捷键	键盘命令	简化命令
文件		新建		Ctrl+N	new	
		打开		Ctrl+O	open	
		关闭		Ctrl+W	close	
		保存		Ctrl+S	save	
		另存为		Ctrl+Shift+S	saveas	
		并入			merge	
		部分存储			partsave	
		打印		Ctrl+P	plot	
		文件检索		Ctrl+F	idx	
		DWG/DWF 批转换器			dwg	
		模块管理器			manage	
		清理				
		退出		Alt+F4	quit	
编辑		撤销		Ctrl+Z	redo	
		恢复		Ctrl+Y	undo	
		选择所有		Ctrl+A	selall	
		剪切		Ctrl+X	cutclip	
		复制		Ctrl+C	copyclip	
		带基点复制		Ctrl+ Shift+C	copywb	
		粘贴		Ctrl+V	pasteclip	
		粘贴为块		Ctrl+ Shift+V	pasteblock	
		选择性粘贴		Ctrl+R	pasteclip	
		粘贴到原坐标				
		插入对象			insertobject	
		链接		Ctrl+K		
		OLE 对象	打开			
			转换			
			属性			
		删除		Delete	erase	
		删除所有			eraseall	

续表

主菜单	按钮	子菜单	按钮	快捷键	键盘命令	简化命令
视图		重生成			refresh	
		全部重生成			refreshall	
		显示窗口			zoom	
		显示全部		F3	zoomall	
		显示上一步			prev	
		显示下一步			next	
		动态平移			dyntrans	
		动态缩放			dynscale	
		显示放大			zoomin	
		显示缩小			zoomout	
		显示平移			pan	
		显示比例			vscale	
		显示复原			home	
		坐标系显示			ucsdisplay	
		视口	新建视口			vports	
			一个视口			vports1	
			两个视口			vports2	
			三个视口			vports3	
			四个视口			vports4	
			多边形视口			vportsp	
			对象视口			vportso	
格式		图层			layer	
		图层工具	移动对象到当前图层			aycur	
			移动对象到指定图层				
			移动对象图层快捷设置				
			对象所在层置为当前层			aymcur	
			图层隔离			ayiso	
			取消图层隔离			ayuniso	
			合并图层			laymrg	
			拾取对象删除图层			laydel	
			图层全开			layon	
			局部改层			laypart	
		线型			ltype	
		颜色			color	

主菜单	按钮	子菜单		按钮	快捷键	键盘命令	简化命令
格式		线宽	线宽			wide	
			显示线宽切换				
		点				ddptype	
		文字				textpara	
		尺寸				dimpara	
		引线				dtype	
		形位公差				fcstype	
		粗糙度				roughtype	
		焊接符号				weldtype	
		基准代号				datumtype	
		剖切符号				hatype	
		序号				ptnotype	
		明细表				tbltype	
		样式管理			Ctrl＋T	type	
幅面		图幅设置				setup	
		图框	调入			frmload	
			定义			frmdef	
			存储			frmsave	
			填写			frmfill	
			编辑			frmedit	
		标题栏	调入			headload	
			定义			headdef	
			存储			headsave	
			填写			headfill	
			编辑			headedit	
		参数栏	调入			paraload	
			定义			paradef	
			存储			parasave	
			填写			parafill	
			编辑			paraedit	
		序号	生成			ptno	
			删除			ptnodel	
			编辑			ptnoedit	
			交换			ptnochange	

续表

主菜单	按钮	子菜单		按钮	快捷键	键盘命令	简化命令
幅面		序号	对齐				
			置顶显示				
		明细表	删除表格			tbldel	
			表格拆行			tblbrk	
			填写			tbledit	
			插入空行			tblnew	
			输出			tableexport	
			数据库操作			tbldat	
绘图		直线	直线			line	l
			两点线			lpp	
			角度			a	
			角度分线			lia	
			切线/法线			ltn	
			等分线			bisector	
			射线			ray	
			构造线			xline	
		平行线				ll	
		圆	圆			circle	c
			圆心　半径			cir	
			两点圆			cppl	
			三点			cpppp	
			两点　半径			cppr	
		圆弧	圆弧			arc	
			三点			appp	
			圆心　起点　圆心角			acsa	
			两点　半径			appr	
			圆心　半径　起终角			acra	
			起点　终点　圆心角			asea	
			起点　半径　起终角			asra	
		样条				spline	
		点				point	
		公式曲线				fomul	
		椭圆				ellipse	
		矩形				rect	

续表

主菜单	按钮	子菜单		按钮	快捷键	键盘命令	简化命令
绘图		正多边形				polygon	
		多段线				pline	
		云线					
		中心线				centerl	
		圆形阵列中心线					
		等距线				Offset	
		剖面线				hatch	
		填充				solid	
		文字	文字			text	
			曲线文字				
		局部放大图				enlarge	
		波浪线				wavel	
		双折线				condup	
		箭头				arrow	
		齿形				gear	
		圆弧拟合样条				nhs	
		孔/轴				hole	
		图片	插入图片			insertimage	
			图片管理器			image	
			图像调整			imageadjust	
			图像裁剪			imageclip	
		外部引用	插入外部引用			exrefattach	
			外部引用管理器			exrefmanage	
			外部引用裁剪			exrefclip	
		块	创建			block	
			插入			insertblock	
			消隐			hide	
			属性定义			attrib	
			更新块引用属性				
			粘贴为块				
			块编辑			bedit	
			块在位编辑			refedit	
			块扩展属性定义				
			块扩展属性编辑				

续表

主菜单	按钮	子菜单	按钮	快捷键	键盘命令	简化命令
绘图		图库	提取图符		sym	
			定义图符		symdef	
			图符驱动		symdrv	
			图库管理		symman	
			图库转换		symexchange	
		构件库			component	
标注		尺寸标注	尺寸标注		dim	
			基本		powerdim	
			基线		basdim	
			连续		contdim	
			三点角度		3parcdim	
			角度连续		continuearcdim	
			半标注		halfdim	
			大圆弧		arcdim	
			射线		radialdim	
			锥度/斜度		gradientdim	
			曲率半径		curvradiusdim	
			线性标注		dimlinea	
			对齐标注		dimaligned	
			直径标注		dimdiameter	
			半径标注		dimradius	
			角度标注		dimangular	
			弧长标注		dimarc	
		坐标标注	坐标标注		dimco	
			原点		origindim	
			快速		fastdim	
			自由		freedim	
			对齐		aligndim	
			孔位		hsdim	
			引出		downleaddim	
			自动列表		autolist	
			自动孔表		autohole	
		倒角标注			dimch	
		引出说明			ldtext	

续表

主菜单	按钮	子菜单		按钮	快捷键	键盘命令	简化命令
标注		粗糙度				rough	
		基准代号				datum	
		形位公差				fcs	
		焊接符号				weld	
		剖切符号				hatchpos	
		中心孔标注				dimhole	
		向视符号				drectionsym	
		标高				celevation	
		技术要求				speclib	
修改		图像裁剪				mageclip	
		外部引用裁剪				exrefclip	
		删除				erase	
		删除重线				eraseline	
		删除所有				eraseall	
		平移				move	
		平移复制				copy	
		旋转				rotate	
		镜像				mirror	
		阵列				array	
		缩放				scale	
		过渡	过渡			corner	
			圆角			fillet	
			多圆角			fillets	
			倒角			chamfer	
			多倒角			chamfers	
			外倒角			chamferhole	
			内倒角			chamferaxle	
			尖角			sharp	
		裁剪				trim	
		延伸				edge	
		拉伸				Stretch	
		打断				Break	
		合并					
		分解				explode	

续表

主菜单	按钮	子菜单		按钮	快捷键	键盘命令	简化命令
修改		对齐					
		对象	多段线				
		标注编辑				dimedit	
		标注间距					
		清除替代					
		尺寸驱动				drive	
		特征匹配					
		切换尺寸风格					
		文本参数编辑				textset	
		文字查找替换				textoperation	
工具		三视图导航			F7	guide	
		查询	坐标点			id	
			两点距离			dist	
			角度			angle	
			元素属性			list	
			周长			circum	
			面积			area	
			重心			barcen	
			惯性矩			ner	
			重量			weightcalculator	
		快速选择					
		特性			Ctrl+Q		
		设计中心				designcenter	
		数据迁移					
		文件比较					
		显示顺序	置顶			totop	
			置底			tobottom	
			置前			tofront	
			置后			toback	
			文字置顶				
			尺寸置顶				
			文字或尺寸置顶				
		新建坐标系	原点坐标系			newucs	
			对象坐标系			newucs	

续表

主菜单	按钮	子菜单		按钮	快捷键	键盘命令	简化命令
工具		坐标系管理					
		捕捉设置				potset	
		拾取设置					
		自定义界面				customize	
		界面操作	切换		F9	interface	
			重置			interfacereset	
			加载			interfaceload	
			保存			interfacesave	
		选项				syscfg	
窗口		关闭					
		全部关闭					
		层叠					
		横向平铺					
		纵向平铺					
		排列图标					
帮助		日积月累					
		帮助			F1	help	
		新增功能					
		关于				about	

参 考 文 献

[1] 何著. CAXA 电子图板 2005 标准教程. 北京：科学出版社，2006.
[2] 李晓辉，陈光辉. CAXA 电子图板 2005 机械制图实例教程. 北京：科学出版社，2006.
[3] 王彩丽. CAXA 电子图板 2007 企业版基本操作与实例进阶. 北京：科学出版社，2008.